"十四五"职业教育国家规划教材

"十三五"职业教育国家规划教材

地质灾害调查与评价

(第2版)

主　编　马锁柱　李玲玲
副主编　党宇宁　高　茜　郑　情
主　审　吴建亮

本书立体化资源

黄河水利出版社
·郑　州·

内 容 提 要

本书为“十四五”职业教育国家规划教材。全书主要包括绪论,滑坡、崩塌、泥石流、地面沉降、地面塌陷、地裂缝及其他单灾种地质灾害调查与评价的基本方法和要求,以及地质灾害危险性评估等内容。

本书既是水文地质、工程地质、环境地质、岩土工程技术、地下与隧道工程技术等高职高专地质与资源勘查类及地下与隧道工程技术类专业的适用教材,又可供从事地质灾害调查、评价相关专业技术人员及相关部门的管理人员参考使用。

图书在版编目(CIP)数据

地质灾害调查与评价/马锁柱,李玲玲主编.—2版.—郑州:黄河水利出版社,2023.1 (2024.2 修订重印)
“十三五”职业教育国家规划教材
ISBN 978-7-5509-3234-0

Ⅰ.①地… Ⅱ.①马… ②李… Ⅲ.①地质灾害-调查-高等职业教育-教材②地质灾害-评价-高等职业教育-教材 Ⅳ.①P694

中国版本图书馆 CIP 数据核字(2022)第 028163 号

策划编辑:陶金志　电话:0371-66025273　E-mail:838739632@qq.com

出 版 社:黄河水利出版社　网址:www.yrcp.com
地址:河南省郑州市顺河路黄委会综合楼 14 层　邮政编码:450003
发行单位:黄河水利出版社
发行部电话:0371-66026940、66020550、66028024、66022620(传真)
E-mail:hhslcbs@126.com
承印单位:河南承创印务有限公司
开本:787 mm×1 092 mm　1/16
印张:13.5
字数:312 千字
版次:2023 年 1 月第 2 版　印次:2024 年 2 月第 2 次印刷
2024 年 2 月修订

定价:38.00 元

第2版前言

《地质灾害调查与评价(第2版)》为“十四五”职业教育国家规划教材。《地质灾害调查与评价》第一版为“十三五”职业教育国家规划教材、全国高等职业教育地质与资源勘查类专业“十三五”规划教材、高等职业教育应用型人才培养规划教材。自教材出版以来，受到多所高职院校的支持和选用。随着近年来地质灾害调查与评价工作方法、内容的变化发展，相关专业规范的更新与出台，以及教师在教学实践过程中对地质灾害调查与评价工作的深入理解和认识的提高，对原书内容进行相应的修订是十分必要的。

本书是在《地质灾害调查与评价》(第一版)(马锁柱、李玲玲主编，黄河水利出版社出版)的基础上，贯彻落实中国共产党第二十次全国代表大会有关精神，结合教育部出台的高等职业学校相关专业的教学标准和行指委颁布的《地质灾害调查与评价》课程标准进行改编的。本书在广泛调研的基础上，反映地质灾害调查与评价工作的发展与变化，力求体现职业技术教育的特点，增强本教材的实用性，从培养学生实践能力出发，在注重理解、掌握常见地质灾害基本理论的基础上，重点培养学生调查评价地质灾害的动手能力和基本技能。同时按照二十大报告中“全面贯彻党的教育方针，落实立德树人根本任务，培养德智体美劳全面发展的社会主义建设者和接班人”和“培养造就大批德才兼备的高素质人才”的要求，在教材及配套立体化资源中重点突出课程思政元素的挖掘与设计，“引导广大人才爱党报国、敬业奉献、服务人民”，通过本课程的专业教学“深入开展社会主义核心价值观宣传教育，深化爱国主义、集体主义、社会主义教育，着力培养担当民族复兴大任的时代新人”，引导学生“知史爱党、知史爱国，不断坚定中国特色社会主义共同理想。”

本书编写以常见地质灾害为主线，按照“项目引领、任务驱动”项目化教材的要求，通过广泛的行业企业调研以及岗位知识、技能和素质能力的分析，最终确定了9个模块，分别为地质灾害调查与评价概述、滑坡调查与评价、崩塌调查与评价、泥石流调查与评价、地面沉降调查与评价、地面塌陷调查与评价、地裂缝调查与评价、其他单灾种灾害调查与评价、地质灾害危险性评估。这些模块与党的十八大以来一系列治国理政的新理念新思想新战略——人与自然和谐共生的中国式现代化、美丽中国建设、生态文明建设、山水林田湖草沙一体化保护和系统治理、绿水青山就是金山银山、五大发展理念、新型城镇化等相契合，基本上包括了全国范围内常见的地质灾害种类，具有普适性，同时模块化的安排，有利于教师根据区域实际地质条件安排教学，增强了教学的针对性。每一模块内容按照准备阶段—野外调查—资料整理的工作流程编排任务。每个流程的具体内容以岗位需求为依据，与行业最新标准对接，坚持“以技能训练为主，以知识够用为度”，以职业技能为准绳，大胆取舍，与技能训练有关的内容详细展开，其他的知识删繁就简。

本书编写过程中，编者查阅参考了大量的相关教材、专著及有关规范、规程，并在读者中进行了广泛调研，收集读者的意见和建议，注重教材的科学性、先进性、实用性，力图做到概念清楚、结构严谨、重点突出、深浅恰当。

本书由马锁柱、李玲玲担任主编,由党宇宁、高茜、郑情担任副主编。具体编写分工为:绪论由甘肃工业职业技术学院马锁柱编写,项目一、项目八由甘肃工业职业技术学院李玲玲编写,项目二、项目七由甘肃工业职业技术学院郑情编写,项目三、项目四由辽宁地质工程职业学院高茜编写,项目五、项目六由江苏省南京工程高等职业学校党宇宁编写。全书由马锁柱、李玲玲统编定稿。

在编写过程中,中国冶金地质总局山东局四队吴建亮对全书进行了审阅,提出了宝贵的修改意见,并得到甘肃省核地质二一三大队张志龙等生产单位相关专业技术人员、参编院校领导和相关教师的大力支持和帮助。另外,还参阅了兄弟院校的一些教材,引用了许多专家学者的研究成果,在此一并致以最诚挚的谢意!对黄河水利出版社为本书顺利出版给予的大力支持表示感谢!

本书以习近平新时代中国特色社会主义思想为指导,全面贯彻落实党的二十大精神,落实职业教育立德树人根本任务。2023年12月,编者根据近年来国家及行业最新颁布的规范、标准、规定等,以及在教学实践中发现的问题和错误,对全书进行了修订完善。

由于时间仓促,加之编者水平所限,错误和不足之处在所难免,敬请广大读者批评指正。

编　者

2023年12月

目 录

绪　论　地质灾害调查与评价概述

码 0-1　地质灾害调查与评价概述

学习目标

知识目标：

1. 掌握地质灾害的基本概念。
2. 掌握地质灾害调查与评价类型、主要内容。

能力目标：

1. 具备判别地质灾害类型、特征的能力。
2. 学会地质灾害调查与评价工作的主要内容以及主要方法。

任务思考

1. 如何判别地质灾害发生？
2. 地质灾害调查与评价如何展开？从哪方面入手？

任务一　地质灾害的基本概念

党的二十大指出，推动绿色发展，促进人与自然和谐共生，牢固树立和践行绿水青山就是金山银山的理念，推进美丽中国建设，坚持山水林田湖草沙一体化保护和系统治理，推进生态优先、节约集约、绿色低碳发展；党的十九大强调要加快生态文明体制改革，建设美丽中国，要求推进绿色发展，着力解决突出环境问题；党的十八届五中全会和国家“十三五”规划纲要也明确提出，要牢固树立“创新、协调、绿色、开放、共享”五大发展理念，加快建设资源节约型、环境友好型社会，形成人与自然和谐发展的现代化新格局，推进美丽中国建设。党中央提出的一系列治国理政新理念新思想新战略，把生态文明建设和绿色发展提升到新的战略高度，对新型城镇化作出一系列决策部署。

面对资源约束趋紧、环境污染严重、生态系统退化的严峻形势，必须树立尊重自然、顺应自然、保护自然的生态文明理念，必须牢固树立和践行绿水青山就是金山银山的理念，站在人与自然和谐共生的高度谋划发展。把生态文明建设放在突出地位，融入经济建设、政治建设、文化建设、社会建设各方面和全过程，努力建设美丽中国，实现中华民族永续发展。

地质环境是整个生态环境的基础，是自然资源主要的赋存系统，是人类最基本的栖息场所、活动空间及生活、生产所需物质来源的基本载体。从根本上说，地球上的一切生物都依存于地质环境。地质环境对于人类的生产、生活及生态之间的适应性如何，从根本上决定着人类生存发展环境的质量。因此,地质环境保护和地质灾害防治工作,与广大人民群众的根本利益息息相关,这也是实现中国梦、建设生态文明、建设美丽中国的根本基础。

随着经济社会的发展,崩塌、滑坡、泥石流等地质灾害现象对人民群众的生命和财产安全构成的威胁日益加剧。地质灾害作为一种地质过程,始终存在于地球演化的历史中,时刻对生存于地球上的人类及其环境产生影响。人类活动的加剧,对地质过程的影响日益显著;地质进程的加快,进而又影响着人类生存和发展的质量。这促使人类加强地质灾害的研究,深化对地质灾害的认识和防范。

一、灾害与地质灾害

(一)灾害

联合国减灾组织对灾害的定义是:一次在时间和空间上较为集中的事故,事故发生期间当地的人类群体及其财产遭到严重的威胁并造成巨大损失,以致家庭结构和社会结构也受到不可忽视的影响。

灾害就是指一切对自然生态环境、人类社会的物质和精神文明建设,尤其是人们的生命财产等造成危害的天然事件和社会事件,是对能够给人类和人类赖以生存的环境造成破坏性影响的事物总称。灾害不表示程度,通常指局部,可以扩张和发展,演变成灾难。

灾害的种类繁多,灾害可概略地分为自然灾害和人为灾害两大类。自然灾害是指主要由自然动力活动或自然环境的异常变化对人类造成危害的现象。自然灾害的种类繁多,它们的空间活动范围和表现形式各异,但是它们的形成必须具备两个条件:一是具有灾害现象的起源,即自然动力活动或自然环境的异常变化;二是具有受灾害危害的对象,即人类生命财产以及赖以生存与发展的资源、环境。在一个灾害事件中,前者可称为灾害体,后者可称为承灾体或受灾体,二者相辅相成。对灾害进行研究评价,既要认识灾害体,又要分析受灾体,应对两方面的条件并重考虑,而不可或缺与偏废。

(二)地质灾害

地质灾害是指在自然或者人为因素的作用下形成的,对人类生命财产、环境造成破坏和损失的地质作用(现象)。通常是指包括自然因素或者人为活动引发的危害人民生命和财产安全的山体崩塌、滑坡、泥石流、地面塌陷、地裂缝、地面沉降等与地质作用有关的灾害。

地质灾害是自然灾害的一种,这类灾害与地质动力活动直接相关。即在地质作用下,地质自然环境恶化,造成人类生命财产损毁或人类赖以生存与发展的资源、环境发生严重破坏。这些现象或过程称为地质灾害。

地质作用是指促使组成地壳的物质成分、构造形式、表面形态和能量传输交换等不断变化和发展的各种作用,包括内动力地质作用、外动力地质作用和人为地质作用。这些地质作用造成的灾害都可归属于地质灾害,因此其种类很多。

由地质灾害定义可知,地质灾害的内涵包括致灾的动力条件和灾害事件的后果两个方面。

地质灾害是对人类生命财产和生产、生活环境产生损毁的地质事件。而那些仅仅是使地质环境恶化,但并没有直接破坏人类生命财产和生产、生活环境的地质事件,则称其为某种地质现象或环境地质问题,而不能称其为地质灾害。例如,发生在荒无人烟地区的崩塌、滑坡、泥石流,没有直接造成人类生命财产的损毁,所以不应称为灾害;而同样的崩塌、滑坡、泥石流等发生在有人类社会经济活动的地区,造成了不同程度的人员伤亡和财产损失,就构成了灾害。

(三)地质灾害的危害

地质灾害的主要危害是造成人员伤亡和摧毁城乡建筑,堵塞交通道路,毁坏工厂矿山、水利工程和农田,给人民生命财产和社会经济建设造成巨大的损失。

国土资源部(现为自然资源部)发布的公报显示,2019 年全国共发生地质灾害 6 181 起,其中滑坡 4 220 起、崩塌 1 238 起、泥石流 599 起、地面塌陷 121 起、地裂缝 1 起和地面沉降 2 起,造成 211 人死亡、13 人失踪、75 人受伤,直接经济损失 27. 7 亿元。2020 年全国共发生地质灾害 7 840 起,其中滑坡 4 810 起、崩塌 1 797 起、泥石流 899 起、地面塌陷 183 起、地裂缝 143 起、地面沉降 8 起,造成 139 人死亡(失踪)、58 人受伤,直接经济损失 50. 2 亿元。2021 年,全国共发生地质灾害 4 772 起,其中滑坡 2 335 起、崩塌 1 746 起、泥石流 374 起、地面塌陷 285 起、地裂缝 21 起、地面沉降 11 起,造成 80 人死亡、11 人失踪,直接经济损失 32 亿元。2022 年上半年全国共发生地质灾害 552 起,其中滑坡 208 起、崩塌 280 起、泥石流 12 起,地面塌陷 52 起,造成 22 人死亡、5 人失踪、10 人受伤,直接经济损失 19 745. 14 万元。2009~2021 年地质灾害造成的失踪、人员伤亡和直接经济损失情况见图 0-1。

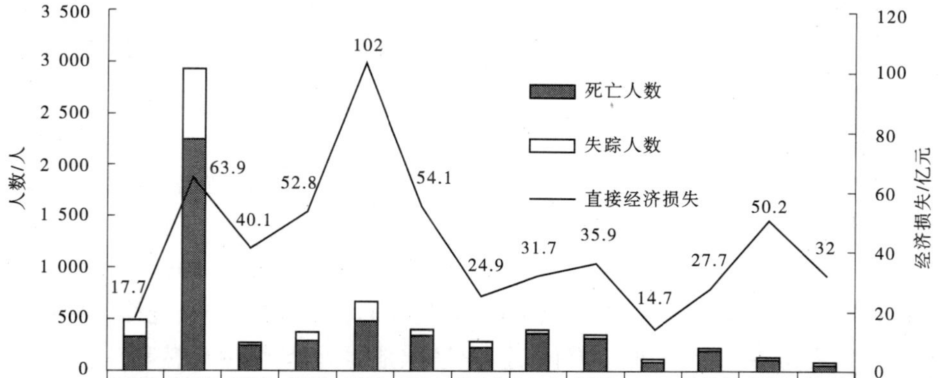

	2009	2010	2011	2012	2013	2014	2015	2016	2017	2018	2019	2020	2021
失踪人数	155	669	32	83	188	51	58	35	25	7	13	14	11
死亡人数	331	2 246	245	292	481	349	229	370	329	105	211	125	80
直接经济损失	17.7	63.9	40.1	52.8	102	54.1	24.9	31.7	35.9	14.7	27.7	50.2	32

图 0-1　2009~2021 年地质灾害造成的失踪、人员死亡和直接经济损失情况

二、地质灾害的属性特征

根据地质灾害定义分析,地质灾害既是一种自然现象,又是一种社会经济现象。因此,它既具有自然属性,又具有社会经济属性。

自然属性是指围绕地质灾害的动力过程表现出的各种自然特征,如地质灾害的规模、强度、频次以及灾害活动的孕育条件、变化规律等。

社会经济属性主要是指与成灾过程密切相关的人类社会经济特征,如人口、财产、工程建设活动、资源开发、经济发展水平、防灾能力等。

由于地质灾害是自然动力活动与人类社会经济活动相互作用的结果,二者是一个统一的整体,所以尽管将地质灾害的属性特征分为自然属性和社会经济属性,但实际上地质灾害的不少特征是二者的联合体现。地质灾害具有如下特征。

(一)地质灾害的必然性与可防御性

1. 必然性

地质灾害是地质作用的产物,是伴随地球运动而生并与人类共存的必然现象。

2. 可防御性

通过研究地质灾害的基本属性,揭示并掌握地质灾害发生、发展的条件和分布规律,进行科学的预测预报和采取适当防治措施,就可以有效地防御地质灾害的威胁,减轻和避免地质灾害造成的损失。

(二)地质灾害的随机性和周期性

1. 随机性

地质灾害是在多因素影响下由多种动力作用形成的,其发生的时间、地点和强度具有很大的不确定性,是复杂的随机条件。

2. 周期性

受地质作用周期性规律的影响,地质灾害也具有周期性特征,常具有季节性规律特征。

(三)地质灾害的突发性和渐进性

按灾害发生和持续时间的长短,地质灾害可分为突发性地质灾害和渐进性地质灾害两大类。

1. 突发性

突发性地质灾害具有骤然发生、历时短、爆发力强、成灾快、危害大的特征,如地震、火山、滑坡、崩塌、泥石流等均属突发性地质灾害。

2. 渐进性

渐进性地质灾害是指缓慢发生,以物理的、化学的和生物的变异、迁移、交换等作用逐步发展而产生的灾害,主要有土地荒漠化、水土流失、地面沉降、煤田自燃等。

(四)地质灾害的群体性和诱发性

1. 群体性

许多地质灾害不是孤立发生或存在的,常常具有群体性的特点。崩塌、滑坡、泥石流、地裂缝等灾害的群体性表现得最为突出。

2. 诱发性

一种灾害的结果可能成为另一种灾害的诱因。如在泥石流频发区,通常发育有大量的潜在的危岩体和滑体,暴雨后极易发生崩塌、滑坡活动,由此形成大量的碎屑物融入洪流,进而转化成泥石流灾害。

(五)地质灾害的成因多元性和原地复发性

1. 成因多元性

不同类型的地质灾害成因各不相同,大多数地质灾害的成因具有多元性,受气候、地形、地貌、地质构造和人为活动等综合因素的制约。

2. 原地复发性

某些地质灾害具有原地复发性,多次发生。如泥石流频发区,一年内或连续多年多次原地发生。

(六)地质灾害的区域性

地质灾害的形成和演化往往受制于一定的区域地质条件,在空间分布上具有区域性的特点。我国“南北分区,东西分带,交叉成网”的区域构造格局,对地质灾害的分布起着重要的制约作用。按照地质灾害的成因和类型,我国地质灾害可划分为四大区域:

(1)地面下降、地面塌陷和矿井突水为主的东部区;

(2)以崩塌、滑坡和泥石流为主的中部区;

(3)以冻融、泥石流为主的青藏高原区;

(4)以土地荒漠化为主的西北区。

(七)地质灾害的破坏性与建设性

1. 破坏性

地质灾害对人类的主导作用是造成多种形式的破坏。

2. 建设性

地质灾害的发生有时可能对人类产生有益的建设性作用。如黄河反复泛滥孕育了华北平原;崩塌、滑坡和泥石流堆积区则营造了山区城镇或居民点的生息之地,成为山区城镇或居民点建立的基础;岩溶地面塌陷坑(天坑)、构造飞来峰、火山、冰川、雅丹和丹霞地貌是现代社会重要的游览和休闲资源。

(八)地质灾害影响的复杂性和严重性

1. 复杂性

地质灾害的发生发展有其自身复杂的规律,其对人类社会经济的影响还表现出长久性、复合性等特征。

2. 严重性

重大地质灾害发生常造成大量的人员伤亡和财产损失。

2009 年至今的十几年中,2010 年因地质灾害造成的人员伤亡和经济损失最严重,2010 年全国共发生地质灾害 30 670 起,其中滑坡 22 329 起、崩塌 5 575 起、泥石流 1 988 起、地面塌陷 499 起、地裂缝 238 起、地面沉降 41 起,造成 2 246 人死亡、669 人失踪、534 人受伤;直接经济损失 63.9 亿元。其中因灾死亡 30 人以上或者直接经济损失 1 000 万元以上的特大型地质灾害有 34 起,因灾死亡 10 人以上 30 人以下或者直接经济损失 500 万元以上 1 000 万元以下的大型地质灾害有 60 起,其中死亡失踪 10 人以上的 19 起。西北、西南地区人员伤亡突出,甘肃、陕西、云南、四川和贵州等省发生大型、特大型地质灾害数量多,达 45 起,人员伤亡严重。五省死亡失踪人数共计 2 492 人,占全国总数 85%。如甘肃省舟曲县泥石流造成 1 765 人死亡失踪,贵州省关岭县滑坡造成 99 人死亡失踪,云南省贡山县普拉底乡泥石流造成 92 人死亡失踪,直接经济损失 1.4 亿元。陕西省子洲县崩塌造成 27 人死亡,四川省康定市滑坡造成 23 人死亡等。福建省因持续强降雨共引发多起地质灾害,造成 36 人死亡,41 人失踪,23 人受伤,直接经济损失 3.5 亿元。陕西省因强降水引发地质灾害 712 起,造成 88 人死亡,138 人失踪,直接经济损失 4.6 亿元。

(九)人为地质灾害的日趋显著性

由于人口的激增,人类需求快速增长,经济开发活动日益强烈,地质环境日益恶化,因此大量次生地质灾害发生。

(十)地质灾害防治的社会性和迫切性

1. 社会性

地质灾害给灾区社会经济发展造成广泛而深刻的影响,有效防治地质灾害,保护人民生命财产安全,需要全社会的广泛参与。

2. 迫切性

地质灾害的发生除导致人员伤亡和破坏房屋、铁路公路、航道等工程设施,造成直接经济损失外,还破坏资源和环境,给灾区社会经济发展造成广泛而深刻的影响,严重妨碍和制约着灾区的经济发展、人民生活水平的提高。因此,对地质灾害的防治是必需的,也是迫切的。

三、常见的地质灾害现象

地质灾害现象有很多种,如崩塌,滑坡,泥石流,地裂缝,地面沉降,地面塌陷,岩爆,坑道突水、突泥、突瓦斯,煤层自燃,黄土湿陷,岩土膨胀,沙土液化,土地冻融,水土流失,土地沙漠化及沼泽化,土壤盐碱化,以及地震、火山、地热害等。但常见的地质灾害现象主要是滑坡、崩塌、泥石流、地面塌陷及其他等(见图0-2)。

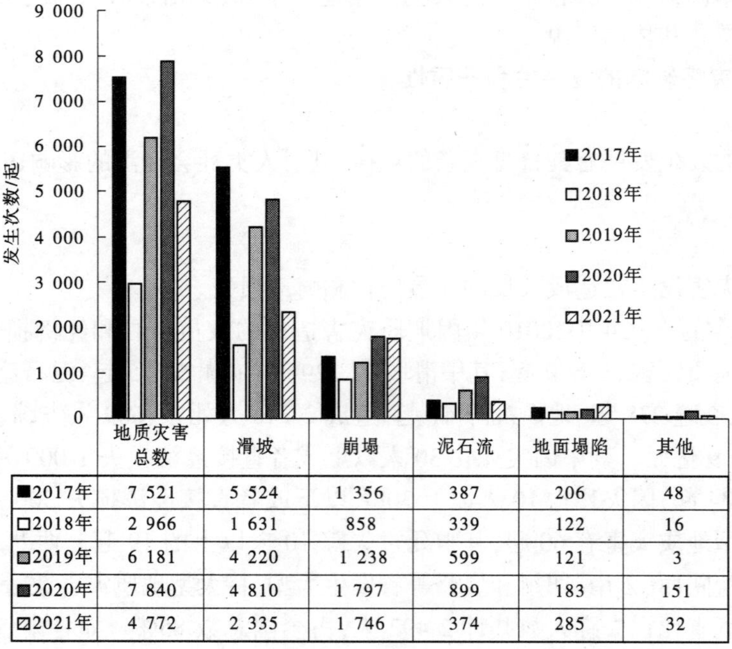

	地质灾害总数	滑坡	崩塌	泥石流	地面塌陷	其他
2017年	7 521	5 524	1 356	387	206	48
2018年	2 966	1 631	858	339	122	16
2019年	6 181	4 220	1 238	599	121	3
2020年	7 840	4 810	1 797	899	183	151
2021年	4 772	2 335	1 746	374	285	32

图0-2 近5年来全国不同类型地质灾害发生情况统计

(据《全国地质灾害通报》2017~2021年度数据)

任务二 地质灾害的分类分级

一、地质灾害的分类

依据地质灾害的成因、时空分布等特征可以划分出不同的地质灾害类型。目前,按不同的原则，有多种分类方案。

（一）按空间分布状况划分

地质灾害可分为陆地地质灾害和海洋地质灾害两个系统。陆地地质灾害又分为地面地质灾害和地下地质灾害；海洋地质灾害又分为海底地质灾害和水体地质灾害。

（二）按灾害的成因划分

地质灾害可分为自然动力型、人为动力型及复合动力型（见表0-1）。

表0-1 地质灾害成因类型划分

类型	亚类	灾害举例
自然动力型	内动力亚类	地震、火山、地裂缝等
	外动力亚类	泥石流、滑坡、崩塌、岩溶地面塌陷（岩溶塌陷）、荒漠化等
人为动力型	道路工程	滑坡、崩塌、荒漠化、黄土湿陷等
	水利水电工程	泥石流、滑坡、崩塌、岩溶地面塌陷、地面沉降、诱发地震等
	矿山工程	地面塌陷、坑道突水、泥石流、诱发地震、煤与瓦斯突出等
	城镇建设	地面沉降、地裂缝、地下水变异等
	农林牧活动	水土流失、荒漠化、与地质因素有关的洪涝灾害等
	海岸港口工程	海底滑坡、岸边侵蚀、海水入侵等
复合动力型	内外动力复合亚类	泥石流、滑坡、崩塌等
	人为外动力复合亚类	泥石流、滑坡、崩塌、水土流失、荒漠化等

（三）按致灾地质作用的性质和发生处所划分

地质灾害分为地球内动力活动灾害类、斜坡岩土体运动（变形破坏）灾害类、地面变形破裂灾害类、矿山与地下工程灾害类、河湖水库灾害类、海洋及海岸带灾害类、特殊岩土灾害类、土地退化灾害类。

（四）按成灾过程的快慢划分

地质灾害划分为突变型地质灾害和缓变型地质灾害两类。

突然发生的，并在较短时间内完成灾害活动过程的地质灾害为突变型地质灾害。它包括地震灾害、火山灾害、崩塌灾害、滑坡灾害、泥石流灾害、地裂缝灾害、矿井突水灾害、冲击地压灾害、瓦斯突出灾害、围岩岩爆及大变形灾害、管涌灾害、河堤溃决灾害、海啸灾害、风暴潮灾害、海面异常升降灾害、黄土湿陷灾害、沙土液化灾害等灾种。

发生、发展过程缓慢，随时间延续累进发展的地质灾害为缓变型地质灾害。包括地面沉降灾害、煤层自燃灾害、矿井热害、海水入侵灾害、土地沙漠化灾害、海岸侵蚀灾害、海岸淤进灾害、软土触变灾害、河湖港口淤积灾害、水质恶化灾害、膨胀土胀缩灾害、冻土冻融灾害、土地盐渍化灾害、土地沼泽化灾害、水土流失灾害等灾种。

（五）《地质灾害分类分级标准（试行）》（T/CAGHP 001—2018）的分类体系

该体系把地质灾害按照灾类、灾型、灾种三级层次进行划分或归类（见表0-2）。

表 0-2　地质灾害分类体系

灾类	灾型	灾种
地球内动力活动灾害类	突变型	地震灾害(原生灾害、次生灾害),火山灾害
	缓变型	
斜坡岩土体运动(变形破坏)灾害类	突变型	崩塌灾害(危岩、高边坡),滑坡灾害(土体滑坡、岩体滑坡),泥石流灾害(泥流、泥石流、水石流)
	缓变型	
地面变形破裂灾害类	突变型	地面塌陷灾害(岩溶塌陷、采空塌陷),地裂缝灾害(构造地裂缝、非构造地裂缝)
	缓变型	地面沉降灾害
矿山与地下工程灾害类	突变型	矿井突水灾害,冲击地压灾害,瓦斯突出灾害,围岩岩爆及大变形灾害
	缓变型	煤层自燃灾害,矿井热害
河湖水库灾害类	突变型	河岸坍塌灾害,管涌灾害,河堤溃决灾害
	缓变型	河湖港口淤积灾害,水质恶化灾害
海洋及海岸带灾害类	突变型	海啸灾害,风暴潮灾害,海面异常升降灾害
	缓变型	海水入侵灾害,海岸侵蚀灾害,海岸淤进灾害
特殊岩土灾害类	突变型	黄土湿陷灾害,沙土液化灾害
	缓变型	软土触变灾害,膨胀土胀缩灾害,冻土冻融灾害
土地退化灾害类	突变型	
	缓变型	土地沙漠化灾害,土地盐渍化灾害,土地沼泽化灾害,水土流失灾害

二、地质灾害分级

(一)地质灾害分级

地质灾害分级就是根据地质灾害活动或损失程度划分的等级。其目的是表示地质灾害的轻重程度,便于对不同地质灾害事件或地质灾害与其他自然灾害进行对比。

(二)地质灾害分级的类型

根据分级依据不同,地质灾害分级类型有三种。

一是根据地质灾害活动的强度、规模、速度等指标反映地质灾害的活动程度分级,称为灾变等级(见表 0-3)。

表 0-3　地质灾害灾变等级

灾种	指标	灾变等级			
		特大型	大型	中型	小型
崩塌(危岩)	体积(万 m^3)	>100	100~10	10~1	<1
滑坡	体积(万 m^3)	>1 000	1 000~100	100~10	<10
泥石流	堆积物体积(万 m^3)	>100	100~10	10~1	<1

续表 0-3

灾种	指标	灾变等级			
		特大型	大型	中型	小型
岩溶塌陷	影响范围(km^2)	>20	20~10	10~1	<1
地裂缝	影响范围(km^2)	>10	10~5	5~1	<1
地面沉降	沉降面积(km^2)	>500	500~100	100~10	<10
	最大累计沉降量(m)	2.0~1.0	1.0~0.5	0.5~0.1	<0.1
海水入侵	入侵范围(km^2)	>500	500~100	100~10	<10
	地下水氯离子最高含量(mg/L)	>1 000	1 000~800	800~500	500~50
膨胀土	分布面积(km^2)	>100	100~10	10~1	<1

注:地面沉降、海水入侵灾变等级的两个指标不在同一级次时,按从高原则确定灾害等级。

二是以地质灾害的破坏损失程度分级,称为灾度等级(见表 0-4)。

表 0-4　地质灾害灾度等级

指标		灾度等级			
		特大灾害(Ⅰ级灾害)	大灾害(Ⅱ级灾害)	中灾害(Ⅲ级灾害)	小灾害(Ⅳ级灾害)
伤亡人数	死亡(人)	>100	100~10	10~1	0
	重伤(人)	>150	150~20	20~5	<5
直接经济损失(万元)		>1 000	1 000~500	500~50	<50
直接威胁人数(人)		>500	500~100	100~10	<10
灾害期望损失(万元/年)		>5 000	5 000~1 000	1 000~100	<100

三是在灾害活动概率分析基础上核算出来的期望损失的级别划分,称为风险等级(见表 0-5)。

表 0-5　地质灾害风险等级

指标		风险等级			
		高度风险	中度风险	轻度风险	微度风险(零风险)
期望损失	年均死亡人数(人)	>10	10~1	0	0
	直接经济损失(万元/年)	>100	100~10	10~1	<1

上述三种分级是基于不同目的而提出的,彼此不能相互取代。对经济发达地区而言,风险分级更应予以重视。但由于地质灾害区域性分布的特点、社会经济发展水平和科学技术水平等因素的影响,制定统一的地质灾害分级标准也比较困难。

任务三　中国地质灾害

一、中国地质灾害的分布发育情况

我国是世界上地质灾害最严重、受威胁人口最多的国家之一,滑坡、崩塌、泥石流、地面塌陷、地面沉降和地裂缝等地质灾害在我国广泛分布,危害十分严重,已经成为阻碍我国社会经济可持续发展和影响社会安定的重要因素之一。据统计,2009~2021年,滑坡、崩塌、泥石流、地面塌陷等地质灾害共造成5 393人死亡,1 341人失踪,547.7亿元直接经济损失。

(1)滑坡、崩塌、泥石流灾害。全国除上海外各省(自治区、直辖市)均存在滑坡、崩塌、泥石流灾害,其中云南、四川、重庆、贵州、陕西、湖南、湖北、江西、广东、广西、山西和福建等省(自治区、直辖市)最为严重。

(2)地面塌陷灾害。地面塌陷主要包括岩溶地面塌陷和采空塌陷。岩溶地面塌陷灾害分布在24个省(自治区、直辖市)的300多个县(市、区),塌陷坑总数达45万多个,中南、西南地区最多,约占总数的70%。全国有20个省(自治区、直辖市)发现采空塌陷,黑龙江、山西、安徽、山东等省最为严重。

(3)地裂缝灾害。全国有24个省(自治区、直辖市)发现地裂缝1 200多处,地裂缝在河北、陕西、山西、江苏等省最为发育。

(4)地面沉降灾害。主要发生在我国中东部的平原和盆地内,上海、天津、西安、太原等50多个城市存在地面沉降。

《全国地质灾害防治"十三五"规划》依据地形地貌、岩土体类型及性质、地质构造及地下水特征与开采状况等地质灾害形成的地质环境条件和人为活动因素,把全国崩塌、滑坡、泥石流、地面沉降和地裂缝地质灾害区划分为高易发区、中易发区、低易发区。滑坡、崩塌、泥石流和地面塌陷地质灾害高、中易发区主要分布在川东渝南鄂西湘西山地、青藏高原东缘、云贵高原、秦巴山地、黄土高原、汾渭盆地周缘、东南丘陵山地、新疆伊犁、燕山等地区,高易发区面积达121万km^2,中易发区面积达273万km^2,低易发区面积达318.2万km^2。

同时,《全国地质灾害防治"十三五"规划》依据全国地质灾害易发区分布,考虑社会经济重要性因素,把规划期内地质灾害易发、人口密集、经济相对发达、有重要基础设施或涉及国家安全的地区,以及国民经济发展的重要规划区,共划分总面积141.1万km^2的18个地质灾害重点防治区,包括滇西横断山、青藏高原东缘、云贵高原、桂北桂西、珠江三角洲、鄂西湘西、湘中南、浙闽赣丘陵山地、长江三峡库区、长江三角洲及江浙沿海、陇南陕南秦巴山地、黄土高原西南、汾渭盆地、陕北晋西、华北平原、新疆西南、新疆伊犁等地区的各种地质灾害重点防治区。

二、中国地质灾害调查评价现状

(1)我国地质灾害防治工作进入了规范化、法制化的轨道,防治工作法规规章制度体系初步建立。

2004年《地质灾害防治条例》颁布施行,标志着我国地质灾害防治工作从无法可依向有法可依转变。2011年《国务院关于加强地质灾害防治工作的决定》(国发〔2011〕20号)明确了今后一段时期地质灾害防治工作的指导思想、原则、主要任务和保障措施，使地质灾害防治成为维护社会公共安全、保障经济协调持续发展的一项全局性工作。《国务院关于加强地质灾害防治工作的决定》(国发〔2011〕20 号)将“以人为本”的理念贯穿于地质灾害防治工作的各个环节，以保护人民群众生命财产安全为根本，通过顶层设计，以建立健全地质灾害调查评价体系、监测预警体系、综合治理体系、应急救援体系为核心，提出了全面开展隐患调查和动态巡查、加强监测预报预警、有效规避灾害风险、综合采取防治措施、加强应急救援工作、健全保障机制六大措施；同时，提出坚持属地管理、分级负责，预防为主、防治结合，专群结合、群测群防，谁引发、谁治理，统筹规划、综合治理五项原则。实现了理念、体制、机制、手段措施的全方位创新，着力协调责任、整合资源、统筹兼顾，构建全社会共同参与的地质灾害防治工作格局，有效规避灾害风险。党的二十大报告中提出我们要推进美丽中国建设，坚持山水林田湖草沙一体化保护和系统治理，统筹产业结构调整、污染治理、生态保护、应对气候变化，协同推进降碳、减污、扩绿、增长，推进生态优先、节约集约、绿色低碳发展。统筹水资源、水环境、水生态治理，推动重要江河湖库生态保护治理，基本消除城市黑臭水体。加强土壤污染源头防控，开展新污染物治理。提升环境基础设施建设水平，推进城乡人居环境整治。提高防灾减灾救灾和重大突发公共事件处置保障能力，加强国家区域应急力量建设。

自《地质灾害防治条例》颁布，《国家突发地质灾害应急预案》等相关配套以及地方性法规或规章陆续颁布和出台，各省(自治区、直辖市)和大部分易发区的县(市、区)均发布实施了应急预案和防治规划，资质管理、信息报送和应急响应等均有章可循，自然资源部和各省(自治区、直辖市)全面开展了地质灾害防治规划的编制工作，以国家、省(自治区、直辖市)、县(市、区)三级地质灾害防治规划为框架的地质灾害防治规划体系初步形成，促进了地质灾害防治工作从无序到有序的转变。

(2)基本摸清了全国地质灾害多发区的地质灾害发育分布规律。

从 1999 年开始，国土资源部门在全国地质灾害多发区的县(市、区)开展了地质灾害调查与区划，迄今完成了 2/3 以上县(市、区)的地质灾害调查与区划工作，使防治工作做到了“心中有数”。

(3)我国在地质灾害防治体系建设、基础建设等方面取得了一系列重要进展。

中央和地方财政都大幅度增加了地质灾害防治资金的投入，建立起由国家级地质环境监测院、省级监测总站、市级监测分站、县级监测站以及群测群防监测员队伍的地质灾害防治体系。

(4)大幅度增强了全社会防灾减灾意识。

近年来，自然资源部把大量精力投向增强全社会防灾减灾意识工作上来，经过多年的培训、宣传，“十有县”“五条线”“五到位”等建设，地质灾害防治的理念逐渐深入人心。特别是群测群防监测员队伍的建立、发展和壮大，使地质灾害防治彻底实现了从单纯的专业性、技术性工作到社会性工作的转变。而发放通俗易懂的地质灾害防治挂图、地质灾害防治明白卡等，已经成为地质灾害防治工作的优良传统。在有威胁学校、医院、村庄、集市等人员密集场所的重大隐患点，组织进行地质灾害应急避险演练，使地质灾害防治的理念和知识真正进入了寻常百姓家。

(5)积极采用高科技手段开展防灾减灾。

地质灾害监测预警试验基地建设、地震扰动重大滑坡泥石流等地质灾害防范与生态修复、重大地质灾害监测预警及应急救灾关键技术研究、汶川地震带科学钻探等一批科研项目的开展,为防灾减灾发挥了重要的科技支撑作用。安装裂缝报警器和滑坡预警伸缩仪,监测效率和预警水平比以往明显提高。在地质灾害防范和应急处置中运用无人驾驶小飞机、三维激光扫描仪、探地雷达等高精尖设备,卫星远程视频会商系统,航空遥感等设备和技术手段,有效地提高了防灾减灾效率。

(6)地质灾害防治工作任重道远。

我国地质灾害防治工作取得了举世公认的成绩,但仍有很多问题亟待解决,比如地质灾害防治工作仍然缺乏全面系统的基础调查资料,调查数据得不到及时更新;地质灾害监测体系仍然薄弱;监测预报预警系统建设起步较晚,绝大部分地区仍局限于较低水平的群测群防,尚不能做到预警及时、反应迅速、转移快捷、避险有效;地质灾害防治长期以来经费投入严重不足,历史欠账多,许多重大地质灾害隐患点亟待采取工程措施;社会公众防灾减灾知识需要进一步普及提高,地质灾害防治工作管理队伍人员数量、水平远不能满足实际需求;地质灾害防治的信息化程度低;科学技术水平对地质灾害防治工作的支撑明显滞后于社会经济发展的迫切需求,急需加强有关科学研究,全面提升防灾减灾科技水平。

任务四　地质灾害调查与评价目的

一、地质灾害调查

地质灾害调查是用专业技术方法查明、分析地质灾害状况和形成发展条件的各项工作的总称,就是调查了解地质灾害区及与人类活动有关的地质灾害潜在危害区地质条件、地质灾害分布情况、形成条件、活动历史与变化发展特点,灾区社会经济条件、受灾人口和受灾财产数量、分布及抗灾能力,地质灾害防治途径、措施及其可能性。

二、地质灾害评价

地质灾害评价是指对一次地质灾害事件或一个地区的地质灾害进行的危险性评价、易损性评估和破坏损失评价,或对地质灾害潜在危害区、致灾体进行稳定性评价,分析地质灾害发生的可能性。

由不同方面、不同层次、不同类型的地质灾害评价组成的整体称为地质灾害评价体系。根据地质灾害评价的范围和精度,分为点评价、面评价和区域评价;根据地质灾害评价时间分为灾前预测评价、灾中跟踪评价、灾后总结评价。各种评价虽然目的、要求不尽相同,但基本内容和技术方法相近,它们组合在一起,构成地质灾害评价体系。

三、地质灾害调查评价的目的

开展地质灾害调查评价,“以人为中心”,即以人的生命、财产和生存环境的调查研究和保护为中心,为科学规范地开发利用地质环境和防治地质灾害服务,为实施地质灾害预警工程和地方政府制订地质灾害防治规划服务,为地区经济与社会可持续发展等提供系统的理论依据和防治对策。

任务五 地质灾害调查的类型及主要内容

一、地质灾害调查的类型及技术方法

(一)地质灾害调查的类型

因为地质灾害调查目的和精度不同,地质灾害调查有多种类型。有地质灾害概查——小比例尺的区域性调查、地质灾害普查——中等比例尺的地区性调查、地质灾害详查——大比例尺的地质灾害点或地质灾害区的专门性调查。有地质灾害应急调查、单灾种地质灾害调查、县(市、区)地质灾害调查和区划、地质灾害排查等。除独立进行的专门性地质灾害调查外,在综合性地质勘查以及水文地质、工程地质、环境地质等勘查评价工作中,也会对工作区的地质灾害进行不同程度的调查工作。

(二)地质灾害调查的技术方法

1. 主要技术方法

地质灾害调查的主要技术方法有遥感解译、工程地质测绘、地球物理勘探、山地工程、钻探、原位及室内试验分析、动态监测、地球化学勘探等。

1)遥感解译

地质灾害调查是基于遥感图像,利用人机交互目视解译方式和地理信息系统(GIS)定量计算来获取地质灾害相关信息的技术方法。遥感图像能直观地显示区内地形、地貌、地质和水文的整体轮廓与形态,可以宏观认识调查区的自然地理、地质环境,指导调查工作的整体部署,减少盲目性,节省人力、物力的投入。

2)工程地质测绘

工程地质测绘是地质灾害调查评价最基本、最经济的手段。其成果有利于指导物探、钻探和山地工程及试验工作的部署,应首先开展,并应充分利用已有基础地质资料,补充必要的野外调查重点调查研究区地质环境条件及其演化规律、主要环境地质问题、人类工程活动的类型及其环境地质效应等,同时验证遥感影像资料的解译成果。工程地质测绘成果是对遥感解译的较好补充。

3)地球物理勘探

根据研究区特点和有待查明的环境地质问题,有的放矢地采用先进适用的技术方法开展物探方法调查工作,注意做好物探成果的综合解译与查证。地球物理勘探方法包括航空物探、地面物探和测井(硐探)等;从物理原理上讲,有电法、地震法、重力法和磁法等。目前正在发展的“3S”成像在环境地质调查中已发挥了重要的作用。物探方法设备轻便、成本低、速度快、覆盖面大,与钻探、山地工程、工程地质测绘相结合,既可以节约投资,又可取得有效的成果。

4)山地工程

山地工程分为轻型山地工程(试坑、探槽、浅井)和重型山地工程(竖井、平斜硐、石门、平巷等)。山地工程是地质勘查的重要手段,技术人员可直接观测岩土体内部结构、构造、断层、软弱夹层、滑带、裂缝、变形和地压等重要地质现象,获取直观可靠的资料。还可以进行采样、原位测试,为物探、监测乃至施工创造有利条件。

5)钻探

钻探主要用于区域性控制和对专门问题的查证,以及地质环境监测点的布设。钻探方法用于获取深部地质资料,具有成果直观、准确并能长期保存等优点,可以进行综合测井、录像、跨孔探测、长期观测和变形监测。

6)原位及室内试验分析

为分析研究地质环境演变规律,在地面调查阶段,采集水体、土壤和岩石等样品,利用古地磁、热释光、同位素年龄、孢粉、微体古生物、原子吸收光谱法、离子色谱法、超声波和流变仪等测试技术开展原位试验分析及实验室测试分析,获得环境地质评价所必需的数据资料。

7)动态监测

根据工作区地质环境条件和需要解决的问题,确定监测项目、监测网点布置原则、布设位置、监测内容与要求、监测工作量等。如用于观测地震、活动断裂、地下水、危岩体或滑坡的长期动态观测可为环境地质问题的发生、发展提供重要数据,监测手段有地面位移(三角控制测量、微震台网和短基线测量等)、深部位移(多层移动测量计、测斜仪和磁标志法等)、热红外跟踪摄影与现场声发射(AE)的自动记录仪和全球定位系统(GPS)等。为确保监测周期,控制性的监测点应在工作初期布设并运行。

8)地球化学勘探

地球化学勘探在查明活动断裂分布与活动性以及地裂缝、地下岩溶发育程度等方面具有重要的作用,它通过探测汞、钍、铀和氡等放射性或挥发性元素的含量,分析评价不同区域的环境地质条件。

9)其他新方法手段

(1)环境地质信息系统建设。以建立环境地质空间数据库系统和评价、预警与综合整治计算机辅助决策系统为目标,实现环境地质评价数据标准化和监测数据采集的自动化,评价、预测和综合防治研究的模型化、可视化与人工智能化。

(2)低空无人飞行器。电动无人机航测系统是一种短距、手抛、弹射起降、自动驾驶无人飞行器系统,可用于执行地理信息测绘、资料收集、协调指挥、搜索、测量、通信、监测、侦查等多种空中飞行任务。低空无人飞行器便于在山高坡陡,交通和通信极不发达的山区,进行地质灾害的日常监测和灾后抢险以及灾情评估。

2. 选择方法的原则

方法的选择应以调查工作的任务要求、阶段及地质灾害的特征为依据,以期使用最基本、简便易行的方法,以最低的投入,取得有用且好用的资料,实现最好的减灾效益。

(1)针对性:要根据现场踏勘和前人资料,初步判定地质灾害的性质,有针对性地选择勘探方法,避免盲目工作,做到事半功倍。

(2)实用性:力求以最简单的方法解决最复杂的问题,不刻意追求新奇复杂的技术方法。

(3)简单高效:尽可能采用操作简便、易于搬运、环境适应性强的设备。

(4)经济合理:在能满足调查评价任务要求的前提下,尽可能降低工作量。

3. 方法的配置

方法的配置要充分考虑调查工作的阶段性,方法自身的适用性,方法之间的互补性、互验性,技术和经费的可行性。

钻探和山地工程对物(化)探有很强的互补性和互验性。先用钻探对地面物(化)探结果进行验证,提高其成果的准确性和推广价值。再进行测井和跨孔探测,拓宽物探的勘测范围,以取得更好的成效。钻探要投入到关键部位,每个钻孔都应综合测井,进行变形监测等,发挥其较多的功能。试验用于查明灾害体的地质特性和赋存环境,提供岩土体物理力学参数和水文地质参数,要结合其他工作统一部署。试验常常成为解决复杂地质问题的有效途径。实践表明,如果地质测绘工作细致深入,轻型山地工程配合得当,物(化)探工作针对性强,就可以大大降低钻探工程量,少用甚至不用重型山地工程。

二、地质灾害应急调查

(一)地质灾害应急调查的目的和意义

地质灾害应急调查是指在地质灾害发生后或地质灾害隐患点出现险情时,由国土资源管理部门组织有关技术单位对该地质灾害发生地点或地质灾害隐患点进行应急调查,查清地质灾害发生的原因、规模、影响和范围、发展趋势,有无继续发生灾害的可能以及需要采取的防治措施等调查活动。

地质灾害应急调查评价是地质灾害应急响应体系中基础、重要的环节之一。地质灾害应急调查的目的是对灾情或险情现场数据进行收集,为救援和相关处理工作提供实时、完整的参考信息。地质灾害应急调查是针对突发地质灾害灾情或险情,立即采取获取地质信息,以减轻灾害后果或避免灾害发生的紧急行动过程,其意义主要是及时准确地查清地质灾害发生的情况,给各级党委、政府及人民群众提供科学的避险方法及防治措施建议。

(二)地质灾害应急调查的技术要求

1. 地质灾害应急调查的前期准备

地质灾害应急调查工作开展前应有所准备,并要对调查人员自身的安全问题有切实的了解,所做的准备及安全问题主要有以下五个方面。

(1)准备的工具:包括照相机、GPS、地质罗盘、量角器、三角板、卷尺或测距仪、图夹、野外记录本、铅笔等。

(2)准备的装备:包括手机、登山鞋、背包、手电筒、雨伞、防寒服、薄绒裤等。

(3)准备的药品和干粮:包括腹泻药、感冒药、消炎药、驱虫药,适量软包装食品。

(4)调查队在行进时的要求:包括不能离队,不掉队,不盲目涉水,不喝生水,现场调查要尽量寻求当地人员陪同。

(5)调查队在休息、住宿时的要求:包括宿营地应避开沟口、河床、高陡斜坡等易受地质灾害的危害地段。

2. 地质灾害应急调查的技术要求

地质灾害应急调查主要有以下五个方面的技术要求。

1)确定位置

对照地形地质图或其他带地理底板的图件确定所处位置;应用简便的 GPS 测定灾点的地理坐标和高程、方向;应用地质罗盘确定坡面产状。

2)了解灾情及发灾过程

认真听取当地干部群众的汇报,收集汇报材料,记录灾害损失情况、近期天气情况、灾害发生时间及过程、目前地质体的活动情况、灾害救援情况。

向当地灾民询问灾害损失、灾害发生时间及过程、灾害表现形式、有关成灾地质作用的表象、河流动态和降水情况等。

现场调查核实灾害损失情况。通过灾害现场的观察,统计记录现场人员及财产损失的数量、毁坏程度,按照《地质灾害防治条例》相关标准确定灾害程度分级。调查分析确定地质灾害类型,通过现场地质作用途径和痕迹、堆积体土石成分、结构的观测,堆积体规模的测量,确定地质灾害的类型、规模等级,掌握具体形态数据(如滑坡体的长、宽、厚度、体积)。

3)调查地质灾害成因

(1)地质环境条件。

主要针对地质环境中导致灾害发生的脆弱性问题进行观测,确定地质灾害形成的不良地质环境因素(如高陡的斜坡、松散的岩土、暴雨活动情况、强烈的地表水流侵蚀等)。

调查内容:①地形地貌,崩塌陡崖地形地质特征,滑坡山体的地形地质特征,泥石流的流域地形地质特征;②岩体工程地质特征;③土体工程地质特征;④地质构造;⑤水文地质条件;⑥地震活动情况等。

(2)人类活动的影响。

调查内容:通过观测和调查访问了解人类活动对地质环境的改造以及由此带来的不良影响(如土地开垦、耕种,建筑、道路、水利工程建设的切坡和填土对地表径流的改变、增加坡体荷重,采矿活动、弃渣不合理堆放,地下水开采或疏排等)。

认真调查分析这些活动与成灾地质作用的关系,包括空间位置、时间上的关联,确定这些活动对地质灾害的影响。

(3)地质灾害活动痕迹调查。

调查内容:①崩积体的分布范围、高程、形态、规模、物质组成、分选情况、块度、架空情况和密实度,崩塌方式、崩塌块体的运动路线和运动距离;②滑体形态及规模,后缘滑坡壁的位置、产状、高度及其壁面上擦痕特征,滑坡两侧界线的位置与性状,滑动的方向、滑距等;③泥石流残留在沟道中的各种痕迹和堆积物特征,其活动过程、泥石流性质和规模等。

在上述调查的基础上综合分析整个地质作用过程。

(4)引发因素确认。

综合分析确定灾害发生的临界触发因素(如暴雨冲刷、潜蚀、软化、加载,洪水侵蚀、淘空,人为切坡或填土边坡过陡,地下采空区过大而塌落,爆破震动等)。

对触发机制取得一个基本的分析认识结论。表生动力地质作用机制就是该作用各构成要素之间的地质结构关系、运动过程、变化形式及其物理力学性质。

4)初步判断地质灾害的发展趋势

一般成灾地质作用的发展阶段为孕育→发生→发展→调整→稳定。如一般柔性介质滑坡的变形活动阶段包括初始蠕变→加速变形→剧烈滑动→调整休止→再生固结。

在评估崩塌、滑动后斜(边)坡的稳定性,崩、滑堆积体的稳定性的基础上,结合降水、洪水、地震、人为诱发因素的变化趋势,综合判断地质灾害的发展趋势。

5)提出应急措施建议

结合地质灾害的诱发因素、危险性和危害程度,提出针对性的防灾措施建议。其主要内容包括:重点防治地段及重要建筑物的确认;抢险救灾措施及其合理性评估;临时避灾场地的选择和安全性评估;群测群防监测网点的布设及要求;重大地质灾害的应急勘查、监测与防治的建议;地质灾害防治管理要求等。

(三)地质灾害应急调查报告的编制

地质灾害应急调查报告要紧凑简练,既注重时效性,又注重实用性,包含以下几个方面的内容,反映这些内容的实际材料必须在应急调查时收集齐全。

(1)前言。简述灾害信息来源应急调查组织及工作情况。

(2)基本灾情。包括灾害点发生的位置、发生的时间、灾害类型、规模(长、宽、厚)、伤亡人数、已造成直接经济损失及可能造成的经济损失、潜在危害(威胁人员、工程及财产)等。

(3)地质灾害类型和规模。包括地质灾害类型划分,各灾种的分布、特征,灾度等级划分等。

(4)地质灾害成灾原因。灾害形成原因分析包括自然因素和人为因素分析。其中,自然因素包括:地形地貌、气象与水文特征;地层岩性、地质构造、地震活动情况;岩土体类型划分与基本特征,山体形态、地质结构与稳定性;含水层组划分与基本特征,地下水补给、径流、排泄条件及特征、动态。人为因素包括人类活动的方式、强度,对地质环境的破坏作用。

(5)发展趋势预测。根据灾害目前活动迹象、发育特征、影响因素及以后各因素的发展趋势,观测分析总结地质灾害发育特征、活动阶段及引发因素的变化,对灾害体的稳定性和发展趋势做出正确的发展趋势评价与预测。

(6)已经采取的应急措施。包括已经采取的应急救灾、防范措施及其效果,存在的问题或不足之处。如监测布置、搬迁方案、防灾预案的制订及落实,已实施工程治理措施的效果,对已制订防御预案应附防御预案表。

(7)今后的防治工作建议。包括:应急治理的地质灾害及治理方案建议;危险性较大的地质灾害勘查、监测与防治的建议;群测群防监测网点的布设及要求;地质环境管理及有关经济社会管理的建议等。

(8)附图与附件。包括:反映地质灾害位置及形成条件的大比例尺平面图、剖面图;反映地质灾害全貌和主要特征的现场照片。

三、县(市、区)地质灾害调查

(一)县(市、区)地质灾害调查的目的和任务

为了减少地质灾害造成的损失,查清我国地质灾害的发育分布规律,国土资源部从1999年开始,在地质灾害严重的县(市、区)陆续部署开展了县(市、区)地质灾害调查与区划工作。

1. 目的

调查目的是查明我国地质灾害严重县(市、区)的地质灾害隐患,划定地质灾害易发区,建立健全群专结合的监测网络,有计划地开展地质灾害防治,建立地质灾害信息系统,减少灾害损失,保护人民生命财产安全,开展县(市、区)地质灾害调查与区划。

2. 主要任务

县(市、区)地质灾害调查的重点是滑坡、崩塌、泥石流、地面沉降、地面塌陷和地裂缝六种地质灾害类型,调查数据显示,其中滑坡占灾害总数的51%,崩塌占17%,泥石流占8%,地面塌陷占5%,地裂缝占3%,不稳定斜坡占16%。由此可以看出,斜坡灾害(崩塌、滑坡、泥石流、不稳定斜坡)是我国主要的地质灾害类型。因此,我国地质灾害的防治形势十分严峻,防治任务十分繁重。

(1)“以人为本”,对城镇、厂矿、村庄、风景名胜区、重要交通干线和重要工程设施分布区不稳定斜坡(变形斜坡)、泥石流潜在发育区以及潜在地面塌陷区进行调查,并对其稳定程度和潜在危害(险情)进行初步评价。

(2)对已发生的滑坡、崩塌、泥石流、地面塌陷、地裂缝、地面沉降等地质灾害点进行调查。查清其分布范围、规模、结构特征、影响因素、引发因素等,并对其稳定性、危害性(灾情)及潜在危害性(险情)进行评价。

(3)进行地质灾害分区评价,圈定易发区和危险区。

(4)协助当地政府建立地质灾害群测群防网络和编制特大型、大型地质灾害隐患点的防灾预案。

(5)结合调查成果,对所属县(市、区)有关人员进行地质灾害防灾减灾知识培训,指导地质灾害的监测与预警工作。

(6)开展地质灾害防治区划。

(7)建立地质灾害信息系统。

(二)县(市、区)地质灾害调查的要求

1. 基本要求

调查工作紧密结合防灾需要,突出"以人为本",以突发性地质灾害为重点,不按比例尺定额平均布设调查点,而围绕有受灾危险的居民点及重要设施进行调查。通过走访每一个城镇及行政村,结合地质环境条件确定调查对象。重点调查可能产生崩塌、滑坡、泥石流而对居民点安全造成威胁的斜坡、沟谷以及对村镇有威胁的地面塌陷、地裂缝隐患,兼顾公路、铁路、河流沿线地质灾害危险性调查。

(1)地质灾害调查应在已有资料的基础上充分收集。包括与地质灾害形成条件相关的气象、水文、地形地貌、地质构造、区域构造、第四纪地质、水文地质条件、生态环境以及人类活动与社会经济发展计划等。

(2)地质灾害调查的主要内容包括不稳定斜坡,滑坡、崩塌、泥石流、地面塌陷、地裂缝、地面沉降。根据工作区实际情况,可以增加其他种类的地质灾害调查内容。

(3)地质灾害调查应充分发动群众,采取有关部门和群众报险与专业人员调查相结合的方式进行。

(4)对于前人文献已有记载的、当地群众和有关部门报告的地质灾害点,必须逐一进行现场调查;对无论有无地质灾害分布的主要居民点、可能遭受地质灾害威胁的一般居民点都必须进行现场调查。

(5)地质灾害调查必须做到"一点一卡"。按照卡片要求的内容逐一填写,对地质灾害的主要要素的描述不得遗漏。

(6)地质灾害调查必须按照统一的格式要求建立相应的信息系统。

(7)列入年度计划的县(市、区),承担调查任务的单位须编制调查设计书,经省(自治区、直辖市)国土资源行政主管部门审批后开展调查工作。

(8)县(市、区)地质灾害调查与区划成果资料(含文字报告、图件、附件、附表和有关原始资料等)均以纸介质和电子文档(光、磁盘)两种形式汇交,所汇交的资料均应严格按照有关规定、标准复制,光(磁)盘数据资料,必须与纸介质成果资料内容一致。

(9)每个县(市、区)地质灾害调查工作应在一年内完成。

2. 组织工作

(1)成立由县(市、区)政府领导承担调查任务的地勘单位领导及有关部门成员参加的项目协调领导小组,负责组织和协调项目的实施。

(2)在协调小组的领导下,由承担调查任务的地勘单位和县(市、区)国土资源主管部门组成若干联合调查组开展工作。

(3)每个县(市、区)调查组专业技术人员不应少于2人。其中,具有中、高级技术职称且有经验的专业人员不应少于1人。

(4)在开展调查工作前,专业调查组应协助当地政府举办地质灾害调查基层干部培训班。

3. 调查方法

在充分收集已有资料的基础上,以较为详细的地面调查为主,不安排钻探,必要时可适当进行少量坑、槽探等山地工程。

4. 调查设计

1)基本要求

(1)应充分收集前人资料,尤其是收集省(自治区、直辖市)、市(州)、县三级地质灾害年度防治预案和应急防灾减灾工作资料,并进行综合研究,使设计书有充分的依据和可操作性,确保调查成果的质量。

(2)应充分了解地方国民经济建设与社会发展情况,以及对地质灾害防灾减灾的需求和要求,使工作目的明确,针对性强。

(3)设计书应符合有关标准、规范规定条例及要求,内容完整,重点突出,附图附表齐全。

2)设计书

设计书应包括如下内容:前言(包含目的任务、工作区范围、自然地理概况、以往工作程度及评述);第一章区域环境地质条件和地质灾害现状;第二章工作部署及进度安排;第三章工作方法及技术要求;第四章组织管理;第五章保护措施;第六章经费预算;第七章预期成果;附图:地质灾害调查与区划工作部署图(比例尺为1:100 000)。

(三)县(市、区)地质灾害调查的野外工作

1. 野外调查的主要内容

县(市、区)地质灾害调查主要是调查发生地质灾害的危险性。包括已发生的崩塌、滑坡、泥石流、地面塌陷等的形成条件、发育特征、已造成的损失、复活的危险性、危害性以及潜在的坍塌、滑坡、泥石流、地面塌陷等对居民点及重要设施的威胁。

1)不稳定斜坡调查

对斜坡,主要是调查斜坡的地层岩性,坡体结构,结构面组合特征,可能构成崩塌、滑坡的边界条件,坡体异常情况及附近人口、经济状况等,以此判断斜坡发生崩塌、滑坡、泥石流灾害的危险性及可能影响的范围。

2)滑坡调查

滑坡调查主要调查滑坡发生时间、灾情、物质组成、外形及规模、运动形式、滑速、滑距、诱发因素、复活迹象,已有防治措施,并提出今后防灾减灾建议。

3)崩塌调查

崩塌调查包括危岩体调查和已有崩塌堆积体调查。主要调查危岩体位置、形态分布、高程规模、地质构造、地层岩性、岩土体结构类型、地形地貌、斜坡组构类型、形成条件、异常情况及附近人口、经济状况,崩塌的次数、发生时间,崩塌前兆特征、崩塌方向、崩塌运动距离、堆积场所、崩塌规模、崩塌堆积体量、引发因素,变形发育史、崩塌发育史、灾情等。

4)泥石流调查

泥石流调查范围应包括沟谷至分水岭的全部地段和可能受泥石流影响的地段,主要包括泥石流的形成区、流通区、堆积区,主要调查沟谷中松散物源量、植被发育状况,降水特征及降水量、汇水面积、沟谷纵坡降、沟口地貌、新老泥石流扇地形关系,根据以往灾情等判断沟谷发生泥石流的可能性。

5)地面塌陷

地面塌陷主要调查岩溶地面塌陷和采空地面塌陷,包括发育在黄土等地区的土洞型地面塌陷。地面塌陷主要调查已有塌陷的发育特征,形成的地质环境条件及诱发因素,发展趋势,已成的和今后可能发生的灾害情况,已采取的防治措施、效果,提出今后的防治建议。

6)地裂缝

地裂缝主要调查单缝特征和群缝分布特征及其分布范围,地裂缝成因类型及其形成的地质环境和诱发因素,以及发展趋势预测,现有灾害评估和未来灾害预测,现有防治措施和效果,今后的防治建议。本调查所指地裂缝为区域性地裂缝,与滑坡、崩塌、地面塌陷相伴生的地裂缝不包括在内。

7)地面沉降

地面沉降主要调查由于常年抽汲地下水引起水位或水压下降而造成的地面沉降,不包括由于其他原因所造成的地面下降。主要通过收集资料、调查访问来查明地面沉降原因、现状和危害情况。

2. 野外调查记录要求

(1)调查居民点、地质灾害点和地质灾害隐患点的地质环境条件、地质灾害特征,应根据设计书中规定的技术要求和布点的目的进行详细记录和填表。做到目的明确、内容全面、重点突出、数据无误、词语准确、字迹工整清楚。

(2)对各类地质灾害形成条件、影响因素、引发因素的描述应分清主次,特别是引发因素的分析,应用数据说明。

若为降水引发,应尽量收集灾害发生前的降水时间、雨量数据。若为人工切坡引发,应调查了解切坡的时间,测量切坡后的坡度、高度;若为采矿引发,应尽量调查了解开采起始时间,收集年开采能力、矿石总产量、坑道位置、采矿工艺、采空区分布及面积等资料;若为抽、排水引发,应尽量收集抽排井孔布置、抽排时间、抽排水量、抽排前后水位及变化等资料。

(3)按照各类地质灾害的规模划分标准、稳定性野外判别标准进行分级。

(4)对已进行勘查与治理的地质灾害,应收集勘查程度、治理措施、治理效果及效益相关资料。

(5)对重要的斜坡变形和地质灾害点,都必须绘出平面图、剖面图,必要时附素描图,并拍摄照片或录像,所有照片均应统一顺序编号,并注明在相应的观测点记录表上。

3. 野外调查记录形式

(1)野外调查记录必须按规定的调查表认真填写,要用野外调查记录本进行沿途观察记录,并附示意性图件(平面图、剖面图、素描图等)和影像资料等,对于调查的地质灾害点及地质灾害隐患点,填写相应灾种的野外调查表;对于调查的居民点,填写村(居民点)地质灾害调查情况统计表。

(2)灾情或险情以及规模属中型及其以上的地质灾害点必须进行详细调查;对灾情或险情以及规模属小型者可视具体特征和分布位置进行控制性定点调查。

(3)对属同一类型的地质灾害不论灾害体规模大小、是单体还是群体,都应一点一表,不允许在同一灾害体上定两个以上的观测点,也不允许将相邻两个灾害体合定一个观测点。同一地点存在几种地质灾害或其他环境地质问题时,可以只定一点,但应分类填表。

(4)对于乡、镇及村委会,都应进行调查,如无地质灾害分布,可不布设观测点,但应做好访问记录;对于一般居民点只要可能受到地质灾害危害,均应布设观测点进行调查评价。

(5)野外记录应采取图文互补方式进行调查记录,用图客观地反映出地形形态、滑坡裂缝、隆起等变形现象的空间展布,地下水出露或所测水位埋深等部位,人工边坡分布位置,受威胁对象与潜在灾害体相对位置,土体厚度、岩层节理断层产状测量位置,照相位置和镜头方向等,用文字客观地补充记录地形坡度、边坡高度、裂缝特征和形成时间、威胁户数人口等,保证野外记录客观全面。野外记录要严格注意区分主观判断与客观存在的现象,并判断可能的成灾范围。

4. 工作手图和清图填绘要求

(1)采用数字化地形地质图或工程地质底图作为工作手图,在未获得上述图件的情况下,以1:50 000地形图作为工作手图,并据已有资料将各类地质灾害点及地质界线透绘到地形底图上供野外调查期间使用。

(2)工作手图上的各类观测点和地质界线,在野外应用铅笔绘制。转绘到清图上后应及时上墨。

(3)工作手图上观测点符号用×表示。若灾害体规模较小,无法表示其轮廓线时,用不依比例尺的符号表示;当规模较大,应依比例尺圈定其边界线。

(4)工作手图上观测点定位应遵循以下原则:滑坡点定在滑坡后缘中部,泥石流点定在堆积区中部,地面塌陷点定在塌陷中心点,地裂缝点定在主干裂缝的中点,斜坡、边坡点定在变形区中部。

(5)清图(比例尺一般采用1:100 000):各类地质灾害和地质界线应按规定图例绘制,不再表示观测点符号。

(四)县(市、区)地质灾害调查的内业

1. 基本要求

(1)必须结合信息系统的建设进行,所有报告及图件必须数字化,并运用计算机编图。

(2)地质灾害调查成果分析整理采用以定性分析为主、以定量评价为辅的方法进行,阐明地质灾害分布规律、发育特征及危害,做出正确的评价与预测。

(3)地质灾害调查成果主要为规划决策人员服务,应力求通俗易懂、简洁美观,但必须体现地质规律,结合地方政府需求与经济社会发展规划,提出合理、有效的防治建议,体现调查工作的防灾、减灾效益。

2. 划分确定地质灾害易发区和重点防治区

依据地质环境条件,参考地质灾害现状和人类工程活动划分地质灾害易发区;根据地质灾害现状和需要保护的对象确定地质灾害重点防治区。

3. 成果图件和报告

1)成果图件

成果图件主要包括实际材料图、地质灾害分布与易发区图、地质灾害防治区划图。

2)成果报告

地质灾害调查与区划报告是项目工作的最终成果,也是工作质量的全面体现,报告主要内容包括调查情况、县(市、区)社会经济状况、地质环境条件地质灾害分布与发育特征、易发区的划分、主要灾害隐患点危险性和危害性评价及监测预警和防治建议。报告的编制须达到以下要求:

(1)综合利用、充分反映前人资料和调查所取得的成果。

(2)阐明地质灾害主要类型、分布规律、发育特征、主要控制影响因素及危害,做出正确的评价与发灾条件预测。

(3)结合地方政府需求与经济社会发展规划,提出合理有效的防治建议,体现调查工作的防灾减灾效益。

(4)内容简明扼要、重点突出、依据充分、结论明确、附图规范、附件齐全,便于地方政府和主管部门阅读与使用。

(5)成果报告与附图均以纸介质和数字介质两种形式表示。

报告的章节:序言、第一章自然地理与地质环境、第二章地质灾害分布与特征、第三章地质灾害隐患点危险性评价、第四章地质灾害易发区划分、第五章地质灾害经济损失评估、第六章地质灾害防治建议、第七章结论。

报告附件:地质灾害防治区划、地质灾害群测群防建设及特大型和大型地质灾害隐患点防灾预案(建议稿)、地质灾害信息系统建设报告、地质灾害调查表、有关照片和录像等。

四、地质灾害详细调查

1999年以来,开展了县(市、区)地质灾害调查与区划工作,初步摸清了我国地质灾害分布情况,划分了易发区和危险区,建立了群测群防体系,有效减轻了地质灾害损失,但随着我国社会经济迅速发展,滑坡、崩塌、泥石流等呈加剧趋势,严重危害人民群众生命财产安全和社会经济可持续发展,亟须系统翔实,尤其是更大比例尺、精度更高的调查资料。

《地质灾害防治条例》和《全国地质灾害防治规划》规定:我国将在全国地质灾害易发区开展地质灾害详细调查,进行环境工程地质条件区划,将针对影响人民生命、财产、生存环境和国家重大建设工程、重要矿山、国家级或省级旅游景区开展滑坡、崩塌、泥石流灾害详细调查工作(比例尺为1:50 000),为各级政府制订地质灾害防治规划和实施地质灾害预警工程提供基础依据。

为规范地质灾害详细调查评价工作,指导全国地质灾害高发区1:50 000地质灾害调查工作的开展,中国地质调查局组织制定《滑坡崩塌泥石流灾害调查规范(1:50 000)》(DZ/T 0261—2014)。该规范规定了滑坡、崩塌、泥石流及不稳定斜坡等地质灾害详细调查的内容、控制精度和基本调查方法,规定了灾害危险性评价的一般原则。

(一)地质灾害详细调查的目的和任务

1. 目的

根据《地质灾害防治条例》和《全国地质灾害防治规划》要求,在开展全国县(市)地质灾害调查与区划基础上,提高调查精度,开展地质灾害严重区滑坡、崩塌、泥石流灾害及不稳定斜坡调查、测绘与勘查,为减灾防灾提供基础地质依据。

2. 任务

(1)开展地质条件调查,分析滑坡、崩塌、泥石流发生的岩土体结构条件,查明其发育、分布规律及形成机制,评价和预测其发展趋势,进行环境工程地质条件区划。

(2)对已发生的滑坡、崩塌、泥石流等地质灾害点进行调查。了解其分布范围、规模、结构特征、影响因素和诱发因素等,并对其复活性和危险性进行评估。

(3)对城市、村镇、厂矿、重要交通沿线、重要工程设施、大江大河、重要风景名胜区和重点文物保护点等潜在的滑坡、崩塌、泥石流等地质灾害隐患点进行调查,并对其危险性和危害性进行评价。

(4)结合防灾规划,推荐应急搬迁避让新址,并进行地质灾害危险性和建设适宜性初步评估。

(5)收集气象水文资料,调查水文地质条件,分析降水等对滑坡、崩塌和泥石流的影响,进行地质灾害气象预警区划。

(6)协助当地政府建立地质灾害群测群防网络和编制重要地质灾害隐患点防灾预案。

(7)建立地质灾害信息系统,进行地质灾害分区评价,圈定易发区和危险区。

(二)地质灾害详细调查的要求

1. 基本要求

(1)调查灾种包括滑坡、崩塌、泥石流,根据现场实际,可以增加调查其他灾种。对危及人员及财产的潜在灾害点,如不稳定斜坡、泥石流流通区、采空区等也须进行调查。

(2)应充分收集、利用已有资料,包括气象、水文、区域地质、第四纪地质、水文地质、工程地质、环境地质情况、植被情况,以及社会经济发展规划等。

(3)调查方式采用点、线、面相结合,专业调查为主的方式进行。

①点:根据已掌握的资料和群众报险线索,对灾害点或出险点逐一进行现场调查。对县城、村镇、矿山、重要公共基础设施、主要居民点都须进行现场地质调查,不得"漏查"地质灾害。在地质灾害高易发区,对所有的居民点须进行现场核查。

②线:沿滑坡、崩塌、泥石流易发生的沟谷和人类工程活动强烈的公路、铁路、水库、输气管线等进行追索调查。

③面:采用网格控制调查,对地质条件进行修测,了解灾害形成演化的地形地貌、岩(土)体结构等地质背景条件;了解人类活动较弱地带滑坡、崩塌、泥石流等分布和发育规律;了解中、远程滑坡致灾的可能性。

(4)调查技术路线应采用遥感调查、地面调查、测绘和勘查相结合的方式综合开展。运用遥感和地面网格控制调查方式了解滑坡、崩塌、泥石流发生和分布的地质条件与岩(土)体结构特征。

(5)对危及县城、集镇、重要公共基础设施安全的灾害点,以及规模大且稳定性较差的灾害体应进行大比例尺地面测绘,可辅以必要的钻探、山地工程、物探等验证,以提供必要的物理力学参数。

(6)灾情与危害程度按照灾变等级及灾度等级进行分级。

(7)应按照统一格式要求建立相应的信息系统。

(8)调查工作应以县(市)行政区划为单元进行部署,野外调查工作应以1:50 000或精度更高比例尺地形图为单元开展。

(9)调查中发现滑坡、崩塌、泥石流以及不稳定斜坡隐患点时,应参照《县(市)地质灾害调查与区划基本要求》协助地方政府制订防灾预案,完善防灾预警系统。

(10)滑坡、崩塌、泥石流灾害调查应符合《滑坡崩塌泥石流灾害调查规范(1:50 000)》(DZ/T 0261—2014),还应符合国家现行的有关强制性标准的规定。

2. 调查区分级

1)危害对象的确定及等级划分

(1)应根据滑坡、崩塌、泥石流所危及的范围确定其危害对象,主要包括县城、村镇、主要居民点、矿山、重要公共基础设施等。

(2)应根据危害对象的重要性按表0-6划分危害等级。

表 0-6　危害对象等级划分

危害对象	危害等级		
	一级	二级	三级
城镇	威胁人数>100 人,直接经济损失>500 万元	威胁人数 10~100 人,直接经济损失 100 万~500 万元	威胁人数<10 人,直接经济损失<100 万元
交通干线	一、二级铁路,高速公路及省级以上公路	三级铁路,县级公路	铁路支线,乡村公路
大江大河	大型以上水库,重大水利水电工程	中型水库,省级重要水利水电工程	小型水库,县级水利水电工程
矿山	大型矿山	中型矿山	小型矿山

2)地质条件复杂程度划分

按地形地貌、地质构造、岩(土)体结构、人类工程活动等,可将地质条件复杂程度综合划分为简单、中等和复杂三种地区类型,见表 0-7。

表 0-7　地质条件复杂程度划分

划分依据	等级		
	地质条件复杂	地质条件中等	地质条件简单
区域地质背景	区域地质构造条件复杂,建设场地有全新世活动断裂,地震基本烈度大于Ⅷ度,地震动峰值加速度>0.20g	区域地质构造条件较复杂,建设场地附近有全新世活动断裂,地震基本烈度Ⅶ~Ⅷ度,地震动峰值加速度 0.10g~0.20g	区域地质构造条件简单,建设场地附近无全新世活动断裂,地震基本烈度≤Ⅵ度,地震动峰值加速度<0.10g
地形地貌	地形复杂,相对高差>200 m,地面坡度以>25°为主,地貌类型多样	地形较简单,相对高差 50~200 m,地面坡度以 8°~25°为主,地貌类型较单一	地形简单,地面坡度<8°,地貌类型单一
地质构造	地质构造复杂,褶皱、断裂发育,岩体破碎	地质构造较复杂,褶皱、断裂分布,岩体较破碎	地质构造较简单,无褶皱、断裂发育,裂隙发育
地层岩性和岩土工程地质性质	岩性岩相复杂,岩土体结构复杂,工程地质性质差	岩性岩相变化较大,岩土体结构较复杂,工程地质性质较差	岩性岩相变化小,岩土体结构较简单,工程地质性质良好
水文地质条件	具多层含水层,水位年际变化>20 m,水文地质条件不良	有 2~3 层含水层,水位年际变化 5~20 m,水文地质条件较差	单层含水层,水位年际变化<5 m,水文地质条件良好
地质灾害及不良地质现象	发育强烈,危害较大	发育中等,危害中等	发育弱或不发育,危害小
人类工程活动	人类活动强烈,对地质环境的影响、破坏严重	人类活动较强烈,对地质环境的影响、破坏较严重	人类活动一般,对地质环境的影响、破坏小

注:每类条件中,地质环境条件复杂程度按“就高不就低”的原则,有一条符合条件者即为该类复杂类型。

3)调查区分级

按危害对象等级和地质条件复杂程度,划分为重点调查区和一般调查区,见表0-8。

表0-8 调查区分级

调查区分级		危害对象等级		
		一级	二级	三级
地质条件复杂程度	复杂	重点调查区	重点调查区	一般调查区
	中等	重点调查区	重点调查区	一般调查区
	简单	重点调查区	一般调查区	一般调查区

4)调查基本工作量

(1)重点调查区应采用点、线、面相结合,以遥感调查为先导,以野外实地调查为主的方式进行。野外调查主要按1:50 000地质灾害正测要求开展,观测路线间距1~5 km。在地质灾害发育的县城、集镇或重要公共基础设施分布区开展1:10 000地质灾害测量。对于基本具备成灾条件的地质灾害隐患地段或区域逐一排查,并进行大比例尺测绘,圈画地质灾害隐患的范围,评价其危险性和危害程度。对重大灾害隐患点进行大比例尺地面和剖面测绘,辅以必要的物探、钻探、山地工程等验证。

(2)一般调查区采用遥感调查和线路核实调查相结合的方式进行。野外核实调查一般按照简测(简测的点密度及数量按照正测要求的70%控制)的要求开展1:50 000地质灾害调查,野外线路核实调查点数不应少于遥感解译总数的80%,核查路线间距宜为5~10 km。对于地质环境条件简单、地质灾害不发育或人口稀疏的区域可以按照草测(草测的点密度及数量按照正测要求的50%控制)的要求主要开展1:50 000地质环境条件核查。在一般调查区内,对于遥感解译认为基本具备成灾条件的居民点、基础设施、小型矿山与水库等地段,逐一进行地质灾害隐患排查;对于排查中确认的地质灾害隐患点,按照1:50 000正测的要求进行实地调查,并进行大比例尺测绘,圈画地质灾害隐患范围,评价其危险性和危害程度。调查基本工作量见表0-9。

表0-9 调查基本工作量

危害分级	重点调查区	一般调查区
1:50 000遥感调查(km^2)	1 000	1 000
1:10 000遥感调查(km^2)	20~50	
1:50 000地质灾害测量(正测)(km^2)	1 000	
1:50 000地质灾害测量(简测或草测)(km^2)		1 000
1:10 000地质灾害测量(km^2)	10~30	0~10
观测点(个)	500~1 000	100~500
实测剖面(条/km)	0~20/5~10	2~10/1~5
物探(m)	0~2 000	0~500
钻探(m)	200~400	0~100
浅井(m)	50~100	0~50

3. 调查设计

1) 基本要求

(1) 应充分收集已有资料,分析研究调查区存在的主要问题。

(2) 设计书包括计划项目总体设计、工作项目总体设计以及年度工作方案。计划项目总体设计应以自然单元为工作区进行编写;工作项目总体设计应以次一级自然单元或地市行政区划为工作区进行编写;年度工作方案应以县(市)行政区划为工作区进行编写。

(3) 设计书应做到任务明确,依据充分,各项工作部署合理、技术方法先进可行、措施有力,文字简明扼要、重点突出,所附图表清晰齐全。

2) 设计书

设计书基本内容条例如下:

第一章　前　言

目标任务,工作区范围和自然地理条件,以往工作程度。

第二章　区域环境地质背景

区域地质环境背景,主要环境地质问题与地质灾害现状。

第三章　工作部署

工作部署原则,总体工作部署,年度安排。

第四章　工作方法与技术要求

调查采用的工作方法,技术要求,地质灾害评价的方法与要求。

第五章　实物工作量

总体工作部署和分年度各类实物工作量。

第六章　经费预算

按《中国地质调查局地质调查项目设计预算编制暂行办法》编写。

第七章　组织管理

组织管理措施,项目组人员组成及分工。

第八章　技术管理措施

质量管理措施、技术保证措施、安全及劳动保护措施等。

第九章　预期成果

成果报告。包括调查报告、专题研究报告、数据库建设报告及附图、附表;提交成果报告时间。

附(插)图。包括工作区交通位置图、研究程度图、工作部署图。

(三) 地质灾害详细调查的野外工作

在充分收集已有资料的基础上,以遥感调查为先导,以详细的地面调查为主,辅以必要的物探、钻探、山地工程、测试与试验等验证。按照《滑坡崩塌泥石流灾害调查规范(1∶50 000)》(DZ/T 0261—2014)要求,对滑坡、崩塌、泥石流等单灾体地质灾害及不稳定斜坡进行详细调查。

(四) 地质灾害详细调查的成果报告

(1) 成果报告须充分利用已有资料,全面反映调查和勘查所取得的成果。

(2) 成果报告包括1∶50 000地质灾害调查报告和1∶1 000~1∶10 000重大地质灾害勘查报告。

(3)报告应做到内容简明扼要、重点突出、论据充分、结论明确、附图附件齐全。

(4)成果报告编写可参照如下提纲:

第一章 序 言

主要包括:目的任务;经济与社会发展概况;环境地质问题与地质灾害概况;以往调查工作程度;本次调查工作进展、方法、完成的工作量及质量评述。

第二章 地质环境条件

主要包括:地形地貌;气候水文;地层岩性、地质构造、新构造运动与地震;岩土体类型与基本特征;水文地质特征;植被类型及分布特征;人类工程活动类型及特征。

第三章 地质灾害特征

主要包括:地质灾害主要类型;地质灾害发育特征;地质灾害稳定性与危害性;地质灾害分布规律。

第四章 地质灾害形成条件

主要包括:地形地貌与地质灾害;地质构造与地质灾害;地层岩性及岩土体类型与地质灾害;水与地质灾害;人类工程活动与地质灾害等。

第五章 专题论述

主要包括:结合当地地质环境和地质灾害特殊性,以及减灾防灾需求,进行专题论述或评价,如典型地质灾害发育特征与形成机制,重要城镇、基础设施分布区或库岸、河谷、交通干线、管道沿线地质灾害危险性评价等。

第六章 地质灾害区划与分区评价

主要包括:地质灾害易发区划分及分区评价;地质灾害危险区划分及其分区评价;各乡镇地质灾害易发区和危险区说明。

第七章 地质环境保护与地质灾害防治对策建议

主要包括:结合工作区国民经济与社会发展规划,提出地质环境保护与地质灾害防治原则及要求;依据调查成果有针对性地提出地质灾害防治措施、应急搬迁避让新址、气象预警区划、地质灾害防灾预案及防治规划等建议,为地方政府全面科学制订工作区地质灾害防治规划提供详细可靠的地质依据。

第八章 地质灾害信息系统

主要包括:地质灾害信息系统建设的平台;运行环境;系统框架;数据库结构与内容;系统功能。

第九章 结论

主要包括:本次调查工作的主要成果;工作质量综述;环境效益与防灾减灾效益评述;合理利用与保护地质环境与防治地质灾害的建议;本次调查工作存在的问题与不足之处,下一步工作建议等。

附图

主要包括:地质灾害分布图;滑坡崩塌泥石流易发程度分区图;地质灾害危险程度分区图等。

附件

主要包括:滑坡崩塌泥石流灾害详细调查资料汇总表;地质灾害信息系统及其说明书;照片集;野外摄像;地质灾害勘查报告等。

(5)应提交的报告附件(见表0-10)。

表0-10　应提交的报告附件

序号	附件名称	调查		勘查	
		必须	推荐	必须	推荐
1	实际材料图(1:50 000~1:100 000)	√			
2	区域工程地质条件图(1:50 000)	√			
3	地质灾害分布图(1:50 000)	√			
4	地质灾害易发程度分区图(1:50 000)	√			
5	地质灾害危险程度分区图(1:50 000)	√			
6	地质灾害防治规划建议图(1:50 000)	√			
7	地质灾害搬迁场址建议分布图(1:50 000)		√		
8	地质灾害气象预警区划图(1:50 000~1:100 000)		√		
9	区域地质环境条件遥感影像图和解译图(1:50 000~1:100 000)		√		
10	地质灾害发育分布遥感影像图和解译图(1:50 000~1:100 000)		√		
11	重点地段地质灾害遥感影像图和解译图(1:5 000~1:10 000)		√		
12	重点地段地质灾害分布图(1:10 000)	√			
13	重点地段地质灾害易发程度分区图(1:10 000)		√		
14	重点地段地质灾害危险程度分区图(1:10 000)		√		
15	典型岩土体结构实测剖面图(1:200~1:2 000)	√			
16	斜(边)坡工程地质实测剖面图(1:1 000~1:10 000)	√			
17	重大地质灾害勘查平面图和剖面图(1:2 000~1:10 000)			√	
18	地质灾害调查照片集	√			
19	钻孔柱状图			√	
20	试槽、平硐、探井展示图				√
21	岩、土、水试验成果汇总表			√	
22	物探报告				√
23	岩土试验报告			√	√

注:"√"表示提交的附图附件。

五、地质灾害排查

(一)地质灾害排查的目的和任务

地质灾害排查就是对已知地质灾害隐患点进行逐一核查,以及对可能发生地质灾害的地区进行地面调查评估的工作。

1. 目的

通过对已有地质灾害隐患点进行核查和对新增地质灾害隐患点进行调查,查明地质灾害隐患点的类型分布、形成条件、影响范围、危害及发展趋势,掌握地质灾害动态变化,及时更新信息,完善防灾预案,为提高地质灾害防治成效提供技术支撑。

2. 任务

(1)全面核查已有地质灾害隐患点及其威胁对象的变化情况,进行稳定性和危险性评估,实地调查新发现的地质灾害隐患点,初步查明灾害特征、成因等,评价其稳定性、危害性和发展趋势,划定地质灾害危险区,建立或更新地质灾害数据库,提出地质灾害防治对策和工作建议。

(2)对出现临灾征兆、可能造成人员伤亡或者重大财产损失的区域和地段进行应急调查,查明地质灾害发生的原因、影响范围等情况,并上报当地主管部门,提出应急处置措施或建议,协助地方政府进行应急处置,减轻和控制地质灾害灾情。

(二)地质灾害排查的要求

1. 基本要求

(1)应遵循"以人为本"和"预防为主"的原则,重点围绕地质灾害可能造成损失的地段开展。

(2)应充分利用已有地质灾害调查和研究成果,结合相关部门、群众报灾线索,确定排查对象。排查对象为可能受崩塌、滑坡、泥石流、不稳定斜坡、地面塌陷、地裂缝、地面沉降等威胁或危害的隐患。可根据实际情况增加其他地质灾害灾种的排查。

(3)应采用对已有地质灾害隐患点核查和对新增地质灾害隐患点调查相结合的"逐点排查"方式进行,重点排查和一般排查相结合。

(4)应加强对复合型地质灾害或地质灾害链的认识和评估,尤其应评估地质灾害隐患发生高位、远程滑坡,碎屑流以及入江(河)等灾害链发生的可能性。

(5)对受地质灾害威胁的城镇、人口聚居区、风景名胜旅游区、工矿企业和水利水电工程临时安置区、重点文物保护区等应进行重点排查。

2. 地质灾害排查的内容与要求

1)已有地质灾害核查内容与要求

(1)应全面收集、分析已有的各种相关调查成果和资料,实地核查已有地质灾害。核查内容主要包括:①已有地质灾害调查资料的准确性和完整性;②地质灾害体新近的变化情况及演化趋势预测;③危险区范围变化情况;④威胁对象变化情况;⑤影响因素(自然因素和人为因素)的变化情况。

(2)针对变形加剧的地质灾害体,根据其变化,重新评估危险区范围及灾害程度;针对地质灾害危险区范围和威胁对象的变化,判断地质灾害体的稳定性、发展趋势及危害程度。

(3)补充完善已有地质灾害调查资料,更新已有地质灾害数据库,提出地质灾害防治对策建议。

2)新增地质灾害调查内容与要求

(1)根据群众报灾或地质灾害主管部门提供的信息,应实地对新增地质灾害隐患点进行调查确认。新增崩塌、滑坡、泥石流、不稳定斜坡灾害调查应按《滑坡崩塌泥石流灾害调查规范(1∶50 000)》(DZ/T 0261—2014)相关要求进行,逐一填写崩塌、滑坡、泥石流、不稳定斜坡调查表;新增地面塌陷、地裂缝、地面沉降调查按《地质灾害排查规范》(DZ/T 0284—2015)相关要求开展,并逐一填写野外调查表。

(2)对新增的地质灾害隐患点进行实地调查,宜采用野外踏勘及实地测绘相结合的手段,初步查明地质灾害类型、成因、诱发因素、特征和危害等,对其稳定性、危险性和危害性进行评价,划定危险区,提出搬迁避让、群测群防、工程治理等防治建议。

3)地质灾害防治等级划分

根据地质灾害灾情、险情等级以及地质灾害稳定性等级划分地质灾害防治等级(见表 0-11)。

表 0-11　地质灾害防治等级分级

地质灾害灾情、险情等级	地质灾害稳定性等级		
	差	较好	好
特大	一级	二级	三级
大	二级	三级	四级
中	三级	四级	五级
小	四级	五级	六级

4)地质灾害隐患点处置建议

对于排查出的地质灾害隐患点,按灾害的规模、稳定性、危害性及发展变化趋势,结合地方防灾实际,提出有针对性的处置建议。

(1)对于被判定为现状基本稳定或稳定的地质灾害隐患点,建议开展群测群防监测,必要时可辅以排水、清危等简易工程措施。

(2)对于被判定为现状潜在不稳定或欠稳定的地质灾害隐患点,若其无重要保护对象或治理不经济可行的,建议进行搬迁避让;若其虽无重要保护对象,但通过简易治理即可消除隐患,也可建议实施简易工程治理措施;若其严重威胁城市集镇、居民聚居区、国家公益性机构、交通干线、重大工程项目建设区安全,建议实施专业监测或工程治理措施。

(3)对变形破坏强烈稳定性差的地质灾害隐患点,应及时报告当地政府。同时,以专题报告的形式及时上报区县国土资源管理部门,提出可行的应急处置方案,协助地方政府开展应急抢险工作。

5)地质灾害销号建议

地质灾害排查应根据现场调查情况,对符合以下条件之一的排查点可提出销号建议。

(1)已全部搬迁的(除耕地外无其他保护对象且房屋已全拆除的)。

(2)已被彻底治理并通过竣工验收或经 3 年监测被确定为稳定的。

(3)因工程建设活动导致地质灾害体灭失的(治理的不在此类)。

(4)地质灾害定性错误的(包括因地基处理不当等原因导致的建筑物开裂变形等)。

(5)重复的地质灾害。

(6)最近几年经监测被确定为稳定的(小型不得少于最近 3 年、中型不得少于最近 4 年、大型及特大型不得少于最近 5 年)。

3. 排查方法

1) 基本排查方法

(1) 地质灾害排查工作宜以资料收集和地面调查相结合的方法开展。

(2) 对重大地质灾害隐患可利用无人机航拍或高分辨率卫星遥感影像进行调查。

2) 资料收集

(1) 充分收集地质灾害调查、监测、研究及其他相关勘查和防治等资料。

(2) 收集地质灾害形成条件与诱发因素资料，包括气象、水文、地形地貌、地层与构造、地震、水文地质、工程地质等。

(3) 收集有关社会、经济资料，包括国民经济建设规划，生态环境建设规划，城镇、水利水电、交通、矿山等工农业建设工程分布状况和近期规划即将开展的工程活动相关资料。

(4) 收集各级政府和有关部门制定的地质灾害防治法规和规划、地质灾害防灾预案、地质灾害信息系统及数据库等相关减灾防灾资料。

(5) 收集年度群众报灾数据、遥感数据等其他资料。

3) 地面调查

(1) 充分利用已完成的高分辨率遥感、航空影像或地质灾害调查基础图件，采用比例尺1∶50 000或更高精度地形图作为野外调查工作手图。

(2) 应根据已有地质灾害调查成果并结合地方政府提供的新增灾害信息，逐点进行排查。

(3) 对危及县城、集镇、矿山、重要公共基础设施、主要居民点的地质灾害隐患点和人类工程活动强烈的公路、铁路、水库、输油(气)管线等应进行重点排查；对于小型规模，且危害小的地质灾害隐患点可做一般排查。

4) 遥感解译或无人机航拍

(1) 对存在较大安全隐患但人员实地调查困难的地质灾害隐患点，可采用无人机航拍或高分辨率遥感解译方法，初步掌握地质灾害隐患点的现状、特征等，并预测发展趋势。

(2) 针对突发性地质灾害，可采用无人机航拍或高分辨率遥感解译快速查明地质灾害发生情况和成灾情况。

(三) 地质灾害排查工作

1. 滑坡灾害排查

1) 已有滑坡灾害点核查

(1) 核查滑坡的影响范围和威胁对象，包括危险区内人口的迁移和建筑工程等的增减，分析人类工程活动对滑坡的影响。

(2) 重点核查滑坡灾害是否发生变化及其变化程度，包括滑坡体上地表裂缝、滑坡位移和建筑变形等宏观变形迹象。

(3) 分析滑坡发生变化的原因，判断滑坡的稳定性、发展趋势和险情，更新危险性区划、滑坡野外调查表和数据库等，提出滑坡防治建议。

2) 新增滑坡灾害点调查

(1) 调查范围应包括滑坡分布区及可能造成危害影响的地区，调查内容主要包括滑坡成因调查和滑坡危害调查，按《滑坡崩塌泥石流灾害调查规范(1∶50 000)》(DZ/T 0261—2014)要求填写滑坡野外调查表。

(2)对于滑坡区,应查明滑坡地理位置、地貌部位、斜坡形态、斜坡坡度、相对高度、坡体结构、植被等,了解滑坡区地层岩性、地质构造、水文和地震等基本环境地质条件。

(3)对于滑坡体,应查明滑坡的规模与形态特征、后(侧)壁和前缘等边界特征、裂缝和微地貌形态等外部特征、岩体结构和岩性组成等内部特征以及发生发展的变形活动特征等。

(4)对于滑坡成因,应通过自然因素、人为因素影响的比较和分析,初步查明导致滑坡发生或影响其稳定性的主要诱发因素。

(5)对于滑坡危害,调查访问滑坡发生发展历史、人员伤亡以及建(构)筑物、田地、工程、环境等破坏而导致的经济损失情况,目前的威胁对象,划定滑坡危险区。

(6)按照《滑坡防治工程勘查规范》(DZ/T 0218—2006)的规定,采用滑坡体的物质组成、结构形式、滑坡体厚度、运移形式、成因、稳定程度和规模等因素进行分类,对滑坡的发育阶段、稳定状态和发展趋势进行初步评价和判断。

(7)根据滑坡体大小以及滑坡体滑动的距离初步划定滑坡危险区,个别情况下,危害范围还包括滑坡活动造成溃坝、堵江等引起的灾害链的危害区。

2. 崩塌灾害排查

1)已有崩塌灾害点核查

(1)包括危岩体和崩塌堆积体核查。

(2)访问崩塌近期发生的次数、发生的时间、诱发因素、崩塌规模、崩落范围、灾情等,核查崩塌堆积体的厚度、形态、范围和体积等的变化情况。

(3)重点核查危岩体的变形变化情况,包括裂缝长度、宽度、深度以及临空面变化情况等。

(4)核查崩塌危险区内威胁对象的变化情况、人类工程活动情况及其对危岩体或崩塌堆积体稳定性的影响等,定性判断危岩体和崩塌堆积体的稳定性、发展趋势。

(5)分析判断危岩体或崩积体失稳后崩落的路径和距离,划定危险区。

(6)更新已有崩塌灾害资料信息,包括已有崩塌野外调查表和数据库,提出防治建议。

2)新增崩塌灾害点调查

(1)包括已发生崩塌点和未发生崩塌点调查。对已发生的崩塌点应对崩塌堆积体和危岩体同时开展调查,对未发生的崩塌点应对危岩体位置、形态、分布高程、规模、范围和稳定性开展调查。

(2)初步调查危岩体及周边的地质构造、地层岩性、地形地貌、斜坡结构类型和水文地质条件以及构造结构面、原生结构面和风化卸荷结构面的产状、形态、规模、性质、密度及其相互切割关系。

(3)访问并核实危岩体变形发育史,包括危岩体形成的时间、崩塌发生次数、发生时间、崩塌前兆特征、崩塌方向、崩塌运动距离、堆积场所、崩塌规模、变形、已经造成的损失。

(4)确定崩塌发生的影响因素,包括降水、河流冲刷、地面及地下开挖、采掘等因素的强度、周期以及它们对危岩体变形破坏的影响。

(5)初步判断危岩体发生崩塌的可能性、规模及其运动的最大距离、路径和危害范围,应重视气垫效应和折射回弹效应的可能性及由此造成的特殊运动特征与危害。

(6)调查崩塌堆积体的分布范围、高程、形态、物质组成、分选情况、块度、结构、密实度和植被生长情况等,分析崩塌堆积体可能失稳的因素,判断崩塌堆积体的稳定性和发展趋势。

(7)根据危岩崩落的距离和危岩带宽度初步划定崩塌隐患点的危险区,查明威胁对象,进行险情的分析和预测,提出专业监测、群测群防、搬迁避让或工程治理等方面的防治对策。

(8)按要求填写崩塌野外调查表。

3. 泥石流灾害排查

1)已有泥石流灾害点核查

(1)核查新近泥石流的发生情况,包括泥石流发生的次数及对应的时间、规模、危害和灾情等。

(2)核查泥石流危险区(包括流域内部和泥石流沟沟口)及危险区内威胁对象的变化情况。

(3)核查流域内人类工程活动(修路、采矿、水电建设等)及植被的变化情况(植被类型和覆盖率变化等),分析人类工程活动和植被变化等因素对泥石流的影响。

(4)核查流域内泥石流松散物源量的变化情况,包括流域内新增滑坡、崩塌和人工弃渣(建筑垃圾、生活垃圾等)等不良现象的发育数量、规模、稳定性及分布情况,估算泥石流的物源量,分析判断泥石流的发展趋势。

(5)核查泥石流沟沟床的堵塞程度,查明沟床严重堵塞段及堵塞体的类型和特征等。

(6)划定泥石流影响区和危险区,评估泥石流灾害的险情。

(7)更新已有泥石流灾害资料信息,包括已有泥石流野外调查表和数据库等,提出防治建议。

2)新增泥石流灾害点调查

(1)调查内容。

包括流域调查、成因调查、特征调查和危害调查等,并按要求填写泥石流野外调查表。

(2)调查范围。

应包括沟谷至分水岭的全部地段和可能受泥石流影响的地段。

(3)泥石流沟流域调查。

①调查形成区的地势、沟谷发育程度、冲沟切割深度和密度、植被覆盖情况、斜坡稳定性及水土流失情况等。

②调查流通区的长度、坡度、形态、跌水、急弯、卡口情况及冲淤和堵塞情况等。

③调查堆积区面积、形态、体积、叠置或切割情况,堆积物的物质组成和颗粒级配等,初步判断堆积扇的发展趋势等。

④确定泥石流沟流域在地质构造图上的位置,重点调查研究新构造对地形地貌、松散固体物质形成和分布的控制作用,阐明与泥石流活动的关系,分析研究地震可能对泥石流的触发作用。

⑤调查流域内的人类工程活动,主要调查人类工程活动所产生的固体废弃物(矿山尾矿、工程弃渣、弃土、垃圾)的堆放位置、堆放形式和体积规模等。

⑥调查流域内植被分布和土体利用情况,圈定流域内植被严重破坏区、陡坡耕地区等。

(4)泥石流成因调查。

①基本查明泥石流的物源条件,包括物源来源、类型、分布、储量、特征和补给方式等。

②基本查明泥石流发生的地形地貌条件,包括流域面积、主沟长度、沟床比降、山坡坡度和流域形态等,确定流域地貌发育演化历史及泥石流活动的发育阶段。

③调查泥石流形成的水动力条件,包括诱发泥石流的暴雨、冰雪融水、水体溃决(水库、冰湖、堰塞湖)等因素,调查流域内降水、山洪的变化特征,尤其是最大暴雨强度及年降水量、暴雨中心位置及山洪引发泥石流的地段。

(5)泥石流特征调查。

①调查泥石流活动历史,包括历次泥石流发生的时间、规模、泥石流泥位标高,确定泥石流发生的规模和频率。

②调查泥石流的运动过程,测量、了解泥石流的动力特征(流速、流量、弯道超高、冲击力等),估算泥石流的一次最大堆积量。

③根据泥石流水源类型、地貌部位、流域形态、物质组成、固体物质提供方式、流体性质、发育阶段、暴发频率和堆积物体积等分类指标,对泥石流进行综合分类。

④对泥石流沟严重程度进行量化评判。

(6)泥石流危害调查。

①调查了解历次泥石流残留在沟道中的各种痕迹,采用泥位调查法划定泥石流危险区。泥位调查法难以确定危险区范围时,可按设防的降雨频率雨量,计算泥石流流量和泥位线,并划定危险区范围。

②调查泥石流危害的对象、危害形式(淤埋和漫流、冲刷和磨蚀、撞击和爬高、堵塞或挤压河道)以及灾情。

4. 不稳定斜坡排查

1)已有不稳定斜坡核查

(1)重点核查不稳定斜坡变形破坏迹象及其发展变化情况,包括地表变形(拉张裂缝、剪切裂缝、地面隆起或地面凹陷等)、建筑变形、树木歪斜或渗冒浑水等。

(2)核查不稳定斜坡威胁对象的变化情况,包括危险区内人口的迁移、土地的变化。

(3)核查不稳定斜坡影响范围内人类工程活动的开展情况及其与不稳定斜坡发展演化之间的响应。

(4)分析不稳定斜坡变形破坏的主要影响因素,判断不稳定斜坡的稳定性和发展演化趋势,划定危险区,进行险情预测。

(5)更新不稳定斜坡资料信息,包括野外调查表和数据库等,并提出防治建议。

2)新增不稳定斜坡调查

(1)调查范围应包括可能对不稳定斜坡有影响或不稳定斜坡能够危及的所有地段,判定对县城、村镇、矿山、重要公共基础设施等构成威胁的斜坡是否为不稳定斜坡。

(2)调查内容主要包括潜在不稳定斜坡的形态,软弱层和结构面的产状、性质以及斜坡变形特征(是否出现过小规模崩塌、滑塌,后缘拉张裂缝,前缘鼓胀变形,裂隙与软弱结构面、地下水溢出或库水位变动带等现象)。

(3)初步查明不稳定斜坡形成的环境地质条件和特征,了解不稳定斜坡发育的主要诱发因素,特别是斜坡上部暴雨、地表水、地下水以及人为工程活动对斜坡的影响情况等。

(4)通过类比方法评价地质环境条件相似地区不稳定斜坡发生的可能性。按照表0-12的标准,初步评判不稳定斜坡的稳定性,分析预测不稳定斜坡的演化趋势,尤其注意高位、远程滑坡的可能性。

表 0-12 斜坡稳定性野外判别依据

斜坡要素	稳定性差	稳定性较差	稳定性好
坡脚	临空,坡度较陡且常处于地表径流的冲刷之下,有发展趋势,并有季节性泉水出露,岩土潮湿、饱水	临空,有间断季节性地表径流流经,岩土体较湿	斜坡较缓,临空高差小,无地表径流流经和继续变形的迹象,岩土体干燥
坡体	坡面上有多条新发展的裂缝,其上建筑物、植被有新的变形迹象,裂隙发育或存在易滑软弱结构面	坡面上局部有小的裂缝,其上建筑物、植被无新的变形迹象,裂隙较发育或存在软弱结构面	坡面上无裂缝发展,其上建筑物、植被没有新的变形迹象,裂隙不发育,不存在软弱结构面
坡肩	可见裂缝或明显位移迹象,有积水或存在积水地形	有小裂缝,无明显变形迹象,存在积水地形	无位移迹象,无积水,也不存在积水地形
岩层	中等倾角顺向坡,前缘临空。反向层状碎裂结构岩体	碎裂岩体结构,软硬岩层相间。斜倾视向变形岩体	逆向和平缓岩层,层状块体结构
地下水	裂隙水和岩溶水发育,具多层含水层	裂隙发育,地下水排泄条件好	隔水性好,无富水地层

(5)划定不稳定斜坡的影响区、危险区,调查不稳定斜坡的危害对象,进行险情预测。

(6)按《滑坡崩塌泥石流灾害调查规范(1∶50 000)》(DZ/T 0261—2014)要求填写不稳定斜坡野外调查表,更新数据库,提出专业监测、群测群防、搬迁避让和工程治理等方面的防治建议。

(四)地质灾害排查成果

1. 地质灾害隐患点处置

1)基本要求

(1)对于排查出的地质灾害隐患点,按灾害的规模、稳定性、危害性及发展变化趋势,提出有针对性的处置建议,包括群测群防、搬迁避让、工程治理等方面。

(2)地质灾害排查工作应加强临灾征兆的识别和判断,对可能造成人员伤亡或者重大财产损失的区域和地段进行应急调查,查明地质灾害发生原因、影响范围等情况,提出应急处置措施或建议。

2)突发性地质灾害临灾征兆的识别和判断

(1)崩塌隐患点的临灾征兆。包括崩塌前掉块坠落、小崩小塌不断发生、陡坡下出现新的破裂形迹等。

(2)滑坡隐患点的临灾征兆。包括后缘出现拉张裂缝、两侧出现剪裂缝、前缘出现鼓丘、出现泉水或泉水突然消失、有声响等,受其影响,房屋倾斜、开裂和树木出现“醉林”等现象。

(3)泥石流隐患点的临灾征兆。包括沟内有轰鸣声、主河流水位上涨和正常流水突然中断等现象。

3)突发性地质灾害应急处置

(1)对变形破坏强烈,发现临灾前兆并且稳定性差的地质灾害隐患点,应及时报告,同时应另行提出书面处置建议,并协助地方政府及时采取有效的危险规避或减缓措施。

(2)对于成灾机制复杂或者防治难度大的地质灾害点,地质灾害排查单位可根据情况向上级主管部门汇报,组织专家会商。

2.地质灾害排查成果编制

1)基本要求

(1)地质灾害排查野外工作结束后,应及时编写和提交地质灾害排查成果报告。

(2)排查成果应包括排查报告、图件、数据库以及其他附件。

(3)排查成果编制应突出针对性和实用性。

(4)排查成果以纸质和电子介质两种形式表示。

2)报告编写

(1)地质灾害排查报告应充分利用已有资料全面反映地质灾害排查所取得的成果。

(2)地质灾害排查报告应做到内容简明扼要、重点突出、论证充分、结论明确。

(3)成果报告编写提纲可参照如下:

第一章　序言

内容主要包括:目的任务;经济与社会发展概况;主要环境地质问题;地质灾害调查、研究与防治概况;本次排查工作方法、排查工作过程、完成的工作量。

第二章　地质环境条件

内容主要包括:在资料收集分析基础上,简单论述地形地貌、地层岩性、地质构造、气象与水文地质特征以及植被特征等地质环境条件,应加强对人类工程经济活动及其与地质灾害发生发展之间响应关系的分析和论述。

第三章　地质灾害形成条件与发育特征

内容主要包括:地质灾害类型、规模、数量、灾情、险情等方面排查前后的变化对照与分析;地质灾害发育分布特征;地质灾害形成条件、影响因素与成灾机制;地质灾害稳定性评价与趋势预测;重点地质灾害分析、评价与防治。

第四章　地质灾害防治对策

内容主要包括:地质灾害防治区划;地质灾害防治重点;地质灾害防治对策建议。

第五章　结论与建议

内容主要包括:地质灾害排查工作取得的主要成果;排查工作在防灾减灾方面的应用建议与成效分析;地质灾害排查工作存在的问题与不足,下一步工作建议等。

3)图件编制

(1)地质灾害排查成果图件主要包括地质灾害分布图、地质灾害危险性区划与评价图以及地质灾害防治分区图。

(2)地质灾害排查成果图件比例尺采用1:10 000~1:50 000。

(3)地质灾害分布图以排查工作区行政区划及地质灾害形成发育的地质环境条件为背景,主要反映地质灾害隐患点的地理位置、类型、规模、稳定性或易发性。图面内容主要包括:

第一层次：主要表示简化地理、行政区划要素与地质灾害相关的地质环境要素。

第二层次：主要表示各类地质灾害的位置、类型、成因、规模、稳定性与危害性等。地质灾害用点状符号表示；规模用点状符号大小表示，规模大者应以实际边界表示；稳定性或易发性用颜色表示。排查后新增地质灾害通过不同颜色予以区分。

图面中应配置必要的镶图与说明表。镶图用于地质环境条件或地质灾害成因、引发因素的说明，如降水量等值线图、暴雨等值线图和地震烈度分区图等；说明表主要反映重要地质灾害隐患点的编号、地理位置、类型、规模、稳定性和危害性预测等。

(4)地质灾害危险性区划与评价图主要反映地质灾害高危险区、中危险区和低危险区划分与分区评价等内容。

(5)地质灾害防治区划图以排查工作区行政区划与简单地理要素为背景，主要反映地质灾害防治分区、防治重点和防治对策建议。图面内容主要包括：

第一层次：主要表示简化地理要素、简化行政区划要素，应表示到乡、镇及重要居民点；标明风景名胜区及已建和拟建的重要建设工程。

第二层次：主要表示防治分区类别及分区界线。依据地质灾害形成的地质环境条件、发育分布特征，结合当地经济与社会发展规划等因素，进行综合分析，划定重点防治区、次重点防治区和一般防治区。地质灾害重点防治区根据地质灾害现状和需要保护的对象确定，对地质灾害易发区内人口密集居住区、重要基础设施、重要经济区、风景名胜区、重要农业区等存在危险的区域应划定为地质灾害重点防治区。

第三层次：主要表示防治措施。包括所有地质灾害隐患点的防治分期、防治分级、防治重点和防治措施(群测群防、专业监测、避让、治理等)。

图面中应配置必要的镶图与防治区划说明表。如有必要可作重点防治地段或重点防治城镇等的镶图，比例尺适当放大。防治区划说明表主要反映重点防治区的名称、位置、面积，主要地质灾害类型、特征及危害，重点防治的地质灾害及防治对策等内容。

4)简表汇总

(1)在地质灾害排查的基础上，将每个地质灾害隐患点逐一填写地质灾害排查简表，对排查的地质灾害隐患点进行汇总，不得遗漏地质灾害隐患点。

(2)汇总简表填写内容应齐全可靠，防治建议指导性强。

(3)更新和完善地质灾害数据库。

5)其他相关附件

其他相关附件主要包括地质灾害隐患点野外核查表、野外调查表、照片和摄像资料以及协助地方政府完善或建立的地质灾害防灾预案、防灾明白卡、避险明白卡或重大地质灾害应急调查专题报告等。

任务六　地质灾害调查与评价工作程序

地质灾害调查与评价工作基本流程(见图0-3)，分为前期工作、野外调查工作、资料整理工作三个任务阶段。

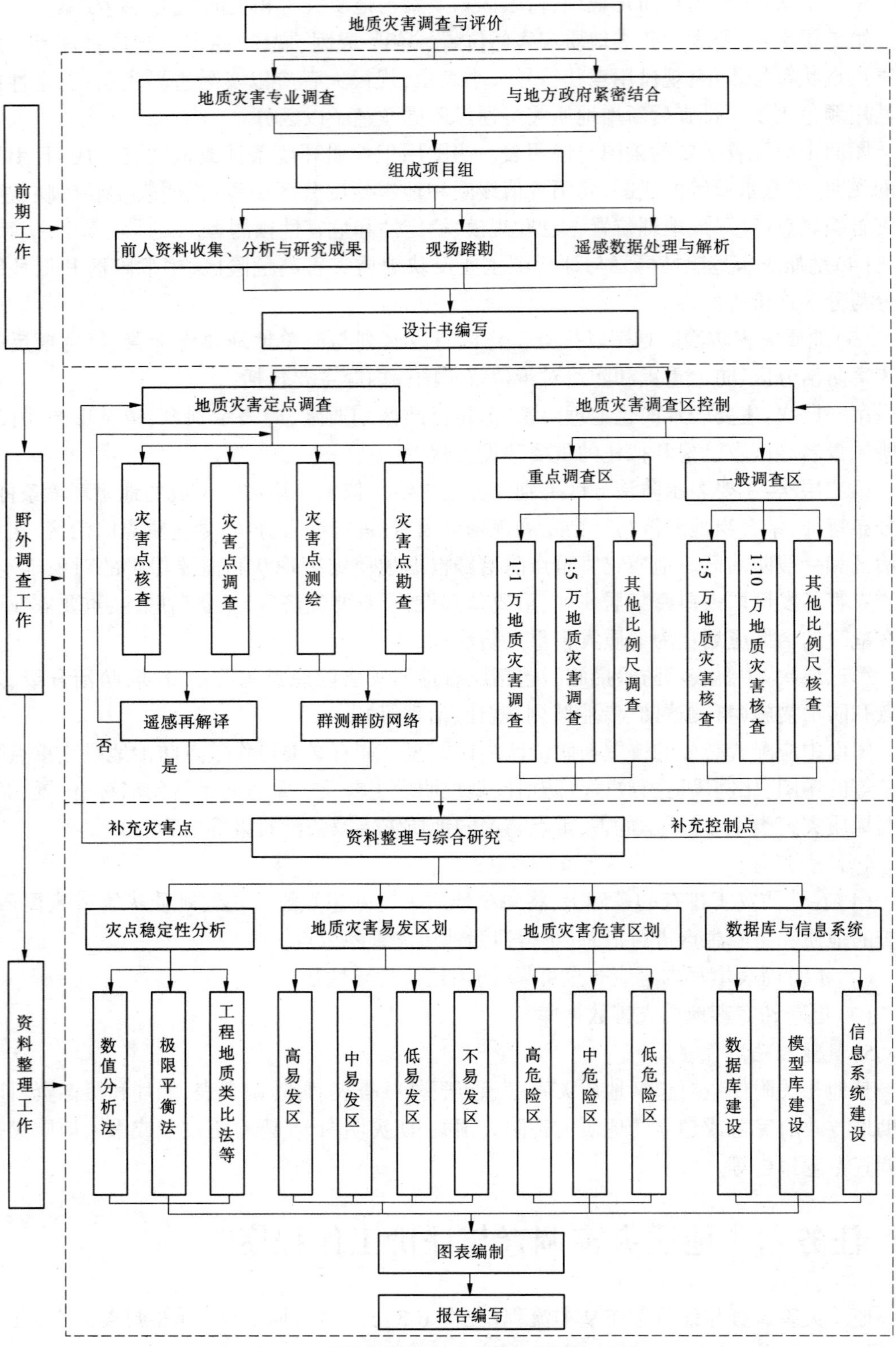

图0-3 地质灾害调查与评价工作基本流程

知识小结

地质灾害是指在自然或者人为因素的作用下形成的,对人类生命财产、环境造成破坏和损失的地质作用(现象)。地质灾害可按照灾类、灾型、灾种三级层次进行归类,可分为地球内动力活动灾害类、斜坡岩土体运动(变形破坏)灾害类、地面变形破裂灾害类、矿山与地下工程灾害类等8类;可分为突变型地质灾害和缓变型地质灾害两种灾型以及崩塌、滑坡、泥石流、岩溶塌陷、地裂缝等灾种。地质灾害也可进行灾变、灾度和危险性分级。地质灾害调查是指用专业技术方法查明、分析地质灾害状况和形成发展条件的各项工作的总称。地质灾害评价是指对一次地质灾害事件或一个地区的地质灾害进行的危险性评价、易损性评估和破坏损失评价,或对地质灾害潜在危害区、致灾体进行稳定性评价,分析地质灾害发生的可能性。地质灾害调查的主要技术方法有遥感解译、工程地质测绘、地球物理勘探、山地工程、钻探、地球化学勘探等。根据目的不同,分为地质灾害应急调查、县(市、区)地质灾害调查、地质灾害详细调查和地质灾害排查等。

知识训练

1. 什么是灾害?什么是地质灾害?
2. 地质灾害的特征是什么?常见的地质灾害有哪些?
3. 地质灾害调查与评价的类型?
4. 地质灾害调查与评价的主要内容是什么?
5. 选择地质灾害调查与评价技术方法的原则是什么?
6. 地质灾害调查与评价成果的基本内容是什么?

项目一　滑坡调查与评价

码1-1　滑坡调查与评价

学习目标

知识目标:

1. 掌握滑坡的基本概念、形成条件。
2. 掌握滑坡调查与评价的工作方法和工作程序。
3. 了解滑坡的防治措施。

能力目标:

1. 具有野外调查滑坡的能力。
2. 具备滑坡稳定性评价、资料整理及编写报告的能力。
3. 具备初步选择防治方案的能力。

任务思考

1. 如何开展滑坡野外调查?
2. 滑坡野外调查内容主要有哪些?
3. 如何进行滑坡稳定性评价?
4. 如何编写滑坡调查与评价报告?

任务一　准备工作

【任务分析】

在接受滑坡调查与评价项目任务后,首先应熟悉项目开展的目的、任务;了解调查区地质环境条件;掌握调查区前人工作程度;做好人力、物力准备等一系列的准备工作,有利于合理、有效地开展滑坡调查评价工作。因此,除应有扎实的理论知识储备外,应进行资料收集分析、遥感图像解译、必要的现场踏勘、人员组织、设备物资筹备等准备工作,编写提交项目设计书。

【知识链接】

按照《滑坡崩塌泥石流灾害调查规范(1∶50 000)》(DZ/T 0261—2014)、《地质灾害排查规范》(DZ/T 0284—2015)、《滑坡防治工程勘查规范》(DZ/T 0218—2006)、《地质灾害危险性评估规范》(DZ/T 0286—2015)等标准规范的要求,做好前期准备工作。

【任务实施】

微课 1-1 滑坡定义

一、知识储备

(一)滑坡概述

1. 滑坡的概念及要素

1)滑坡的定义

微课 1-2 滑坡三要素

滑坡是指在自然地质作用或人类活动等因素的影响下,斜坡上的岩土体在重力作用下沿一定的软弱面整体或局部保持结构而向下滑动的过程和现象。既是指重力地质作用的过程,也是指重力地质作用的结果。

2)滑坡要素

通常一个发育完全比较典型的滑坡,由滑坡体、滑动面和滑坡床三个基本构成要素组成。

滑坡形成后,会产生诸多特征要素,如滑坡壁、滑坡阶地、滑坡鼓丘、滑坡裂隙等(见图 1-1、表 1-1)。

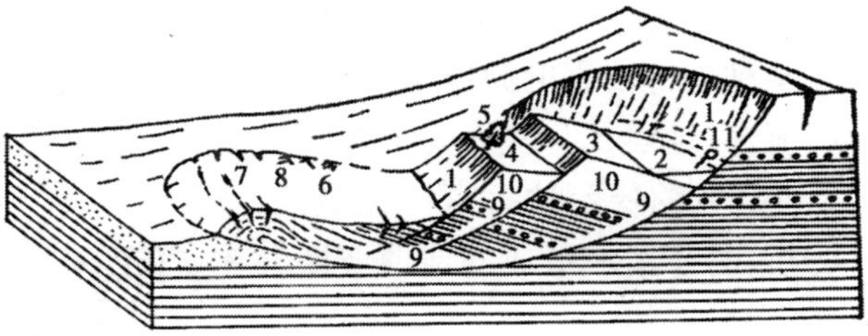

1—滑坡壁;2—滑坡洼地;3、4—滑坡台阶;5—醉树;6—滑坡舌;7—鼓张裂缝;8—羽状裂缝;9—滑动面;10—滑坡体;11—滑坡泉。

图 1-1 滑坡块状示意图

微课 1-3 滑坡微地貌

表 1-1 滑坡要素

要素	含义
滑坡体	滑坡形成体是滑坡滑动后,脱离母体(岩体、土体)的滑动部分
滑动面	滑坡体移动时,它与母体之间形成一个界面,简称滑面
滑坡床	滑坡体滑动时依附的下伏不动母体
滑坡周界	滑坡体与周围母体在平面上的分界线
滑坡壁	滑坡体滑动后,后方裸露在外的母体陡壁,平面上多呈弧形
滑坡阶地	滑坡体上,由于各段滑动速度差异所形成的错台
滑坡舌	滑坡体前部脱离滑床形如舌状的部分
滑坡鼓丘	滑坡体滑动过程中因滑坡床起伏不平而受阻,在地表形成的隆起丘状地貌
滑坡洼地	滑坡体与滑坡壁或两级滑坡体间被拉开的沟槽状封闭洼地,可积水成水潭

续表 1-1

要素		含义
滑坡轴线		滑坡体上滑动速度最快部分的纵向连线,它代表单个滑坡体滑动的方向,位于滑坡体推力最大、滑坡床凹槽最深的纵断面上,可为直线或曲线
裂隙	拉张裂隙	分布于滑坡体后部或两组滑坡体间,受拉力作用形成,呈弧形、张开状,与滑坡壁大致平行;后缘周界的贯通裂隙称主裂隙
	剪切裂隙	分布于滑坡体中前部两侧,因滑坡体下滑与相邻不动母体间相对位移,形成剪力区并出现剪裂缝;剪力区与滑动方向大致平行,其两侧常伴有羽毛状裂隙
	鼓张裂隙	分布于滑坡体中前部,因滑坡体下滑受阻土体隆起,形成张开裂隙,裂缝延伸方向多与滑动方向平行,呈扇形分布,部分与滑动方向垂直
	扇形张裂隙	分布于滑坡体前部,尤以滑坡体舌部为多,由滑坡体前部向两侧扩张,呈扇形排列

2. 滑坡的形成

1)滑坡形成的条件

微课 1-4
滑坡裂隙

微课 1-5
滑坡形成条件

滑坡的形成是由于受到内部条件和外部因素的共同作用所导致的。滑坡形成的内部条件主要受地质、地形影响。外部条件是滑坡形成的诱发因素,当滑坡形成的内部条件满足时,在某种外部因素的激发下,就会发生滑坡,滑坡形成的外部条件主要有降水、流水、地震及一些人为因素。

(1)地形地貌。斜坡的高度和坡度与斜坡的稳定性有密切关系,边坡越高、越陡,稳定性越差。据调查统计分析,易于滑坡形成的地形坡度多在10°~35°,尤其以20°~35°的坡度最利于滑坡的发生。

(2)岩土类型。坚硬完整的岩体构成的斜坡一般不易发生滑坡,只有当这些岩体中含有向坡外倾斜的软弱夹层、软弱结构面,且倾角小于坡面、能够形成贯通滑动面时,才形成滑坡。遇水易软化的页岩、泥岩、泥灰岩等软质岩层和结构疏松、遇水膨胀和软化、强度降低的胀缩黏土、黄土和黄土类土及黏性的山坡堆积层等土层易产生滑坡。有利于滑坡形成发生的地层岩组称为易滑岩组。

(3)地质构造。滑坡滑动需要在坡体内有完整的软弱结构面,埋藏于土体或岩体中倾向于斜坡一致的层面、夹层、基岩顶面、古剥蚀面、不整合面、层间错动面、断层面、裂隙面、片理面等,一般都是抗剪强度较低的软弱面,当斜坡受力情况突然变化时,都有可能成为滑坡的滑动面。

(4)水文地质条件。地下水活动,在滑坡形成中起着主要作用。它的作用主要表现为:软化岩、土,降低岩、土体的强度,产生动水压力和孔隙水压力,潜蚀岩、土体,增大岩、土体容重,对透水岩层产生浮托力等。尤其是对滑面(带)的软化作用和降低强度的作用最突出。

(5)降水。暴雨或长期降水以及融雪水可使斜坡岩土体饱和水分,增强润滑作用,降低斜坡的稳定性。

(6)流水。流水对滑坡的作用主要是冲刷作用。冲刷作用主要是水流对抗滑部分的冲刷,导致斜坡失稳或滑坡复活,这是滑坡预报分析的重要依据。

(7)地震。地震对斜坡的震动作用十分复杂,水平震动和垂直震动几乎交替进行,其作用结果相当于增大滑坡的下滑力,减小滑坡的抗滑力,使滑坡在地震过程中同时发生。

(8)人为因素及其他因素:人为因素主要指人类工程活动不当,包括工程设计不合理和施工方法不当,造成短期甚至是几年后发生滑坡的恶果。

2)滑坡的形成过程

滑坡的成因机制是某一滑移面上剪应力超过了该面的抗剪强度。一个滑坡从孕育到形成,一般都有一个从量变到质变的过程,即经历蠕变、蠕滑、滑动和滑动停止四个阶段。这个过程因滑坡形成环境和影响因素的不同而有长有短。通常斜坡上的地质体进入蠕变阶段即可视为滑坡。

(1)蠕变阶段。滑坡形成的初期,地表无明显的开裂变形迹象,滑动面还未形成,滑动面连带土体仅开始蠕变,没有位移。

(2)蠕滑阶段。滑坡后缘弧形裂缝开始形成,裂缝逐渐扩大连通,滑动面从后缘、前缘逐渐向中间发育,但滑动面未完全贯通。到本阶段末期,滑动面上段有蠕滑变形,没有整体位移变形。

(3)滑动阶段。后缘裂缝出现加速变形,滑动面完全贯通,整体滑动开始。因滑动面上的抗剪特性不同,可能出现高速滑动、中速滑动和低速滑动。

(4)滑动停止阶段。对于中高速滑动,经过一个滑动过程便进入停止滑动的相对稳定阶段;对于低速滑动,滑动阶段和停止阶段交叉进行,可能经历数天甚至数年。

3.滑坡分类

为了认识和治理滑坡,需要对滑坡进行分类,但由于不同地区地质条件和作用因素复杂,各种工程分类的目的和要求又不尽相同,因而可从不同角度进行滑坡分类。我国的滑坡分类有如下几种。

微课 1-6　滑坡分类

(1)按滑坡体的主要物质组成和结构因素划分(见表 1-2)。

表 1-2　滑坡物质和结构因素分类

类型	亚类	特征说明
堆积层(土质)滑坡	滑坡堆积体滑坡	由前期滑坡形成的块碎石堆积体,沿下伏基岩或体内滑动
	崩塌堆积体滑坡	由前期崩塌等形成的块碎石堆积体,沿下伏基岩或体内滑动
	崩滑堆积体滑坡	由前期崩滑等形成的块碎石堆积体,沿下伏基岩或体内滑动
	黄土滑坡	由黄土构成,大多发生在黄土体中,或沿下伏基岩面滑动
	黏土滑坡	由具有特殊性质的黏土构成
	残坡积层滑坡	由基岩风化壳、残坡积土等构成,通常为浅表层滑动
	人工填土滑坡	由人工开挖堆填弃渣构成,次生滑坡

续表 1-2

类型	亚类	特征说明
岩质滑坡	近水平层状滑坡	由基岩构成,沿缓倾岩层或裂隙滑动,滑动面倾角≤10°
	顺层滑坡	由基岩构成,沿顺坡岩层滑动
	切层滑坡	由基岩构成,常沿倾向山外的软弱面滑动。滑动面与岩层层面相切,且滑动面倾角大于岩层倾角
	逆层滑坡	由基岩构成,沿倾向坡外的软弱面滑动,岩层倾向山内,滑动面与岩层层面相反
	楔体滑坡	在花岗岩、厚层灰岩等整体结构岩体中,沿多组软弱面切割成的楔形体滑动
变形体	危岩体	由基岩构成,受多组软弱面控制,存在潜在崩滑面,已发生局部变形破坏
	堆积层变形体	由堆积体构成,以蠕滑变形为主,滑动面不明显

(2)按滑坡体厚度、运移形式、成因、稳定程度、发生年代、体量规模等因素划分(见表1-3)。

表 1-3　滑坡其他因素分类

有关因素	名称类别	特征说明
滑体厚度	浅层滑坡	滑坡体厚度在10 m以内
	中层滑坡	滑坡体厚度在10~25 m
	深层滑坡	滑坡体厚度在25~50 m
	超深层滑坡	滑坡体厚度超过50 m
运动形式	推移式滑坡	上部岩层滑动,挤压下部产生变形,滑动速度较快,滑体表面波状起伏,多见于有堆积物分布的斜坡地段
	牵引式滑坡	下部先滑,使上部失去支撑而变形滑动。一般速度较慢,多具上小下大的塔式外貌,横向张性裂隙发育,表面多呈阶梯状或陡坎状
发生原因	工程滑坡	由于施工或加载等人类工程活动引起滑坡。还可细分为: 1. 工程新滑坡:由于开挖坡体或建筑物加载所形成的滑坡; 2. 工程复活古滑坡:原已存在的滑坡由于工程扰动引起复活的滑坡
	自然滑坡	由于自然地质作用产生的滑坡。按其发生的相对时代可分为古滑坡、老滑坡、新滑坡
现今稳定程度	活动滑坡	发生后仍继续活动的滑坡。后壁及两侧有新鲜擦痕,滑体内有开裂、鼓起或前缘有挤出等变形迹象
	不活动滑坡	发生后已停止发展,一般情况下不可能重新活动,坡体上植被较盛,常有老建筑

续表 1-3

有关因素	名称类别	特征说明
发生年代	新滑坡	现今正在发生滑动的滑坡
	老滑坡	全新世以来发生滑动，现今整体稳定的滑坡
	古滑坡	全新世以前发生滑动，现今整体稳定的滑坡
滑坡体体积（万 m^3）	小型滑坡	<10
	中型滑坡	10～100
	大型滑坡	100～1 000
	特大型滑坡	1 000～10 000
	巨型滑坡	>10 000

4. 滑坡的识别

在野外，根据滑坡形成的条件及滑坡的特征，可以识别滑坡（见表 1-4）。

表 1-4　野外判定滑坡类型表

名称	标志特征
古（老）滑坡	1. 山坡坡面不顺直，呈无规律台阶状，局部呈弧圈状或簸箕状低洼地貌，坡面一般长有植物或出现马刀树。古滑坡地貌形态不明显，山坡较平缓，土体密实，建筑物长期无变形现象。 2. 河流凹岸坡体前缘向河床凸出，山坡略呈台阶，前部多由松散土石或破碎岩石堆积成垄状地形，有坍塌现象；岸边或河床中常有滑坡舌残存的块石堆。 3. 河流阶地被破坏，阶地面不连续，堆积物层次紊乱或微向内倾；山坡前缘湿地成片，喜水植物茂盛，股状泉水清澈稳定。 4. 滑坡两侧自然沟谷稳定，沟坡平缓，滑坡壁下有双沟同源或洼地，沟谷切割深且开阔，滑坡壁常被剥蚀夷缓，沟壁稳定，草木丛生，地下水出露位置固定，水质清澈。 5. 山坡中部呈凸起状，岩体裸露，裂隙被充填，长有植被，有时见两侧岩层产状不一致。 6. 冲沟壁或人工开挖边坡上，有时可见老滑动面、带痕迹。 7. 河流远离滑坡舌或滑坡舌覆盖于一级阶地上，不再受洪水冲刷，植被好，无坍塌现象
新生滑坡	1. 山坡呈明显的圈椅状地貌，有较陡的后壁，坡面不顺直，呈台阶状。 2. 后缘常见双沟同源的封闭洼地或主轴断面上的坡面洼地，有时可形成水塘。 3. 前缘呈舌状凸出，侵占或挤压沟（河）床，坡面常见放射状和环状张裂隙。 4. 滑坡脚常出露泉水或湿地，两侧地层有扰动或不连续现象
具有滑坡产生条件的斜坡	1. 堆积土组成的斜坡上陡下缓，岩土体中含有软弱夹层或不利于斜坡稳定的结构面。 2. 破碎岩石组成的陡峻山坡，岩浆岩风化壳组成的斜坡。 3. 碎块石覆盖在相对不透水层之上组成的斜坡，特别是不透水层呈凹形并向临空面倾斜。 4. 软硬相间的岩层组成的顺层斜坡，特别是斜坡具有高陡临空面。 5. 黏性土层组成的陡坡，有与坡面相同倾向的软弱层、结核层、砾石层。 6. 填土基底松软、地下水发育或积水。 7. 由于人类活动导致斜坡稳定条件发生恶化。 8. 黄土地区具有高陡边坡的斜坡地区

1)滑坡微地貌(形态)识别法

滑动发生以后在斜坡上留下的圈椅状地形(左右后侧高、前方低的簸箕形地形)是滑坡识别最基本的标志,无论老滑坡、新滑坡都有这种形态。滑坡后壁、侧壁,滑体中部平台,后部洼地(滑坡湖)滑坡体前缘凸出等这些微地貌形态,在新发生的滑坡上非常清楚,在老滑坡体上也大多保留了下来。

斜坡上有明显的裂缝,裂缝在近期有加长、加宽现象;坡体上的房屋出现了开裂、倾斜;坡脚有泥土挤出、垮塌频繁。上述地貌现象可能是滑坡正在形成的依据。

2)滑体组成结构判别法

曾经发生过滑坡的地段,其岩层或土体的类型、产状往往与周围未滑动斜坡有着明显的差异。与未滑动过的坡段相比,滑动过的岩层或土体通常层序上比较凌乱,结构上比较疏松。若在河岸调查发现某段岸坡为破碎和岩块夹土构成,此段两侧为原始岩层,此段是向前凸出的形态,结合上述第一条就可以确定此段就是滑坡造成,若在前沿坡脚凸出处发现呈带状的地下水出露,这可能是滑坡剪出口的位置。

3)滑体上地物变形判别法

对于滑动速度很慢的滑坡,滑体上房屋、晒坝开裂变形,房屋榫头拉出几厘米,水池、粪坑开裂,滑体上的树向一个方向歪斜(醉汉林),树干下部呈弯刀状(马刀树),这些现象大多是滑坡造成的,结合上述特征就可识别滑坡。

此外,还可以根据地下水来识别滑坡,滑坡会破坏原始斜坡含水层的统一性,造成地下水流动路径、排泄地点的改变。当发现局部斜坡与整段斜坡上的泉水点、渗水带分布状况不协调,短时间内出现许多泉水或原有泉水突然干涸等情况时,可以结合其他证据判断是否有滑坡正在形成。

外业工作人员可采用以上方法着重从滑坡形态特征及滑坡要素方面进行滑坡野外调查识别,进而判断滑坡的基本类型。

(二)滑坡勘查评价要点

1.滑坡调查评价内容

滑坡调查的主要内容可分为滑坡区调查、滑坡体调查、滑坡成因调查、滑坡危害情况调查及滑坡防治情况调查。

1)滑坡区调查

滑坡区调查主要包括:滑坡地理位置、地貌部位、斜坡形态、地面坡度、相对高度、沟谷发育、河岸冲刷、堆积物、地表水及植被;滑坡体周边地层及地质构造;水文地质条件。

2)滑坡体调查

滑坡体调查主要包括:滑坡形态与规模(滑坡体的平面、剖面形状,长度、宽度、厚度、面积和体积)、边界特征(滑坡厚壁的位置、产状、高度及其壁面上擦痕方向;滑坡两侧界线的位置与形状;前缘出露位置、形态、临空面特征及剪出情况;露头上滑床的形状特征等)、表部特征(微地貌形态、裂缝的分布、方向、长度、宽度、产状、力学性质及其他前兆特征)、内部特征(岩体结构、岩性组成、松动破碎及含泥含水情况、滑带的数量、形状、埋深、物质成分、胶结状况)、变形活动特征(滑坡发生时间,目前发展特点及其变形活动阶段,滑动方向、滑距及滑速,滑动方式、力学机制和目前的稳定状态)。

微课 1-7
滑动面形态

3)滑坡成因调查

滑坡成因调查主要包括:自然因素(降水、地震、洪水、崩塌加载等);人为因素(森林植被破坏、不合理开垦,矿山采掘,切坡、滑坡体下部切脚,滑坡体中上部人为加载、震动、废水随意排放、渠道渗漏、水库蓄水等);综合因素(人类工程经济活动和自然因素共同作用)。

4)滑坡危害情况调查

滑坡危害情况调查主要包括滑坡发生发展历史,破坏地面工程、环境和人员伤亡、经济损失等现状;分析与预测滑坡的稳定性和滑坡发生后可能受灾范围及灾情。

微课 1-8　滑坡危害

5)滑坡防治情况调查

滑坡防治情况调查主要包括滑坡灾害勘查、监测、工程治理措施等防治现状及效果。

在地质灾害调查评价中,滑坡灾害调查是重要灾种调查之一。按调查目的和精度要求,除进行单灾种地质灾害调查评价外,在地质灾害应急调查、区划、排查,以及在综合性地质勘查、水文地质、工程地质、环境地质等勘查评价工作中,也会对工作区的地质灾害之一滑坡进行不同程度的调查工作。

2. 滑坡勘查评价要点

《滑坡防治工程勘查规范》(DZ/T 0218—2006)中将滑坡勘查划分为滑坡调查、可行性论证阶段勘查、设计阶段勘查、施工阶段勘查四个步骤进行。

1)滑坡调查要点

(1)一般要求。

①滑坡调查是滑坡勘查的前期准备阶段,是滑坡防治工程项目的立项依据。

②滑坡调查应以资料收集、地面调查为主,适当结合测绘与勘查手段,初步查明滑坡的分布范围、规模、结构特征、影响及诱发因素等,并对其稳定性和危险性进行初步评估。

(2)区域环境地质调查要点。

应以资料收集为手段,初步了解滑坡区的地形地貌条件、地质构造条件、岩(土)体工程地质条件、水文地质条件、环境地质条件与人类工程经济活动。

(3)滑坡地面调查要点。

①应初步查清滑坡区地形地貌特征、地质构造特征。

②应查清滑坡边界特征、表部特征、内部特征与变形活动特征。

③应查清滑坡周边地区人类工程经济活动。

④应基本了解滑坡类型、形态与规模、运动形式、形成年代与稳定程度。

⑤应基本了解地下水性质、入渗情况及产流条件。

⑥应对滑坡影响范围、承灾体的易损性及滑坡的危险性进行初步评估。

2)可行性论证阶段勘查要点

(1)一般规定。

①可行性论证阶段勘查是滑坡防治工程勘查的重要阶段,应提交含对滑坡机制及防治方案的定论的勘查报告。

②应基本了解滑坡所处地质环境条件,初步查明滑坡的岩(土)体结构、空间几何特征和体积、水文地质条件,提供滑坡基本物理力学参数,分析滑坡成因,进行稳定性评价,满足

制订防治工程方案的地质要求。

③勘查应结合防治方案可行性论证进行,采用互动反馈方式,合理确定滑坡体(包括滑动面和滑带土)物理力学指标,判定滑坡稳定状态,提出防治工程建议方案。

(2)可行性论证阶段地质环境条件调查要点。

①以资料收集为主,确定工作区地貌单元的成因形态类型。包括:斜坡形态、类型、结构、坡度,以及悬崖、沟谷、河谷、河漫滩、阶地、沟谷口冲积扇等;微地貌组合特征、相对时代及其演化历史。

②以资料收集为主,了解地层层序、地质时代、成因类型,特别是易滑地层的分布与岩性特征和接触关系,以及可能形成滑动带的标志性岩层。

③以资料收集为主,了解区域断裂活动性、活动强度和特征,以及区域地应力、地震活动、地震加速度或基本烈度。分析区域新构造运动、现今构造活动、地震活动以及区域地应力场特征。

④核实调查主要活动断裂规模、性质、方向、活动强度和特征及其地貌地质证据,分析活动断裂与滑坡灾害的关系。

⑤调查各种构造结构面、原生结构面和风化卸荷结构面的产状、形态、规模、性质、密度及其相互切割关系,分析各种结构面与边坡几何关系及其对滑坡稳定性的影响。

⑥调查了解工程岩组,包括岩体产状、结构和工程地质性质,并应划分工程岩组类型及其与滑坡灾害的关系,确定软弱夹层和易滑岩组。

⑦了解社会经济活动,包括城市、村镇、乡村、经济开发区、工矿区、自然保护区的经济发展规模、趋势及其与滑坡灾害的关系。

⑧充分收集水文、气象资料。应掌握多年平均降水量、最大降水量、暴雨及降水季节、勘查区沟谷最大流量、气温等信息。

(3)可行性论证阶段滑坡工程地质测绘要点。

①测绘范围应包括后缘壁至前缘剪出口及两侧缘壁之间的整个滑坡,并外延到滑坡可能影响的一定范围。

②当采用排水工程进行滑坡防治时,应对滑坡外围拟设置的地面排水沟或地下廊道洞口等防治工程所在的地区进行工程地质测绘。

③当滑坡危及剪出口下部建筑物或可能对下部河流堵江时,应测绘包括危害区的纵向控制性剖面。

④地形地貌测绘,包括宏观地形地貌(地面坡度与相对高差、沟谷与平台、鼓丘与洼地、阶地及堆积体、河道变迁及冲淤等)和微观地形地貌(滑坡后壁的位置、产状、高度及其壁面上擦痕方向;滑坡两侧界线的位置与性状;前缘出露位置、形态、临空面特征及剪出情况;后缘洼地、反坡、台坎、前缘鼓胀、侧缘翻边埂等)。

⑤岩(土)体工程地质结构特征测绘,包括周边地层、滑床岩(土)体结构;滑坡岩体结构与产状,或堆积体成因及岩性;软硬岩组合与分布、层间错动、风化与卸荷带;黏性土膨胀性、黄土柱状节理;滑带(面)层位及岩性。

⑥滑坡裂缝测绘,包括分布、长度、宽度、形状、力学属性及组合形态,并应对建筑物开裂、鼓胀或压缩变形进行测绘,现场进行与滑坡的关系判断。

⑦调查滑坡体上植被类型(草、灌、乔等)及持水特性;马刀树和醉汉林分布部位;池塘

与稻田分布及水体特征、坡耕地、果园分布及灌渠情况等。

⑧调查滑坡区人类工程活动,包括开挖切脚或斩腰、道路与车载、民居与给排水、堡坎和晒坝、工程弃渣及堆载、采矿或爆破、人防工程或窑洞。

⑨初步查明地表水入渗情况、产流条件、径流强度、冲刷作用,以及地表水的流通情况、灌溉、库水位及升降情况。开展简易入渗试验,提供初步入渗系数。

(4)可行性论证阶段勘探和测试要点。

①应初步查明滑坡体结构及各层滑动面(带)的位置,了解地下水位、流向和动态,采取岩土试样。

②采用主辅剖面法,不少于一条纵、横剖面布置勘探线。勘探线应由钻探、井探、槽探及物探等勘探点构成。纵向勘探线的布置应结合滑坡分区进行,不同滑坡单元均应由主勘探线控制,在其两侧可布置辅助勘探线。横向勘探线宜布置在滑坡中部至前缘剪出口之间。

③勘探点间距应根据滑坡结构复杂程度和规模确定(见表1-5、表1-6)。主勘探线与辅勘探线间距40~100 m。主勘探线勘探点一般不宜少于3个,点间距可为40~80 m。辅勘探线勘探点间距一般为40~160 m。勘探点之间可用物探方法进行验证连接。

表1-5 滑坡、崩塌勘查地质条件复杂程度分类

勘查地质条件类型	特征
简单	单斜地层,岩层平缓,岩性岩相变化不大,地质界线清楚;围岩露头良好,岩体工程地质质量好;地形起伏小,地貌类型单一;第四系沉积相单一,阶地结构好;重力地质作用弱,风化卸荷裂隙不发育,风化层厚度薄
复杂	褶皱和断层发育,岩性岩相变化大,地质界线不清楚;地质露头出露差,岩体工程地质质量差;地形起伏大,地貌类型多变;卸荷裂隙发育,风化层厚度大,植被发育;堆积层厚度巨大;水文地质条件变化大

表1-6 勘探线、点间距表

勘查地质条件类型	勘探线	主辅勘探线间距(m)	主勘探线勘探点间距(m)	辅勘探线勘探点间距(m)
简单	纵向	60~100	60~100	80~160
	横向	60~100	60~100	80~160
复杂	纵向	40~80	40~80	40~120
	横向	40~80	40~80	40~120

④勘探方法应采用钻探、井探或槽探相结合,并用物探沿剖面线进行探测验证。勘探孔的深度应穿过最下一层滑面,并进入滑床3~5 m,拟布设抗滑桩或锚索部位的控制性钻孔进入滑床的深度宜大于滑体厚度的1/2,并不小于5 m。

⑤对结构复杂的大型滑坡体,可采用探硐进行勘探,并绘制大比例尺的展示图,进行照(录)像。应选择合理的掘进和支护方式,严禁对滑坡产生过大扰动。

⑥应采取滑带与滑体岩土试样,测试其物理、水理与力学性质指标。在探井、探槽或探硐中,对滑带土应取原状土样。当无法采取原状土样时,可取扰动土样。

⑦初步查明地下水基本特征,包括含水层、隔水层的岩性、厚度和分布,地下水赋存条件,地下水水化学特征等。

⑧应结合钻孔和探井进行地下水位动态观测,并分析地下水的流向、径流和排泄条件、地下水渗透性等。

(5)可行性论证阶段施工条件调查要点。

①结合可能采取的滑坡防治工程技术,调查施工场地、工地住房、工作道路的地形地貌,并进行安全评估,测图范围及精度视现场情况酌定。

②对防治工程所需天然建筑材料分布、质量和储量进行踏勘和评估。

③了解滑坡周围水源分布,评价防治工程生活用水需水量和水质情况,提出供水建议。

(6)可行性论证阶段监测要点。

①可行性论证阶段监测应初步了解滑坡变形特征,评估防治的紧迫性和必要性,论证失稳模式及规模,并提出防治意见。

②监测内容宜以地面变形和位错为主,并包括建筑物变形与开裂。

③可根据工程地质条件,沿滑坡纵横轴线分别布置一条监测断面,每断面监测点不少于3个。在勘查区内存在2处以上滑坡变形区情况下,可联合布置监测网。

④对危害等级为一级且地面变形明显的滑坡,应沿主滑方向布置不少于1条深部位移监测剖面,并与主勘探剖面方向相重合。

⑤监测网布置应结合勘查情况,监测点应充分配合钻探、井槽探布设,主要监测点应满足设计阶段使用要求。

⑥监测周期可为3~15 d。滑坡变形加剧时,必须加密监测。

⑦监测资料分析应配合其他勘查成果,相互校核。监测报告应包括以下内容:工作概况、监测方法及布网、监测资料分析、结论及建议。对确需防治的滑坡,应提出防治工程设计建议。附图:监测网布置平面图、位移矢量图、位移和动态的关系曲线图。

(7)可行性论证阶段勘查报告要点。

滑坡勘查报告应包括序言、地质环境条件、滑坡区工程地质和水文地质条件、滑坡体结构特征、滑带特征、滑坡变形破坏特征及稳定性评价、推力分析、滑坡防治工程方案建议等,并提供相应的平面图、剖面图、专题图、地球物理勘探报告、钻孔柱状图、竖井和探硐展示图、滑体等厚线、地下水等水位线、岩(土)体物理力学测试报告、地下水动态监测报告、滑坡变形监测报告等原始附件。

3)设计阶段勘查要点

(1)一般规定。

①设计阶段包括初步设计和施工图设计两阶段,合称为设计阶段勘查。

②设计阶段勘查应结合防治工程部署,充分利用可行性论证阶段的初步勘查成果,进行重点勘查。

③重点查明滑坡岩(土)体结构、空间几何特征和体积、水文地质条件,提供工程设计需用的岩(土)体物理力学参数,进行稳定性评价和推力计算,满足工程设计图的地质要求。

(2)设计阶段工程地质测绘要点。

①根据可行性论证推荐的防治方案,开展工程部署区大比例尺测绘。

②地面排水工程测绘应沿排水沟工程轴线追索进行,内容包括地形、坡度、岩(土)体结构。以纵剖面图测绘为主,比例尺宜为1:100~1:500,并在沿线不同单元处测绘横剖面图。地下排水工程的测绘应沿廊道工程轴线追索进行,结合钻探、井探、物探等,测绘纵向剖面图,比例尺宜为1:100~1:500。对廊道口应提交进硐工程地质立面图,比例尺宜为1:20~1:100。

③抗滑桩和锚固工程的测绘沿工程布置轴线进行,内容包括地形、坡度、岩(土)体结构的测绘。结合钻探、井探和物探等,提交沿工程布置方向的地质剖面图,可测绘工程布置立面图(展示图),并提交工程区轴向工程地质剖面图,比例尺宜为1:200~1:500。

④挡墙工程的测绘应沿工程布置轴线进行,包括地形、坡度、滑体结构、滑带的测绘,比例尺宜为1:250~1:1 000,并提交工程区纵向的工程地质剖面图,比例尺宜为1:50~1:100。

⑤刷方减载和回填压脚工程的测绘应提供工程区纵、横剖面图,包括地形、坡度、岩(土)体结构等,剖面间距20~100 m,并对不同的单元或转折地段应有剖面控制,比例尺宜为1:50~1:500。

(3)设计阶段勘探和测试要点。

①结合地质条件和防治工程方案,对初步勘查阶段的勘探线进行加密勘查,勘探线、点间距参照表1-7。

表1-7 勘探线、点间距

勘查地质条件类型	勘探线	主辅勘探线间距(m)	主勘探线勘探点间距(m)	辅勘探线勘探点间距(m)
简单	纵向	60~100	60	120
	横向		60~120	
复杂	纵向	40~80	40	80

②勘探方法应采用钻探和井探相结合。钻探和井探的要求应与初勘阶段相同。

③滑带与滑体岩土物理、水理与力学性质指标测试的要求应与初勘阶段相同。

④施工的钻孔应进行注(抽)水试验,并可作为地下水位动态观测孔,宜延续至工程竣工后,以判定滑体的浸湿深度、渗透性变化以及滑坡稳定性。

⑤当滑坡滑床岩体强度条件复杂,采用锚固工程且参数难以进行类比时,应进行现场拉拔试验,获取可靠的抗拉拔力和注浆参数。

⑥当滑坡体结构破碎,注浆量和注浆参数难以进行类比时,宜进行现场注浆试验,提供可靠的注浆参数。

(4)设计阶段监测要点。

①对稳定性差,或施工期间扰动大的滑坡应进行监测。

②对危害程度为一级的滑坡,应进行包括地表变形、裂缝,深部位移,地下水位和孔隙水压力变化的立体监测,监控滑坡整体变形。

③对危害程度为二、三级的滑坡,宜进行以地表变形、裂缝和地下水位变化为主的监测,监控滑坡沿主滑方向的变形。

④变形监测可以地表位移监测为主,深部位移监测为辅。

⑤地下深部变形监测包括利用钻孔测定不同深度的变形特征,以及在探硐内对裂缝、滑带或特征地层位移的监测。

⑥地表水监测可包括与滑坡体形成和活动有关的地表水水位、流量、入渗率、含沙量等动态变化,以及地表水冲蚀情况和冲蚀作用对滑坡体的影响。

⑦地下水监测包括钻孔、井、硐、坑等地下水的水位、水压、水量、水温、水质等动态变化,以及泉水的流量、水温、水质等动态变化。

⑧可在地表或地下(钻孔、平斜硐内)埋设地应力计,测量滑坡体内地应力状态及其变化。应划分拉力区、压力区,并分析压力变化,用以推断岩体变形及应力状态。

⑨应充分采用钻孔、探井、探槽布设监测点。根据工程地质情况,在滑坡范围内,沿滑坡纵横轴线分别布置2~3条监测断面,每断面监测点不少于3个。

⑩监测周期分为正常监测周期和特殊监测周期。正常监测周期为3 d,特殊监测周期必须加密,其测次视具体情况而定。

(5)勘查报告和图件。

①滑坡勘查报告应包括序言、滑坡区工程地质和水文地质条件、滑坡体结构特征、滑带特征、滑坡变形破坏及稳定性评价、推力分析等,并提供岩(土)体物理力学测试、原位岩土力学试验、设计参数试验、地下水动态监测、滑坡变形监测等原始报告和附件。

②结合滑坡防治工程,应专门提交供设计图使用的工程地质图册,并以纸质和电子文档形式提交,包括各防治单元的平面图、立面图、剖面图、钻孔柱状图、探井和探硐展示图及综合工程地质图等图件。

4)施工阶段勘查要点

(1)一般规定。

①施工阶段勘查包括防治工程施工期间,开挖和钻探所揭示的地质露头的地质编录、重大地质结论变化的补充勘探和竣工后的地形地质状况测绘,编制施工前后地质变化对比图,并对其做出评价结论。

②施工阶段勘查应采用信息反馈法,结合防治工程实施,及时编录分析地质资料,将重大地质结论变化及时通知业主。情况紧急时,应及时通知施工单位和设计单位,采取必要的防范措施。

③施工阶段勘查应针对现场地质情况,及时提出改进施工方法的意见和处理措施,保障防治工程的施工适应实际工程地质条件。

(2)施工阶段的开挖露头测绘和钻孔勘探要点。

①施工地质工作方法应采用观察、素描、实测、摄影、录像等手段编录和测绘施工揭露的地质现象,对滑坡体、滑床、滑动带、软弱岩层、破碎带及软弱结构面宜进行复核性岩土物理力学性质试验,可进行必要的变形监测或地下水观测。

②根据施工设计图开挖最终形成的地质露头,应在工程实施前进行工程地质测绘,提交剖面图、平面图、断面图或展示图,应照相摄像。

③开挖过程中揭露的滑带土、擦痕等典型滑坡地质形迹应及时加以编录、照相摄像、留样。

④抗滑桩开挖的探井,在开挖中应及时进行工程地质编录、照相摄像,特别应注意主滑带和滑坡体内各种软弱带。在主剖面线的探井内采取主滑带和软弱带原状样,进行抗剪强度试验,复核或校正原地质报告的结论。

⑤对于一级防治工程,宜抽取锚杆(索)钻孔总数的5%,且不宜少于3孔,采用物探等手段,结合钻进判断滑动带位置和进行岩土体质量划分。

⑥锚杆(索)钻孔和抗滑桩竖井等探测的滑动带位置与原地质资料误差较大时,应及时修正滑坡地质剖面图和工程布置图,并指导工程设计变更。

⑦在实施喷锚网工程和砌石工程前,应进行地质露头工程地质测绘,应照相摄像。

⑧采用注浆等方法改性加固滑坡体后,应沿主勘探线进行钻探取样,提供改性后的滑坡体物理力学参数。

⑨对于回填形成的堆积体,应沿主勘探线进行钻探取样,提供物理力学参数。

(3)施工阶段的监测要点。

①在设计阶段监测基础上,针对防治工程,增设监测网点,掌握滑坡体变形破坏过程和施工效果。

②应沿主滑方向监测钻孔地下水位和孔隙水压力变化,对地下排水工程应增加辅助剖面地下水变化监测,提供排水效果数据。

③应采用测力计和多点位移计等进行预应力锚索监测,掌握预应力施加期间和施加后滑坡体的变形过程。监测点数不少于锚索总数的5%,且不少于2处。

④应采用压力盒等测定抗滑桩工程实施后滑坡体的推力变化。压力盒主要沿滑坡主滑方向布设。

(4)施工阶段的补充地质勘查要点。

①施工期间发现滑坡重大地质结论变化,应补充工程地质勘查,提交补充工程地质勘查报告。重大地质结论变化包括局部滑坡体变形加剧或滑动,滑坡岩土体结构与原报告差异大,滑动面埋深与原报告相差达20%以上等。

②补充工程地质勘查主要针对变化区进行,采用工程地质测绘、物探、山地工程等查明地质体的空间形态、物质组成、结构特征、成因和稳定性,地下水存在状态与运动形式、岩土体的物理力学性质;应评估由于变化对滑坡整体稳定和局部稳定的影响。

③勘查方法、工作量和进度应根据地质问题的复杂性、施工图设计阶段查明深度和场地条件等因素确定。应利用各种施工开挖工作面观察和收集地质情况。

④当滑坡出现重大地质结论变化时,应进行软弱面抗剪强度校核,重新进行整体稳定性评价和推力计算。对工程的设计方案和施工方案的变更提出建议。

⑤补充工程地质勘查报告应根据工程实际存在的地质问题有针对性地确定,内容包括施工情况及问题经过,新发现的滑坡体结构特征、滑动带特征,滑坡变形破坏特征,变化区滑坡体稳定性评价和推力分析,滑坡整体稳定性评价,以及滑坡防治工程方案变更或补充设计建议等。

⑥补充工程地质勘查报告附件,内容包括平面图、剖面图、钻孔柱状图、探井和探硐展示图,以及地球物理勘查报告、岩土体物理力学测试报告、地下水动态监测报告、滑坡变形监测报告等原始材料。

二、资料收集及工作设计书的编写

(一)资料收集

滑坡调查应在充分收集、利用已有资料的基础上进行,包括地形图、遥感资料、规范、相关指导性文件等,收集资料包括与滑坡相关的气象水文、地形地貌、地质构造、区域构造、第四纪地质、水文地质条件、生态环境以及人类活动与社会经济发展计划等内容的图件、报告、遥感资料、规范及相关指导性文件等,涉及国土资源、城乡规划、统计、水利、林业、气象、旅游外事侨务等多个部门。具体内容包括以下几方面:

(1)收集滑坡形成条件与诱发因素资料,包括气象、水文、地形地貌、地层与构造、地震、水文地质、工程地质和人类工程经济活动等。

(2)收集滑坡现状与防治资料,包括历史上所发生的各类地质灾害的时间、类型、规模、灾情和其调查、勘查、监测、治理及抢险、救灾等工作的资料。

(3)收集有关社会、经济资料,包括人口与经济现状、发展等基本数据,城镇、水利水电、交通、矿山、耕地等工农业建设工程分布状况和国民经济建设规划、生态环境建设规划,各类自然、人文资源及其开发状况与规划等。

(4)收集各级政府和部门制定的滑坡防治法规规划和群测群防体系等减灾防灾资料。

(5)遥感资料收集与解译。

①收集1:10 000~1:50 000地形图或相当的地理控制资料。

②尽可能收集最新的卫星和航空遥感信息资料,对于进行动态研究的地区,收集不同时相的遥感信息资料。

③收集有关气象、水文、森林植被、自然地理和当地经济状况资料,以及前人工作的区域地质、水文地质和地质灾害调查、勘查成果资料。

④遥感解译。即在基础图像上重现野外实际环境景观,基于地学原理进行地物识别及定性和定量、时间和空间分析,获取地质灾害及其发育环境信息。

初步解译。在熟悉工作区地质资料、野外实地踏勘、建立遥感解译标志的基础上,在基础图像上识别地质灾害及其发育环境,了解滑坡的结构特征,圈划边界,指出所有不确定问题及疑问点,编制初步解译草图。

详细综合解译。进一步确认灾害体及类型,确定灾害体及其组成部分,必要时通过不同时相图像对比了解灾害的活动状态;通过灾害体所处地貌、岩性、产状、斜坡结构、水文及区域地质构造环境解译分析灾害形成的基本地质环境条件及触发因素;分析灾害发育规律,评价其影响及危害,通过空间分析进行灾害危险性分区。

(二)项目设计书的编写

项目设计书编写应在充分收集已有资料的基础上,分析研究调查区存在的主要问题。应做到任务明确,依据充分,各项工作部署合理、技术方法先进可行、措施有力,文字简明扼要、重点突出,所附图表清晰齐全。滑坡调查项目设计书与前述地质灾害调查评价项目设计书内容、附图基本相似,可参照。

三、人员、设备等其他准备

(1)根据项目具体情况组建滑坡调查评估项目主要由专业技术人员组成的团队,并组织野外工作人员学习经批准的设计书和项目部管理细则,了解工作区范围、交通地理、风土人情、区域地质情况,了解工作目的、任务及工作方法和技术要求。明确相关的岗位责任划分、劳动组织纪律等。

(2)配备好野外工作所需的工具、设备仪器、办公、劳保等物品。

任务二 现场勘查

【任务分析】

现场勘查的任务,主要通过对水文、气象、地形、地貌及第四纪地质、地质条件、环境地质等调查,初步查明滑坡的分布和形成条件等一般规律,并通过工程地质测绘、勘探、试验测试、动态监测等阐明滑坡形成的条件及发展规律。其中,水文、气象、地形、地貌及第四纪地质、地质条件、环境地质等调查是各阶段最基本、最重要的内容。主要介绍调查工作量布置、工作程序流程、工作内容及方法等内容,以达到学以致用的目的。

【知识链接】

按照《滑坡崩塌泥石流灾害调查规范(1∶50 000)》(DZ/T 0261—2014)、《地质灾害排查规范》(DZ/T 0284—2015)、《滑坡防治工程勘查规范》(DZ/T 0218—2006)、《地质灾害危险性评估规范》(DZ/T 0286—2015)、《岩土工程勘察规范(2009 年版)》(GB 50021—2001)等标准规范的要求,参照地质、水文地质、工程地质、环境地质等专业现场调查的技术要求,开展滑坡灾害野外调查工作。

【任务实施】

一、现场勘查一般流程

现场勘查一般流程为野外工作人员组织、设备材料准备→熟悉勘察设计及项目任务书、技术交底→收集与项目有关的资料→编制野外工作用图→野外踏勘(了解工作区大致情况)→编制野外地质工作方案→野外踏勘(熟悉工作区地形地质概况)→剖面实测→现场勘查(地面调查、物探、山地工程、钻探、测试试验、监测等)→原始资料综合整理、综合研究→转入室内工作。根据勘查要求、工作区实际情况对上述工作流程环节进行合并简化调整,以保质保量、安全顺利完成工作任务为目标。

二、准备工作与野外踏勘

(一)收集熟悉资料

在室内查阅熟悉已有的资料,如区域地质、遥感、气象、水文、地震、水文地质、工程地质、地质环境等资料,以及相关规范标准、任务书等技术资料。

(二)现场踏勘

现场踏勘是在收集研究资料的基础上进行的,其目的在于了解勘查区整体情况和问题,以便合理布置观察点和观察路线,正确选择实测地质剖面位置,拟订野外工作方案。

踏勘的方法和内容:

(1)根据地形图,在工作区范围内按固定路线进行踏勘,一般采用Z字形,以曲折迂回而不重复的路线,穿越地形地貌、地层、构造、滑坡等不良地质现象等有代表性的地段。

(2)为了了解全区的岩层情况,在踏勘时选择露头良好、岩层完整有代表性的地段做出野外地质剖面图,以便熟悉地质情况和掌握地区岩层的分布特征。

(3)寻找地形控制点的位置,并抄录坐标、标高资料。

(4)询问和收集洪水及其淹没范围等情况。

(5)了解工作区的经济、气候、住宿及交通运输条件。

(三)编制野外工作方案

编制野外工作方案就是明确目的、任务、工作方法及技术要求、工作程序及施工顺序、人员安排、质量保障及安全措施。

野外工作方案是在项目设计书、任务书的基础上,对勘查区地形地貌、地质条件资料收集分析、踏勘熟悉了解的情况下,编制的野外现场具体实施计划。主要包括工作方法及技术要求、工作程序及施工顺序、人员安排、质量保障及安全措施等方面的内容。

三、实测控制性(代表性)剖面

对大型、条件复杂以及新滑坡进行勘查时,布置一条或几条代表性的剖面线进行实测是非常有必要的,以便建立比较清晰、统一的对勘查区地层岩性、地形地貌单元、工程地质条件、滑坡特征等标志认识,为指导后续工作提供必要的参照标准。

(一)实测剖面线选择

实测剖面线尽量平行或通过滑坡滑移方向。

(二)实测剖面野外工作

剖面测量方法有直线法和导线法。野外工作主要包括地形及导线测量、地质环境调查、滑坡特征识别确认、观察描述、填写记录表格、绘制野外草图、采集标本及取样等。

(三)实测剖面室内资料整理

室内资料整理是对剖面的系统研究过程,统一认识、制定后续工作对滑坡勘查的参照标准,编制完成实测剖面图及相配套的其他图件。

四、滑坡工程地质测绘

滑坡调查主要是地面调查,地面调查常采用工程地质测绘来完成。地面测绘应在充分利用遥感解译成果和已有的区域地质调查资料的基础上进行。对于威胁县城、集镇和重要公共基础设施且稳定性较差的滑坡,可进行大比例尺工程地质测绘。

(一)主要任务

(1)查明滑坡区的地层岩性、地质构造、发育形成条件。

(2)查明滑坡类型、性质、分布、规模。

(3)实地验证遥感解译的疑难点,提高解译质量。

(4)查明影响滑坡稳定性的主要因素及其作用方式。

(二)滑坡工程地质测绘范围

工程地质测绘范围应根据工作需要适当地扩大到滑坡体以外可能对滑坡的形成和活动

产生影响的地段。如山体上部崩塌地段,河流、湖泊或海洋岸边遭受侵蚀的地段,采矿、灌渠等人为工程活动影响地段等。测绘范围应包括滑坡及其邻近能反映生成环境或有可能再发生滑坡的危险地段。

(三)滑坡工程地质测绘比例尺

应根据勘查阶段(初查和详查阶段)和滑坡(或滑坡群)的复杂程度选定。如果滑坡的成灾条件较简单的,不必分阶段进行,一般采用 1:200~1:500 比例尺;对于复杂滑坡,或者某些滑坡的特殊地段,可采用 1:1 000~1:100 比例尺,甚至更大比例尺图件进行测绘。

各阶段滑坡勘查进行工程地质测绘,测绘比例尺建议见表 1-8。

表 1-8 滑坡工程地质测绘比例尺建议

滑坡长度或宽度(m)	平面测绘比例尺	剖面图比例尺
≤500	1:500~1:100	1:500~1:100
500~1 000	1:1 000~1:250	1:1 000~1:250
≥1 000	1:2 500~1:500	1:2 500~1:500

(四)布置野外观测线、观测点

1. 观测线布置

观测路线的布置,以穿越法和追索法相结合,一般应垂直岩层、构造线走向和沿着地貌变化显著的方向进行穿越调查;对重要的地质特征、环境地质现象、地下水露头等地方,以及对危及县城、村镇、矿山、重要公共基础设施、主要居民点的地质灾害点和人类工程活动强烈的公路铁路、水库输油(气)管线等应进行追索调查。观测路线的密度应根据地质条件的复杂程度、危害对象的重要性以及地质灾害点的密度合理布置。

2. 观测点要求

工程地质观测点的布置与测量点密度可视地质条件的复杂程度合理布置,以达到最佳调查测绘效果为准。图面上观测点间距以 2~5 cm 为宜。观测点应分类编号,在野外手图上标出点号,用专用卡片详细记录。

观测点可分为地质环境点(包括构成滑坡地质体的地层岩性、地貌、地质构造、斜(岸)坡结构、裂隙统计等调查点)、水文点(包括溪沟、井泉等调查点)、地形变点(包括滑坡后壁、侧界、剪出口的边界点、与滑坡有关的裂缝、洼地、鼓丘等微地貌及滑带露头等调查点)。依据精度要求采用半仪器定位、仪器测量方法定点。

3. 描述、记录要求

野外调查记录应按照调查表规定的内容逐一填写,不得遗漏主要调查要素,并用野外调查记录本做沿途观察记录,附必要的示意性平面图、剖面图或素描图以及影像资料等。

工作手图上的各类观测点和地质界线应在野外采用铅笔绘制,转绘到清图上后应及时上墨。凡能在图上表示出面积和形状的灾害地质体均应在实地勾绘在手图上,不能表示实际面积形状的,按特定图例在手图上标注,且应另行放大比例尺专门勾绘,作为附图一并提交。

五、勘探

(一)一般规定

1. 勘探目的

滑坡勘探应查明滑体范围、厚度、物质组成和滑面(带)的个数、形状、滑带厚度及物质组成;查明滑体内含水层的个数、分布和地下水的流向、水力坡度、水位、水量及动态变化。

2. 勘探方法

滑坡勘探方法应根据需要参照表1-9进行选择。

表1-9　勘探方法适用条件表

勘探方法		适用条件及勘探点布设位置
钻探		用于了解滑体结构,滑面(带)的深度、个数、地下水位及水量,观测深部位移,采集滑体、滑带及滑床岩、土、水样
槽探		用于确定滑坡周界、后缘滑壁和前缘剪出口附近滑面的产状及裂隙延伸情况,有时也可用作现场大剪及大重度试验
井探		用于观察滑体结构和滑面(带)特征、采集原状土样和进行原位大剪、大重度试验,主要应布设在滑坡的中前部主轴附近
硐探		用于了解滑坡内部特征,采集原状土样和进行原位大剪、大重度试验,适用于地质环境复杂、深层、超深层滑坡。洞口宜选在滑坡两侧沟壁或滑坡前缘。平硐可兼作观测洞,也可用于汇排地下水,常结合滑坡排水整治施工布置
物探	电法勘探	常用高密度电法,了解滑体厚度、岩性变化,了解下伏基岩起伏和断裂破碎带的分布,了解滑坡区含水层、富水带的分布和埋藏,在滑坡规模较大、物性差异较大、地形地物变化较小时采用。勘探线宜布置在拟设主剖面线上、剖面线及支挡线附近
	地震勘探	常用浅震反射波法。用于探测滑坡区基岩埋深,滑面位置、形状。在非人口密集区滑坡规模较大时采用。勘探线宜布置在拟定主剖面线上、剖面线间及支挡线附近

3. 勘探线布置

1)主勘探线

(1)主勘探线应布设在主要变形(或潜在变形)的块体上,纵贯整个滑坡体,应与初步认定滑动方向平行,其起点(滑坡后缘以上)应在稳定岩土体范围内20~50 m。主勘探线上不宜少于3个勘探点。进行稳定性分析的块体内至少应有3个勘探点,后缘边界以外稳定岩土体上至少应有1个勘探点。

(2)主勘探线上投入的工程量及点位布设,应满足主剖面图绘制、试验及稳定性评价的要求,宜投入适当的钻探、井探、槽探、硐探工程的数量。大型以上规模的滑坡宜保证控制性井探、硐探工程的数量。

(3)主勘探剖面上投入的工程量及点位布设,应兼顾地下水观测和变形长期监测的需要,以充分利用勘探工程进行监测。

(4)对于主要变形块体在2个以上、面积较大的滑坡或后缘出现2个弧顶的滑坡,主勘探线不可少于2条。

(5)大型规模以上的滑坡,纵勘探剖面上应反映每一个滑坡地貌要素,诸如后缘陷落带、横向和纵向滑坡梁、滑坡平台、滑坡隆起带、次一级滑坡等。滑坡横向勘查钻孔布设宜控制滑动面横断面形态布设。可依据地质、地貌或物探资料从护坡中轴线向两侧进行。

2)辅助勘探线

(1)辅助勘探线分布在主勘探线两侧,线间距根据勘查阶段要求而定(见图1-2)。主勘探线以外有次级滑坡时,辅助勘探线应沿次级滑坡中心布设。

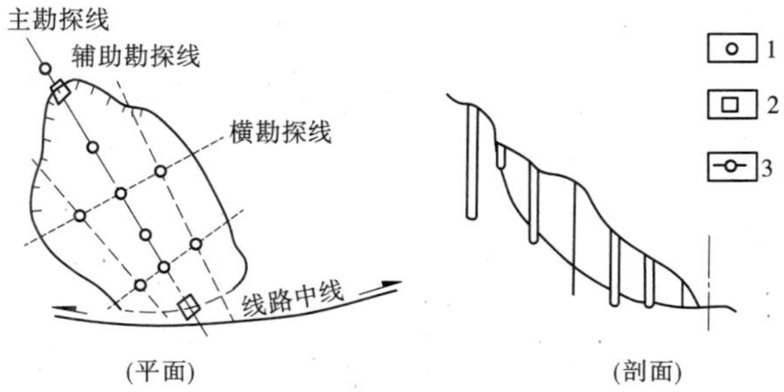

1—钻孔;2—井探;3—物探点。

图1-2 勘探点线布置示意图

(2)辅助勘探线上的勘探点一般应与主勘探线上的勘探点位置相对应(或每隔一个勘探点相对应),使横向上构成垂直于主勘探线的横勘探剖面,形成控制整个滑坡体的勘探网。

3)勘探点的布设原则

勘查的工程轴线勘探剖面布设应按防治工程方案,有针对性地进行布设。对于只进行一次详勘情况,应及时与设计单位沟通配合,其点线应符合设计工程布置要求。

(1)勘探点应布设在重点勘查和设计的治理工程部位,除反映地质情况外,应兼顾采样、现场试验和监测工作。

(2)勘探点的布设应限制在勘探线的范围内。由于地质或其他重要原因必须偏离勘探线时,宜控制在10 m范围内。对必须查明的重大地质问题,可以单独布置勘探点而不受勘探线的限制。

(二)地球物理勘探

地球物理勘探工作是滑坡灾害勘查工作中的重要组成部分,可作为辅助勘查手段,不宜单独以物探结果直接作为防治工程设计依据。须与钻孔、探井、探硐和探槽相结合,合理推断勘探点之间的地质界线及异常。应根据滑坡区地质条件的复杂程度决定投入工作量及工作方法。

1.主要初步查明问题

(1)圈定滑坡体(或滑坡群)的空间分布界线。

(2)探测滑坡区的含水状况(层位、水位等)。

(3)探测结构面和滑动面(带)的数目、深度及形态变化。

(4)探测滑坡体(或滑坡群)的地层结构、隐伏边界及隐伏地质体(或构造)。

2. 物探方法的选择

应根据地质灾害类型和调查需要,因地制宜地选择物探方法;对于单一方法不易明确判定的地质灾害体,可采用两种或两种以上的物探方法。探测内容与常用物探方法可参照表 1-10 选择。

表 1-10 探测内容与常用物探方法

探测内容	物探方法
初步查明滑坡范围、厚度和结构	电测深法、电剖面法、浅层折射波法、浅层反射波法、瑞利波法、瞬变电磁法、层析成像、声波法、无线电波透视法、测氡法
初步查明覆盖层厚度和基岩面埋深	电测深法、电剖面法、瞬变电磁法、浅层折射波法、浅层反射波法、高密度、探地雷达、综合测井

3. 物探测线的布置

物探测线的布置应根据调查要求,测区地形、地物条件,因地制宜地设计,测线长度、间距以能控制被探测对象为原则,主要测线方向应垂直于地质灾害体的长轴方向(滑坡体纵轴方向等)并尽可能通过钻孔或地质勘探线。

4. 物探成果

物探资料的解译推断应遵循从已知到未知、先易后难、从点到面、点面结合的原则,多种物探资料综合解译的原则,物探解译与地质推断相结合的原则,通过反复对比,正确区分有用信息和干扰信息,以获得正确的结论。

物探成果应包括工作方法、地质灾害的地球物理特征、资料的解译推断、结论和建议,并附相应的工作布置图、平剖面图、曲线图、解译成果图等。

(三)山地工程

1. 山地工程类型

山地工程包括剥土、坑探、槽探、井探、硐探等勘探方法,就是通过揭露开挖的浅坑、探槽、探井(竖井)和平硐查明滑坡的内部特征,如滑坡床的位置、形状,塑性变形带特征,滑坡体的岩体结构和水文地质特征等。其特点是揭露面积大,对地质现象能直接观察、采样,并可进行原位测试,能检查钻探、物探成果的可靠性。

2. 山地工程的选择

(1)浅坑、槽探和剥土等轻型山地工程,用于了解滑坡体的边界、岩土体界线、构造破碎带宽度、滑动面(带)的岩性、埋深及产状,揭露地下水的出露情况等。

(2)探井(竖井)工程主要布置在土质滑坡与软岩滑坡分布区,直接观察滑动面(带)段,并进行采样试验,必要时留作长期观测。

(3)平硐主要用于某些规模较大、成灾地质条件较复杂,滑动面(带)不清楚或复杂的滑坡(如岩质滑坡、堆积层滑坡等)。含地下水较丰富时,可考虑选择适当位置施工 1~2 条平硐,力求查明滑体结构、滑动面(带)性质及其变化、含水层位及其水量等重要问题。如果效果良好,还可在硐内采样测试、定点观测和自然排水,使一硐多用。

3. 山地工程要求

(1)应沿滑坡主剖面采用钻探与井探相结合的方法进行勘探。大型规模以上的滑坡井探数量不得少于 2 个,中型规模滑坡井探数量不得少于 1 个。

(2)探井位置确定后,应编制典型探井设计书指导挖掘施工。设计书内容包括目的、类型、深度、结构、施工流程、地质要求、封井要求。

(3)应根据地质测绘和露头剖面,合理推测探井地质柱状图,建立探井结构理想柱状图,包括探井断面形状、井径、深度、井壁支护方式。标示挖掘过程中可能遇到的重要层位深度、岩性、断层、裂隙、裂缝破碎带、岩溶洞穴带、滑带、软弱夹层、可能的地下水位、含水层、隔水层和可能的漏水部位。说明针对上述情况,挖掘中应采取的措施。

(4)矩形探井断面短边长宜大于 1.5 m,圆断面探井直径宜大于 1 m。探井开挖应避免诱发滑坡滑动。

(5)硐探在滑坡勘查中属于大型勘探工程,由于施工相对复杂、工期较长、风险大、造价高,应慎重使用。对结构与成因复杂,用其他方法难以定论,且危害对象等级为一级的滑坡,可用探硐进行勘探。

(6)硐探工程应编制专门的设计书或在滑坡总体勘察设计中编写专门章节论证其必要性和可行性内容,包括硐探目的、探硐的类型、地质概况和施工分析、探硐深度、探硐结构、施工工艺设计、施工组织设计、探硐地质要求、竣工后探硐处理。

(7)硐探工程轴线上应布置一定数量的钻孔或探井并安排先施工,取得的地质资料用于指导探硐施工。探硐净断面高×宽宜大于 1.8 m×1.8 m。硐壁应进行临时支护或永久性支护以确保施工安全,护壁应预留足够的观测窗,面积不小于 20 cm×20 cm。硐探工程应综合利用,如竣工后可作为滑坡排水隧洞、深部监测隧洞等。

(8)在滑坡体前缘、后缘、侧缘部位及勘探线上地质露头不清时,应布置槽探。

(9)不论何种山地工程,在开挖掘进过程中及时记录掘进遇到的现象,尤其是裂缝、滑带、出水点、水量、顶底板变形情况(底鼓、片帮、下沉等)。应及早进行必要的素描、地质描述,做出展示图,拍照、录像、采样及埋设监测仪器等工作。

(10)应及时进行探井、探硐或探槽展示图和工程地质编录,特别注意软弱夹层、破裂结构面、岩(土)体结构面和滑动面(带)的位置和特征的编录,并进行照(录)像。应按要求配合进行滑动面(带)力学抗剪强度的原位试验,同时在预定层位按要求采取岩、土、水样。

(11)勘探完成后的探井不得裸露或直接废弃,可作为滑坡监测井或浇筑钢筋混凝土形成抗滑桩。

(四)钻探

1. 目的和任务

1)钻探的目的

钻探应在地面调查和物探工作基础上进行。其目的是查明滑坡及其邻近地段斜坡的地质结构,评价滑坡的稳定性及其对居民和工程建筑物的危害程度,为防治滑坡提供地质依据。具体目的如下:

(1)查明滑坡体的地质结构。

(2)查明滑坡床的形状、埋深与特征。

(3)查明滑体中地下水的位置、层数、涌水量和补给源等。

(4)查明滑坡的类型、性质、成因与形成条件。

(5)查明滑坡的发育阶段、稳定程度(已稳定、暂时稳定、尚在发展活动)及滑坡继续发展的可能性。

(6)提供满足防治工程论证的各种地质资料和数据,为制定合理的防治对策服务。

2)钻探的主要任务

(1)查明滑坡岩土体的岩性,特别是软弱夹层、软土的层位岩性、厚度及空间变化规律。

(2)查明滑坡体内透水情况,含水层(组)的岩性、厚度、埋藏条件,地下水的水位、水量及水质。

(3)采取滑坡床(带)岩、土和水体样品进行室内及野外试验,了解岩土体的工程地质性质及其变化。

(4)利用钻孔进行抽水试验及地下水动态观测,以及在孔内安装仪器对滑坡体位移及变形进行长期观测。

(5)验证物探异常或争议问题。

2. 钻孔布置

1)钻孔布置的原则

钻探孔位的布置应在工程地质调查或测绘和物探等已有资料的基础上进行,工程地质调查或测绘和物探工作基本结束之前,方可进行全面的钻探施工。沿确定的纵向或横向勘探线布置,针对要查明的滑坡地质结构或问题确定具体孔位。可分为地质孔(控制孔和一般孔)、水文试验孔(抽水孔和观测孔),应编制典型钻孔设计书以指导钻探施工。

2)钻孔勘探线(网)的布置

(1)布置原则。

勘探线(网)的布置原则是严格控制钻探工作量。应充分地研究和利用已有的物探和地面测绘的资料,根据具体的滑坡区地质条件和对钻探的特殊要求进行钻探工作设计,包括钻孔结构设计和施工顺序设计。应先在滑坡的上、中、下部进行控制性勘探,然后根据具体情况加密。勘探工作不仅在滑坡体内进行,有时为了进行岩性对比或者查明滑坡体地下水的情况,也需要在滑坡体外进行。

(2)钻探勘探线(网)的确定。

在布置滑坡钻探勘探线(网)时,除主要考虑上述原则外,还要考虑滑坡体的平面形状特征(如纵长形、横宽形、三角形、梯形、正方形、尖角形等)、外部因素对滑坡的影响、滑体各部位的变形特征、滑床形态特征及地下水的分布、出露等因素。

①对于小型、成灾地质条件简单、危害程度(或按受灾对象等级)较轻的滑坡,勘探线可按"I"形(沿主滑方向布置一条纵剖面)或"十"字形(纵、横剖面相互垂直)布置。

②对于中等规模、成灾地质条件较为复杂、危害程度(或按受灾对象等级)较严重的滑坡,勘探线可按"十""╪"或"╫"形布置。

③对于大型、成灾地质条件复杂、危害程度严重(或按受灾对象等级)的滑坡,勘探线可按"井""卌"或"丰"形布置。一般每条勘探线上需有3孔(井)控制,特殊情况下可以增补或减少。

3. 钻探技术要求

1)钻进方法

松散地层潜水位以上孔段,宜采用干钻;在砂层、卵砾石层、硬脆碎地层和松散地层中以及滑带、重要层位和破碎带等应采用岩芯采取率高的钻进及取样工艺。

2)孔斜要求

每钻进 50 m 后、换径后 3~5 m 内、出现孔斜征兆时或终孔后均应测量孔斜,顶角最大允许弯曲度为每百米孔深内不得超过 2°,钻孔斜度偏差应控制在 2%之内。

3)孔径要求

采取原状土样的钻孔孔径不小于 130 mm;采取岩石物理力学性质试样的钻孔孔径不小于 110 mm。进行专门性试验的钻孔孔径,要按照需求确定。

4)孔深要求

孔深误差及分层精度应符合下列规定:

(1)下列情况均需校正孔深:主要裂缝、软夹层、滑带、溶洞、断层、涌水处、漏浆处、换径处、下管前和终孔后。

(2)终孔后按班报表校核孔深,孔深最大允许误差不得大于 1‰,在允许误差范围内可不修正,超过误差范围要重新丈量孔深并及时修正报表。

(3)钻进深度和岩土分层深度的量测精度,不应低于±5 cm。

(4)应严格控制非连续取芯钻进的回次进尺,使分层精度符合要求。

一般性钻孔深度应穿过最下一层滑动面 3~5 m,控制性钻孔应深入稳定地层以下 5~10 m。考虑为滑坡整治而打的钻孔,其深度应针对具体整治措施而有所不同。

4. 孔内滑动面的鉴定

滑坡勘查的关键问题是准确确定滑动面(带)的位置及变化,它不仅是肯定滑坡存在的重要标志,也是决定滑坡治理方案的重要依据,滑动面的确定除与自身的岩土物理力学性质有关外,还必须考虑滑坡体内外的岩土体及水文地质特征等诸因素。孔内滑动面位置的确定要细致认真,因为钻孔口径小,岩芯数量少,并且滑动带一般都很薄(2~10 cm),在钻孔中不易察觉,而且容易造成判断错误。

一般情况下,滑动面是塑性变形带,带内的物质与其上、下土层(或岩层)相比具有明显的特点:

(1)潮湿饱水或含水量较高,比较松软,常有揉皱或微斜层理。

(2)具有镜面和擦痕(滑坡擦痕为平行直线状,深浅不一,多存在于松软塑性泥质层中,在坚硬岩石中仅存在于表面一层,即所谓单层性;而构造擦痕具叠层性,可深入基岩,钻进扭转造成的擦痕皆为同心圆状)。

(3)塑性变形带的颜色和成分一般比较复杂。

(4)所含角砾、碎屑具有磨光现象。

(5)条状、片状碎石有错断的新鲜断口。

(6)钻进中常有缩径、掉块、漏水现象。

对于重要的且不易查清其埋深的滑坡,在适当位置如中、前缘开挖一两个竖井,除验证口径小的钻孔资料外,还可直接找出滑动面的位置,并利于观察滑坡要素及内部结构特征和采集试验样品。

5. 钻孔地质编录要求

(1)钻孔地质编录必须在现场真实、及时和按钻进回次逐次记录,不得将若干回次合并记录或事后追记。

(2)编录时,要注意回次进尺和残留岩芯的分配,以免人为划错层位。

(3)在完整或较完整地段,可分层计算岩芯采取率;对于断层、破碎带、裂缝、滑带和软夹层等,应单独计算。

(4)钻孔地质编录应按统一的表格记录。其内容一般包括日期、班次、回次孔深(回次编号、起始孔深、回次进尺)、岩芯(长度、残留、采取率)、岩芯编号、分层孔深及分层采取率、地质描述、标志面与轴心线夹角、标本(取样号码、位置和长度)、备注等。

(5)岩芯的地质描述应客观、准确、详细。滑带、软夹层、岩溶、裂缝等重要地质现象应详细描述,并用素描及照片辅助说明。注意对滑带擦痕的观察与编录;重视水文地质观测记录和钻进异常记录和取样记录。

(6)岩芯照相要垂直向下照,除特殊部位特写镜头外,每箱岩芯照一张照片,有标注孔深、岩性的岩芯标牌。

6. 取样要求

1)取芯要求

(1)必须全孔连续取芯钻进。不准超岩芯管钻进,重点取芯地段(如破碎带、滑带、软夹层、断层等)应限制回次进尺和回次时间,每回次进尺不应超过0.3 m,并提出专门的取芯和取样要求,看钻地质员跟班取芯、取样、记录和封装。

(2)岩芯采取率:在黏性土和完整岩石中应不低于85%;在砂类土中不低于80%;在卵砾类土中不低于70%;在风化带及破碎带中不低于70%。滑体大于75%,滑床大于85%,滑带大于90%。

2)原状样取样要求

(1)取样方法:软土层中用薄壁取土器压入取样,硬土层可用重锤少击法和双层单动取土器取样。

(2)采取数量、规格:岩样采集位置应主要布置在滑坡可能支挡部位。每种岩性的岩样不应少于3组,但抗剪强度试验的岩样不应少于6组,每组岩样不应少于3件。土样采集位置应主要布置在滑坡主勘探线上。一般每隔2~5 m取1个原状土样,厚度小于2 m的土层及有意义的夹层也应取样,厚度大于5 m的土层每隔3~5 m取1个原状土样。控制性勘察阶段,滑带土和滑体土数量均不应少于6组;详细勘察阶段,滑带土和滑体土数量均不宜少于9组,且不应少于勘探点总数的1/5。

7. 简易水文地质观测要求

(1)开孔应采用无冲洗液钻进。孔中一旦发现水位,应立即停钻,并进行初见水位和稳定水位的测定。每隔10~15 min测1次,3次水位相差小于2 cm时,可视为稳定水位。

(2)清水钻进时,提钻后、下钻前各测1次动水位,间隔时间不小于5 min。长时间停钻,每4 h测一次水位。

(3)准确记录漏水、涌水位置,并测量漏水量、涌水量及水头高度。

(4)接近滑带时,应停钻测定滑坡体的稳定水位;终孔时,应测定全孔稳定水位。对设计要求分层观测水位的钻孔,应严格进行分层水位观测。

(5)观测记录钻进过程中的其他异常情况,如破碎、裂隙、裂缝、溶洞、缩径、漏气、涌砂和水色改变等。

8. 钻探成果要求

钻孔终孔后,应及时进行钻孔资料整理并提交该孔钻探成果,包括钻孔综合柱状图、钻孔地质小结、岩芯数码照片、简易水文地质观测记录、取样送样单等。

钻孔综合柱状图：绘图比例尺以能清楚表示该孔的主要地质现象为标准来确定，宜为1∶100～1∶200。对于岩性简单或单一的厚岩层，可以用缩减法断开表示；柱状图包括下列栏目：回次进尺、换层深度、层位、柱状图(包括地层岩性及地质符号、花纹、钻孔结构)、标志面与轴心线夹角、岩芯描述、岩芯采取率、取样位置及编号、地下水位和备注等。

钻孔地质小结：编写内容主要为钻孔周围地质概况、钻孔目的任务、孔位、施工日期、施工方法、钻孔质量、钻进过程中的异常现象、主要地质现象和地质成果分析及建议等。

六、测试与试验

在滑坡灾害勘查过程中，进行岩土体性能原位测试，采取岩石、土体、地下水等样品进行分析鉴定，为查明滑坡地质体和有关的环境地质体的地质材料特性和赋存环境，进行稳定性评价、模型试验、模拟试验，为防治工程设计提供必需的岩土体物理力学参数和水文地质参数。

(一)岩土体性能原位测试

(1)岩(土)体物理力学参数原位测试仅针对开展勘查的重要地质灾害。

(2)原位测试方法主要选择现场直剪试验和岩石声波测试等。

(3)对于规模特大、危害严重的典型滑坡，可开展滑面(带)岩体或土体现场直剪试验。

(二)室内试验

(1)在滑坡灾害勘查过程中，室内测试项目包括滑带、滑体、滑床岩(土)体物理力学性质试验、滑带黏土矿物成分及含量分析和地下水水质分析。

(2)应系统地采取岩石、土体、地下水等样品进行分析鉴定，以获得必要的参数。在地面测绘和钻探过程中，应系统采取原状岩、土样和扰动岩、土样，对有代表性的控制性钻孔进行系统取样。对每一个采样孔宜进行多种测试项目。钻孔、探井及有代表性的泉(水井)均需取样，进行水质全分析。

(3)均质土层(或岩层)内的滑坡，应在滑坡床上、下及滑坡变形带内进行取样试验，非均质土层(或岩层)内的滑坡，应逐层分别进行取样试验。在一般情况下，测定土层(或岩层)的内摩擦角、凝聚力及单位容重等是最基本的内容。

(4)岩石试样采集时，一般每一种主要岩石应采样3～5组。如岩性变化明显，可按岩性或成因类型加以控制，采样点一般应布置在代表性剖面上。

(5)土体试样采集时，一般在钻孔中分层采取，以了解每个工程地质单元的物理力学性质指标。根据各单元的重要性及其均匀性确定每个层位的取样数量。

(6)室内岩(土)物理力学性质测试指标：密度、天然重度、干重度、孔隙率、孔隙比、吸水率、饱和吸水率、抗剪强度、压缩系数等。

七、监测

(一)滑坡监测类型

滑坡监测类型包括长期监测、施工安全监测和防治效果监测。

1. 长期监测

长期监测主要对一级滑坡防治工程进行。

对于一级滑坡防治工程,须建立地表与深部相结合的综合立体监测网,并实施长期监测;对于二级滑坡防治工程,在施工期间应建立安全监测和防治效果监测点,同时可建立以简易监测为主的长期监测点;对于三级滑坡防治工程,可建立简易长期监测点。

数据采集时间间隔宜为 10~15 d。动态变化较大时,可适当加密观测次数。

2. 施工安全监测

施工安全监测对滑坡体进行实时监控,以了解由于工程扰动等因素对滑坡体的影响,并及时地指导工程实施、调整工程部署、安排施工进度等,其监测点应布置在滑坡体稳定性差,或工程扰动大的部位,力求形成完整的剖面,采用多种手段互相验证和补充。

3. 防治效果监测

防治效果监测将结合施工安全和长期监测进行,以了解工程实施后滑坡体的变化特征,为工程的竣工验收提供科学依据。其监测时间长度不应小于一个水文年,数据采集时间间隔宜为 7~10 天,在外界扰动较大时,如暴雨期间,应加密观测次数。

(二)滑坡监测内容

滑坡监测应及时获取监测信息,作为滑坡勘查的重要内容。滑坡监测分为变形监测、相关因素监测和宏观前兆监测三类。一般包括地表大地变形监测、地表裂缝位错监测、地面倾斜监测、建筑物变形监测、滑坡裂缝多点位移监测、滑坡深部位移监测、地下水监测、孔隙水压力监测、滑坡地应力监测等。

(三)滑坡监测方法

滑坡监测方法分为滑坡变形监测方法和与变形有关的监测方法两类。

1. 滑坡变形监测方法

1)简易监测法

滑坡变形简易监测法利用简单的工具进行。常用的方法有在裂缝两侧或滑面两侧(或上下)插筋(木筋、钢筋等)、埋桩(混凝土桩、石桩等)或标记,用钢尺量测其变形情况。

2)地表仪器监测法

地表仪器监测法是在滑坡地表设置专门仪器,监测其相对的或绝对的变形情况,方法很多,主要有大地测量法、全球定位系统(GPS)法、激光全息摄影法、地面倾斜仪(计)等。

3)地下仪器监测法

地下仪器监测法是指利用钻孔、平硐、竖井等,在滑坡内部设置专门仪器,监测其相对的或绝对的变形,方法也很多,主要有地下倾斜仪、多点倒锤仪、多点位移计、井壁位移计,以及钢卷尺、游标卡尺和用各种传感器、钢弦频率计制造的测缝计(二向、三向)等。

2. 与变形有关的监测方法

1)与变形有关的物理量监测方法

与变形有关的物理量监测方法有地声监测法、地应力监测法和地温监测法。

2)滑坡变形位移相关因素监测方法

常规气象监测仪器、水位标尺、水位和流量自动记录仪、测流堰、量杆、水温计、测钟、水位和流量自动记录仪、地震仪等气象、水文、水文地质等监测方法。

3)滑坡变形破坏宏观前兆监测方法

滑坡变形破坏宏观前兆监测方法主要是固定专人进行实地监测,在滑坡内设置敏感动物、电路接触器等监测。

(四)滑坡监测点网布设

滑坡变形监测网,应根据滑坡的特征及其范围大小、形状、地形地貌特征、视通条件和施测要求布设。监测网由监测线(监测剖面,简称测线)、监测点(简称测点)组成,应能形成点、线、面的三维立体监测体系,以全面监测滑坡的变形量、变形方向及其时空动态和发展趋势,满足预报的要求。

八、现场资料整理

野外现场资料整理应采取边勘查、边整理资料、边综合研究、及时提交原始成果的方法,以便及时发现问题和解决问题,以指导下一步工作。

当天野外工作完毕后,应及时将样品送达实验室进行试验,并在室内进行实际资料图的转绘和当天原始资料的分类整理工作,对当天工作进行分析研究,对后续工作提出指导意见,对发现的重大问题及时上报,按照要求计划及时进行周、月、季、半年、年度小结以及提交专题小结或报告等。野外勘查工作结束后,能够提供较为全面系统的资料整理和初步综合研究成果,为内业资料整理打下好的基础。

任务三　成果资料整理及报告编写

【任务分析】

滑坡调查与评估内业资料整理就是在野外测绘、勘探、试验、监测等各项原始资料、数据和收集已有资料的基础上,统计整理、归纳分析,绘制成图件和表格,以适应对滑坡特征认识、滑坡稳定性和危险性评价、滑坡防治等的需要。然后结合滑坡调查与评价任务和要求,写出高质量的滑坡调查与评价报告。其主要工作内容是:对实际资料进行整理分类、统计和处理;综合分析滑坡形成条件和因素;进行滑坡稳定性分析;进行图件的编制和滑坡勘查报告的编写。

【知识链接】

按照《滑坡崩塌泥石流灾害调查规范(1:50 000)》(DZ/T 0261—2014)、《滑坡防治工程勘查规范》(DZ/T 0218—2006)、《地质灾害危险性评估规范》(DZ/T 0286—2015)、《岩土工程勘察规范(2009 年版)》(GB 50021—2001)等标准规范的要求,参照地质、水文地质、工程地质、环境地质等专业的技术要求,认真、细致地完成内业资料整理,编写出高质量的滑坡灾害调查与评价报告。

【任务实施】

一、原始资料整理

(1)对所有的勘查资料都要进行系统的综合整理与分析进行研究,特别是要对多年的滑坡动态观测资料进行整理与分析,对物探、钻探与地表调查资料进行综合、对比与分析,对疑难问题(如滑动面、构造线、滑体边界及成因的分歧等)进行清理与分析。

(2)对各种原始资料应分类整理、编目、存档。及时编制各种图表,为建立滑坡数据库做好准备。在资料整理的过程中,必须重视原始资料的准确性和代表性,不能随意简化数据、选取参数。

二、滑坡稳定性评价

(一)评价的目的、任务

滑坡稳定性评价就是以现场调查资料为基础,在总结滑坡特征、发育条件、形成机制等的基础上,对滑坡以及天然斜坡或人工边坡的稳定性状态进行评价,为下一步滑坡或斜坡的治理提供依据。

(二)滑坡评价的要点

(1)确定滑坡的性质。包括滑坡的类型、规模、范围、条块和分级、滑坡发生或复活的条件。

(2)评价滑坡可能的扩大范围、危害范围。

(3)评价滑坡的发育过程、机制、目前所处的发育阶段、发展趋势及危害。

(4)人类活动在滑坡发生或复活中的主要作用及改变的可能性。

(5)滑坡转化为其他变形破坏形式的可能。

(6)滑坡稳定性计算。

(7)滑坡危险性分析。

以上评价内容中,前5项为基础评价内容,是滑坡稳定性计算和危险性分析的前提。

(三)滑坡稳定性评价的依据

滑坡稳定性评价依据有两方面,一方面是基础条件,包括滑坡自身特征及其影响因素,另一方面是对滑坡变形破坏机制进行正确分析。

1. 基础条件

(1)地形地貌、滑坡体的结构(构造)、岩土体的含水特征及其物理力学性质、伴生的地质作用和现象。

(2)滑坡作用的动力学特征(滑坡的位移速度及其数值的变化以及控制此种现象的地质作用),如地下水的最高水位、河流的高水位、水力坡度,雨水的浸泡作用和施加于滑体的外力作用(如地震惯性力产生的加速度、人为堆积荷载、震动、爆破)等及其变化方式。

(3)滑坡体变形破坏的历史资料。

(4)岩土体及滑带的物理力学参数。

2. 滑坡变形破坏机制分析

滑坡变形破坏机制分析是建立地质力学模型的基础,它是在明确主要的或控制性因素的前提下,确定斜坡变形破坏模式的过程,机制分析的目的在于建立正确的概念,避免原则性或整体性的错误。

微课1-9 滑坡稳定性评价概述

(四)滑坡稳定性评价的原理方法

1. 滑坡稳定性评价的认识定位

滑坡稳定性评价方法包括定性评价和定量评价两种。由于滑坡体本身的复杂性和影响因素的不确定性,目前的半定量或定量评价大多是定性分析评价的量化表达,在实际评价过程中一定不可把定量计算绝对化,机械地认为越是新奇复杂的方法,其计算结果越准确。滑坡稳定性评价时,必须考虑其全部自身因素和影响因素,对重要因素尽可能做出定量评价。

2. 滑坡稳定性评价方法

评价滑坡稳定性的主要方法有演变(成因)历史分析法、极限平衡理论计算法、工程地质类比法、有限元法及动态观测分析法等。工作中可根据所勘查滑坡的具体条件选择适宜的2~3种评价方法,并对不同评价方法所得结果进行对比、分析、应用。

在进行滑坡稳定性计算之前,应根据滑坡范围、规模、地质条件,滑坡成因及已经出现的变形破坏迹象,采用定性评价方法对滑坡的稳定性做出定性判断(见表1-11)。

表1-11 滑坡稳定性野外判别表

滑坡要素	不稳定	较稳定	稳定
滑坡前缘	滑坡前缘临空,坡度较陡且常处于地表径流的冲刷之下,有发展趋势并有季节性泉水出露,岩土潮湿、饱水	前缘临空,有间断季节性地表径流流经,岩土体较湿,斜坡坡度在30°~45°	前缘斜坡较缓,临空高差小,无地表径流流经和继续变形的迹象,岩土体干燥
滑体	滑体平均坡度>40°,坡面上有多条新发展的滑坡裂缝,其上建筑物、植被有新的变形迹象	滑体平均坡度在30°~40°,坡面上局部有小的裂缝,其上建筑物、植被无新的变形迹象	滑体平均坡度<30°,坡面上无裂缝发展,其上建筑物、植被未有新的变形迹象
滑坡后缘	后缘壁上可见擦痕或有明显位移迹象,后缘有裂缝发育	后缘有断续的小裂缝发育,后缘壁上有不明显变形迹象	后缘壁上无擦痕和明显位移迹象,原有的裂缝已被充填

1)定性评价方法

定性评价法是在分析滑坡的影响因素、变形特征等基础上,通过对滑坡的成因及演化历史分析来评价滑坡稳定性的方法,常用的定性评价方法有自然历史分析法和地质类比法。

微课1-10 滑坡稳定性定性评价

(1)自然历史分析法。

自然历史分析法是一种定性评价滑坡稳定性的方法,主要通过研究滑坡形成的地质历史和所处的自然地理及地质环境条件以及变形破坏特征来分析影响滑坡稳定性的因素,从而初步评价滑坡的稳定性。这种方法通过追溯滑坡发生、发展、演化的全过程来进行评价。也就是首先分析区域地质背景,主要指区域构造、地层岩性、地形地貌以及地壳运动。然后通过与滑坡变形破坏的特征相结合,建立滑坡破坏和区域地质背景的关系,从而研究滑坡变形破坏的规律。最后分析促使滑坡发育的因素,包括主导因素和诱发因素。

这种方法是一种初步的定性评价方法,是运用其他方法进行评价的基础。

(2)地质类比法。

地质类比法是将稳定性未知的滑坡与稳定性已知的与其相似的滑坡进行比较,定性评价滑坡的稳定性,未知滑坡与已知滑坡相似度越高,得到的结果就越可靠,通常采用地貌类比法、地质条件类比法、滑坡稳定影响因素类比法和滑坡迹象类比法。

2)定量评价方法

力学计算法是定量评价的方法,其中数值模拟和刚体极限平衡法是常用的方法,这里仅介绍刚体极限平衡法。根据岩土体的不同以及不同的边界条件,力学计算法计算公式较多,这里介绍几种常用的方法。

微课1-11 滑坡稳定性定量评价

(1)堆积层(包括土质)滑坡。

①滑动面为单一平面或圆弧形(见图1-3)。

瑞典条分法进行稳定性评价和推力计算,可用毕肖普法进行校核。计算公式如下:

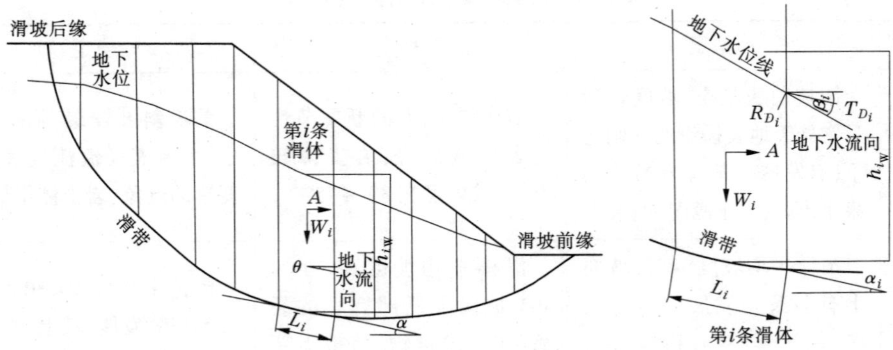

图1-3 瑞典条分法

$$K=\frac{\sum\{[W_i(\cos\alpha_i-A\sin\alpha_i)-N_{W_i}-R_{D_i}]\tan\varphi_i+C_iL_i\}}{\sum[W_i(\sin\alpha_i+A\cos\alpha_i)+T_{D_i}]}$$

其中,孔隙水压力 $N_{W_i}=\gamma_W h_{i_W}L_i$,即近似等于浸润面以下土体的面积 $h_{i_W}L_i$ 乘以水的容量 γ_W (kN/m^3)。

渗透压力产生的平行滑面分力 T_{D_i} 计算公式为:

$$T_{D_i}=\gamma_W h_{i_W}L_i\tan\beta_i\cos(\alpha_i-\beta_i)$$

渗透压力产生的垂直滑面分力 R_{D_i} 计算公式为:

$$R_{D_i}=\gamma_W h_{i_W}L_i\sin\beta_i\sin(\alpha_i-\beta_i)$$

式中 W_i——第 i 条块的重量,kN/m;
C_i——第 i 条块的内聚力,kPa;
φ_i——第 i 条块内摩擦角,(°);
L_i——第 i 条块滑面长度,m;
α_i——第 i 条块滑面倾角,(°);
β_i——第 i 条块地下水流向,(°);
A——地震加速度(重力加速度 g);
K——稳定系数。

假定有效应力 $\overline{N_i}$ 的计算公式为:

$$\overline{N_i}=(1-r_U)W_i\cos\alpha_i$$

其中,r_U 是孔隙压力比,可表示为:

$$r_U = \frac{\text{滑体水下体积} \times \text{水的容重}}{\text{滑体总体积} \times \text{滑体的容重}} \approx \frac{\text{滑体水下面积}}{\text{滑坡总面积} \times 2}$$

简化公式为：

$$K = \frac{\sum \left(\left\{ W_i[(1 - r_U)\cos\alpha_i - A\sin\alpha_i] - R_{D_i} \right\} \tan\varphi_i + C_i L_i \right)}{\sum [W_i(\sin\alpha_i + A\cos\alpha_i) + T_{D_i}]}$$

②滑动面为折线形(见图 1-4)。

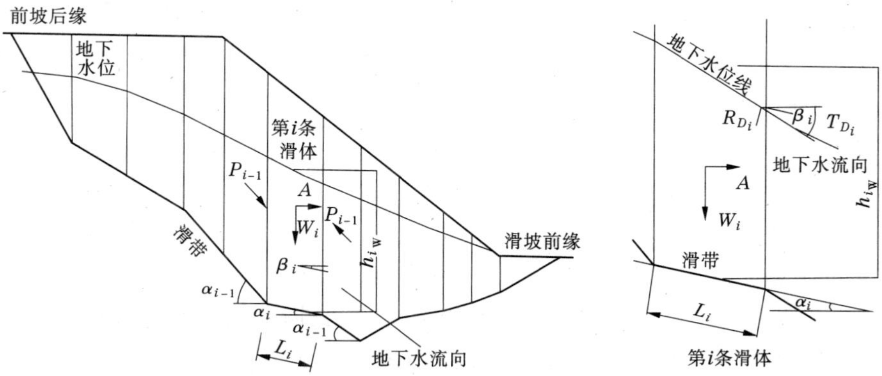

图 1-4　传递系数法

用传递系数法进行稳定性评价和推力计算，可用詹布法进行校核。计算公式如下：

$$K = \frac{\sum_{i=1}^{n-1} \left[\left(\left\{ W_i[(1 - r_U)\cos\alpha_i - A\sin\alpha_i] - R_{D_i} \right\} \tan\varphi_i + C_i L_i \right) \prod_{j=i}^{n-1} \psi_j \right] + R_n}{\sum_{i=1}^{n-1} \left\{ [W_i(\sin\alpha_i + A\cos\alpha_i) + T_{D_i}] \prod_{j=i}^{n-1} \psi_j \right\} + T_n}$$

其中

$$R_n = \left\{ W_n[(1 - r_U)\cos\alpha_n - A\sin\alpha_n] - R_{D_n} \right\} \tan\varphi_n + C_n L_n$$

$$T_n = W_n(\sin\alpha_n + A\cos\alpha_n) + T_{D_n}$$

$$\prod_{j=i}^{n-1} \psi_j = \psi_i \psi_{i+1} \psi_{i+2} \cdots \psi_{n-1}$$

式中　ψ_j——第 i 块段的剩余下滑力传递至第 i+1 块段时的传递系数($j=i$)，即

$$\psi_j = \cos(\alpha_i - \alpha_{i+1}) - \sin(\alpha_i - \alpha_{i+1}) \tan\varphi_{i+1}$$

其余字母含义同前。

(2)岩质滑坡(见图 1-5)。

用平面极限平衡法进行稳定性评价和推力计算。计算公式如下：

$$K = \frac{[W(\cos\alpha - A\sin\alpha) - V\sin\alpha - U]\tan\varphi + CL}{W(\sin\alpha + A\cos\alpha) + V\cos\alpha}$$

其中，后缘裂缝静水压力 V 计算公式为：

$$V = \frac{1}{2}\gamma_W H^2$$

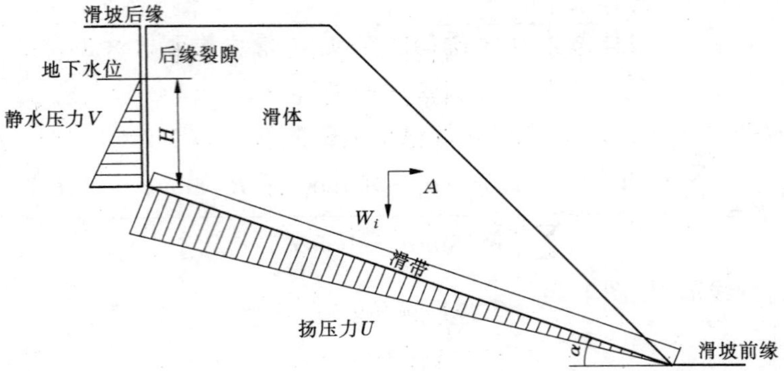

图 1-5　极限平衡法

沿滑面扬压力 U 计算公式为：

$$U = \frac{1}{2}\gamma_W LH$$

其中，各字母含义同前。

（3）确定滑坡稳定状态。

对滑坡稳定性进行定量评价时，分涉水和不涉水两种情况，采用现状、枯季、暴雨、暴雨+高水位、暴雨+水位降、水位降+地震等不同的工况计算稳定系数、确定稳定状态。

滑坡稳定状态应根据滑坡稳定系数按表 1-12 确定。

表 1-12　滑坡稳定状态划分

滑坡稳定系数 K	$K<1.00$	$1.00\leqslant K<1.05$	$1.05\leqslant K<1.15$	$K\geqslant 1.15$
滑坡稳定状态	不稳定	欠稳定	基本稳定	稳定

当稳定系数小于安全系数时，应给出剩余下滑力。滑坡推力计算应按传递系数法计算，公式如下：

$$P_i = P_{i-1} \times \psi + K_s \times T_i - R_i$$

式中　P_i——第 i 条块的推力，kN/m；

P_{i-1}——第 i 条块的剩余下滑力，kN/m。

下滑力 $T_i = W_i(\sin\alpha_i + A\cos\alpha_i) + \gamma_W h_{i_W} L_i \tan\beta_i \cos(\alpha_i - \beta_i)$

抗滑力 $R_i = W_i(\cos\alpha_i + A\sin\alpha_i) - N_{W_i} - \gamma_W h_{i_W} L_i \tan\beta_i \cos(\alpha_i - \beta_i)\tan\varphi_i + C_i L_i$

传递系数 $\psi = \cos(\alpha_{i-1} - \alpha_i) - \sin(\alpha_{i-1} - \alpha_i)\tan\varphi_i$

孔隙水压力 $N_{W_i} = \gamma_W h_{i_W} L_i$，即近似等于浸润面以下土体的面积 $h_{i_W} L_i$ 乘以水的容重 γ_W。

渗透压力平等滑面的分力 $T_{D_i} = \gamma_W h_{i_W} L_i \tan\beta_i \cos(\alpha_i - \beta_i)$

渗透压力垂直滑面的分力 $R_{D_i} = \gamma_W h_{i_W} L_i \tan\beta_i \sin(\alpha_i - \beta_i)$

当采用孔隙压力比时，抗滑力 R_i 可采用如下公式：

$$R_i = \{[W_i(1 - r_U)\cos\alpha_i - A\sin\alpha_i] - \gamma_W h_{i_W} L_i\}\tan\varphi_i + C_i L_i$$

其中，r_U 为孔隙压力比。

三、滑坡危险性分析

滑坡危险性分析指分析论证滑坡危险性，进行滑坡现状评估、预测评估。

(一)滑坡危险性现状评估

滑坡危险性现状评估主要评估内容为:基本查明滑坡所在地区的地质环境条件、滑坡分布、类型、规模、变形活动特征,主要诱发因素与形成机制,对其稳定性和危险性进行初步评价,并查明滑坡灾害对生命财产和工程设施已造成的危害。

1. 评估内容

(1)分析滑坡的形成条件和滑坡的类型、规模、发育阶段、诱发因素、活动方式及危害范围和危害性。

(2)进行滑坡稳定性评价。滑坡稳定性评价宜采用地质分析法、赤平极射投影法等,滑坡稳定性野外判别可参照表1-11进行。当有条件时,也可进行定量计算分析。

2. 评估方法

根据滑坡的稳定性及灾情,按表1-13确定危害程度、按表1-14、表1-15对其危险性现状进行评判。

表1-13 危害程度分级表

级别	险情		灾情	
	受威胁人数(人)	可能直接经济损失(万元)	死亡人数(人)	直接经济损失(万元)
严重	≥100	≥500	≥10	≥500
中等	10~100	100~500	3~10	100~500
轻微	≤10	≤100	≤3	≤100

注 1. 灾情:指已发生的地质灾害,采用"伤亡人数""直接经济损失"指标评价。
2. 险情:指可能发生的地质灾害,采用"受威胁人数""可能直接经济损失"指标评价。
3. 危害程度采用"灾情"或"险情"评价指标。

表1-14 地质灾害危险性分级

地质灾害危害程度	地质灾害发育程度		
	强发育	中等发育	弱发育
严重(大)	大	大	中等
中等	大	中等	中等
轻微(小)	中等	小	小

表1-15 滑坡灾害的发育程度评估

发育程度	特征
强	不稳定-欠稳定的特大型-中型滑坡
中	1. 基本稳定的特大型-中型滑坡; 2. 不稳定-欠稳定的小型滑坡
弱	1. 稳定的特大型-中型滑坡; 2. 基本稳定-稳定的小型滑坡

注:在各分级评价中,按就高原则,只要符合一条就可定为相应分级。

(二)滑坡危险性预测评估

对滑坡灾害危险性进行预测评估,可依据工程建设或规划区灾害体所处地质环境条件和建设场地施工、运营的特点以及调查所获信息资料的情况,采用工程地质比拟法、成因历史分析法、层次分析法、数字统计法、极限平衡理论法等定性或半定量的评估方法进行,综合预测可能形成的危险性等级。

(1)预测拟建工程引发或加剧滑坡灾害的危险性;

(2)预测建设用地遭受滑坡灾害的危险性;

(3)按表1-16预测滑坡发生的可能性,按表1-13确定危害程度,参照表1-17预测滑坡灾害危险性。

表1-16　滑坡发生可能性预测

发生可能性	描述
大	$F_s \leq 1.00$ 或 $1.00 < F_s \leq 1.05$;滑坡体处于不稳定-欠稳定状态
中	$1.05 < F_s \leq F_{st}$;滑坡危岩体处于基本稳定状态
小	$F_s > F_{st}$;滑坡体处于稳定状态

注:F_{st} 为滑坡稳定安全系数,根据滑坡防治工程等级及其对工程的影响综合确定。

表1-17　滑坡危险性预测评估分级

滑坡发生的可能性及特征	危害严重	危害中等	危害轻微
可能性大。工程布置在活滑坡的下方危及范围内、死滑坡的前缘或坡体中下部	大	大	中
可能性中等。工程布置在古滑坡下方,滑坡多年来未发现蠕动,自然诱发因素对滑坡影响不大	大	中	中
可能性小。工程布置在古滑坡下方,自然诱发因素对滑坡无影响或滑坡已治理	大	中	小

四、滑坡灾害防治方案建议

根据滑坡勘查评价结论,研究论证滑坡防治的可行性,有针对性地对滑坡防治工程提出建议。常用的方法有以下几类。

微课1-12　滑坡常见防治措施

(1)避让法:对于结构复杂、变形剧烈、实施防治工程经济上不合理或技术上难度大的滑坡,宜采取避让方案。

(2)地表水或地下水排除法:该法适用于受地表水入渗或地下水运动影响显著的滑坡。

(3)削方减载法:对于具有推移式或相似变形机制的滑坡,可采用在其后缘削方减载,在其前部堆载反压的措施,即通过改变滑坡外貌形态,达到使滑坡稳定的目的。

(4)支挡法:采用挡墙、抗滑桩等被动受力方法,阻挡滑坡的移动。

(5)锚固法:采用锚索或锚杆等,强制改变滑坡体内的应力状态,促使滑坡稳定。

(6)注浆法:通过钻孔向滑动面或滑动带内注入水泥浆或其他化学浆液,增强抗滑效果。

鉴于滑坡成分、结构和变形机制的复杂性,实际工作中常选取几种方法配合使用。

五、图表编制

在上述工作过程中或结束后,对整理、统计、分析结果,能够用图、表表示的,应及时编制各种成果图件和表格,系统、充分、全面地反映滑坡勘查评价结论成果。

图件主要有滑坡平面地质图、滑体等厚线图、滑床顶面等高线图、滑体地下水等水位线图、滑坡地质剖面图、钻孔地质柱状图以及探槽、探井、平硐展示图等。

表格有试验成果汇总表、动态观测成果表、稳定性计算参数及各类计算统计结果表等。

六、滑坡调查与评价报告编写

报告编写是滑坡调查与评价的最后工作,是将获得的各种资料,经过整理分析统计之后,以文字、图、表的形式将滑坡的类型、性质、机制、特征、稳定性及可能的危害程度等内容进行科学、客观地反映,用以解决实际问题。其中,文字报告的编写、相关图件的绘制是重点内容。

(一)编写报告的要求

(1)滑坡灾害勘查工作结束后,应及时编写正式勘查报告。一般要求在野外勘查工作结束后6个月内提交报告审查稿,并按有关规定,上报主管部门组织有关同行专家审查、批准。

(2)勘查报告要充分地反映该阶段的研究程度,满足相应阶段对滑坡灾害勘查的技术要求。

(3)在编写报告之前,项目负责人必须对所有的原始资料和图、表进行全面的认真审查。

(4)编写的滑坡勘查报告必须充分地利用获得的各种资料,科学地、客观地反映滑坡的类型、性质、机制、特征、稳定性及可能的危害程度等内容。报告应紧密地结合实际、解决问题、突出重点、便于操作。

(二)报告内容

滑坡勘查报告的内容应根据任务要求、勘察阶段、地质环境、滑坡地点等具体情况确定,报告的章节内容可以进行相应的增减。

前　言

项目来源包括立项依据,上级主管部门下达的任务。勘查工作评述:勘察目的与任务、规划概况、勘察工作概况、前人研究程度、执行的技术标准、完成的主要实物工作量及勘察质量评述。

第一章　区域自然地理、经济概况

滑坡所在区自然地理条件,包括位置与交通状况、气象、水文(包括水位变动)、社会经济概况。

第二章　区域地质环境

滑坡所在区域地质环境,包括地形地貌、地层岩性、地质构造与地震、水文地质特征。

第三章　滑坡特征分析

滑坡基本特征，包括形态特征及边界条件、滑体特征、滑带特征、滑床特征、近期变形破坏特征、影响因素及形成机制、滑坡类型。

第四章　滑坡稳定性评价

包括滑坡稳定性的定性分析、滑坡稳定性计算、稳定性评价，其中计算部分包括试验数据的分析统计、监测成果分析、计算模式与方法、计算参数的确定及影响因素敏感性分析、计算工况的确定。

第五章　滑坡防治建议

包括防治方案建议和防治工程设计参数。

第六章　滑坡防治效益评价

包括经济效益、社会效益和环境效益。

第七章　结论与建议

(三)附图、附表及附件

1. 附图

可根据勘查工作的目的和任务，结合滑坡区的具体情况，必须编制或选择编制或合并编制以下图件：实际材料图、滑坡区勘查工作布置图（必须编制）、区域地质图或滑坡区地质图、滑坡区工程地质图（必须编制）、滑坡区水文地质图、滑坡区地面变形及动态观测布置图（可与滑坡区工程地质图结合编制）、典型钻孔（竖井）综合地质柱状图（至少编制1幅图）、滑坡纵（主轴）剖面图（至少编制1幅图）、滑坡横剖面图（至少编制1幅图，可与滑坡纵剖面图合并）、滑坡区变形观测及地下水动态观测曲线图、滑坡稳定性计算评价图及必要的钻探、物探、坑探、硐探剖面图、遥感解译图等。

2. 附表

勘察工作过程中收集和获得的全部原始测试数据，计算过程的中间结果和最终结果，均应系统整理、列表，装订成册，与报告内容直接相关的，应作为报告的附表。

包括：岩、土、水样化学成分（含同位素）、水理性质、物理力学性质试验成果汇总表；滑坡区地表、地下变形及地下水动态观测成果表；钻孔、竖井、坑道（平硐）综合试验成果表；稳定性计算参数及计算结果表等。

3. 附件

凡与勘查报告内容有密切关系，而报告中又未详细论述的遥感、物探、钻探、硐探、坑（槽）探专题报告、试验报告以及反映滑坡全貌、微地貌特征、成因、类型、灾情的典型照片、录像片、航空照片、卫星照片等，均应作为报告附件提交。

知识小结

滑坡是一种突发性的地质灾害，由滑坡体、滑动面和滑坡床等要素组成，其形成是由于受到地形地貌、岩土类型、地质构造、降水等内部条件和外部因素的共同作用。其发育过程分为蠕变、蠕滑、滑动和滑动停止四个阶段。按滑坡体的主要物质组成可分为堆积体（土质）滑坡和岩质滑坡等；在野外可通过滑坡微地貌（形态）识别法、滑体组成结构判别法和滑体上地物变形判别法识别滑坡。滑坡勘查划分为滑坡调查、可行性论证阶段勘查、设计阶段勘查、施工阶段勘查四个步骤。滑坡调查的主要内容可分为滑坡区调查、滑坡体调查、滑坡成因调查、滑坡危害情况调查及滑坡防治情况调查。滑坡调查方法主要有工程地质测绘、勘探、测试与试验、监测等。滑坡稳定性包括定性评价和定量评价两种方式。定性评价的方法主要有自然历史分析法和地质类比法等。定量评价方法主要是力学计算法，其中数值模拟和刚体极限平衡法是常用的方法。

知识训练

1. 滑坡是什么？滑坡要素包括什么？
2. 滑坡的形成条件有哪些？滑坡发育划分为哪几个阶段？
3. 滑坡形成过程是什么？
4. 如何识别滑坡？
5. 滑坡调查各阶段的调查要点有哪些？区别有哪些？
6. 滑坡现场调查的技术方法有哪些？
7. 滑坡调查可分为哪几个阶段？
8. 滑坡调查中工程地质测绘的主要任务是什么？其工作程序是什么？
9. 滑坡调查中勘探方法有哪些？每种方法可以解决什么问题？
10. 滑坡调查中常采用的山地工程有哪些？其作用分别是什么？
11. 工程地质测绘实测剖面的作用是什么？如何开展实测剖面工作？
12. 工程地质测绘如何布置野外观测线、观测点？
13. 滑坡稳定性评价方法主要有哪些？
14. 如何进行滑坡危险性现状评估？
15. 如何进行滑坡危险性预测评估？

项目二　崩塌调查与评价

码2-1　崩塌调查与评价

学习目标

知识目标：

1. 掌握崩塌的形成条件、崩塌的特点、崩塌的分类。
2. 掌握崩塌调查与评价的工作方法和工作程序。
3. 掌握崩塌的防治措施。

能力目标：

1. 具有崩塌野外调查的能力。
2. 具备崩塌稳定性评价、资料整理及编写报告的能力。
3. 具备初步选择防治方案的能力。

任务思考

1. 崩塌与滑坡的区别在哪些方面？
2. 如何开展崩塌野外调查？
3. 如何进行崩塌稳定性评价？

任务一　准备工作

【任务分析】

崩塌是斜坡破坏的一种形式，发生突然，竖向位移大，历时时间短，撞击能力强，具有较大的破坏性，熟悉关于崩塌的形成因素、发育特征等知识，掌握崩塌灾害调查要点，收集调查区相关资料是进行崩塌灾害调查与评价的基础。

【知识链接】

按照《滑坡崩塌泥石流灾害调查规范(1∶50 000)》(DZ/T 0261—2014)、《地质灾害排查规范》(DZ/T 0284—2015)、《地质灾害危险性评估规范》(DZ/T 0286—2015)等相关标准规范的要求，做好前期准备工作。

【任务实施】

一、知识储备

微课 2-1　崩塌定义

(一) 崩塌概述

1. 崩塌

1) 崩塌的概念

高陡斜坡(含人工边坡)上的岩(土)体完全脱离母体后,以滚动、跳动、坠落等为主的移动现象与过程,称为崩塌。危岩体是正在开裂变形,并可能发生崩滑的危险山体。崩塌发生在土体中称为土崩,发生在岩体中称为岩崩,规模巨大、涉及山体称为山崩,大小不等、零乱无序的岩块(土块)呈锥状堆积在坡脚,称为崩塌堆积物、岩堆或倒石堆。

2) 崩塌和滑坡的区别

(1) 滑坡运动一般是缓慢的,而崩塌则相对猛烈、快速得多。

(2) 滑坡常沿着固定的滑动面移动,而崩塌一般没有固定的运动轨迹。

(3) 滑体基本上能保持原有的整体性,而发生崩塌的岩土体的整体性则遭到破坏。

(4) 绝大多数滑坡的水平位移大于垂直位移,而崩塌恰好相反。

3) 崩塌体的识别

可能发生崩塌的坡体在宏观上有如下特征:

(1) 坡度常大于 45°,且高差较大,或坡体成孤立山嘴或为凹形陡坡。

(2) 坡体内部裂隙发育,尤其垂直和平行斜坡延伸方向的陡裂缝发育,并且切割坡体的裂隙、裂缝可能贯通,使之与母体(山体)形成分离之势。

(3) 坡体前部存在临空空间或有崩塌物发育,这说明曾经发生过崩塌,今后还可能再次发生。

具备了上述特征的坡体,极有可能是发生崩塌的崩塌体(见图 2-1),尤其当上部拉张裂缝不断扩展、加宽,速度突增,小型坠落不断发生时,预示着崩塌很快就会发生,处于一触即发的状态之中。

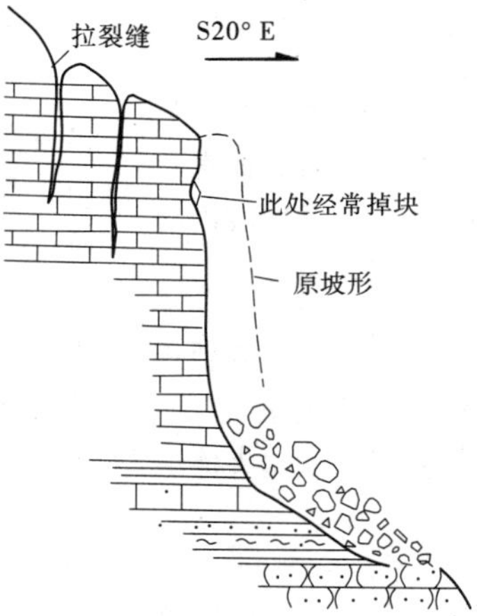

图 2-1　崩塌体

2. 崩塌的形成条件

1) 岩性条件

通常岩性坚硬的各类岩浆岩、变质岩及沉积岩的碳酸盐岩、石英砂岩、沙砾岩、初具成岩性的石质黄土、结构密实的黄土等形成规模较大的岩崩,页岩、泥灰岩等互层岩石及松散土层等,往往以坠落和剥落为主。

微课 2-2　崩塌形成条件

2) 构造条件

各种构造面,如节理、裂隙、层面、断层等,对坡体的切割、分离,为崩塌的形成提供脱离体(山体)的边界条件。

3）地形地貌条件

江、河、湖（岸）、沟的岸坡及各种山坡、铁路、公路边坡，工程建筑物的边坡及各类人工边坡都是有利于崩塌产生的地貌部位，坡度大于 45°的高陡边坡，孤立山嘴或凹形陡坡均为崩塌形成的有利地形。

4）气候条件

气候对崩塌的形成也起到一定的促进作用。干旱和半干旱气候区，由于物理风化强烈，导致岩石机械破碎而发生崩塌。季节性冻结区，由于斜坡岩石中裂隙水的冻胀作用，亦可以导致崩塌的发生。

微课 2-3
崩塌的分类

5）其他因素

除上述条件外还受人为因素、开挖坡脚、蓄水排水、堆填加载、破坏植被等因素的影响。

3. 崩塌的分类

（1）根据发生地层的物质成分分为黄土崩塌、黏性土崩塌、岩体崩塌。

（2）根据崩塌形成机制分类（见表 2-1）。

微课 2-4　崩塌模式

表 2-1　崩塌形成机制分类

类型	说明					
	岩性	结构面	地貌	崩塌体形状	受力状态	起始运动形式
倾倒式崩塌	黄土、石灰岩及其他直立或陡倾坡内的岩层	多为垂直节理、陡倾坡内-直立岩层面	峡谷、直立岸坡、悬崖等	板状、长柱状	主要受倾覆力矩作用	倾倒
滑移式崩塌	多为软硬相间的岩层，如石灰岩夹薄层页岩	有倾向临空面的结构面（可能是平面、楔形或弧形）	陡坡通常大于 55°	可能组成各种形状，如板状、楔形、圆柱状等	滑移面主要受剪切力	滑移
鼓胀式崩塌	直立的黄土、黏土或坚硬岩石下有较厚软岩层	上部为垂直节理、柱状节理，下部为近水平的结构面	陡坡	岩体高大	下部软岩受垂直挤压	膨胀，伴有下沉、滑移、倾移
拉裂式崩塌	多见于软硬相间的岩层	多为风化裂隙和重力拉张裂隙	上部突出的悬崖	上部硬岩层以悬臂梁形式凸出来	拉张	拉裂
错断式崩塌	坚硬岩石或黄土	垂直裂隙发育，通常无倾向临空面的结构面	大于 45°的陡坡	多为板状、长柱状	自重力引起的剪切力	错断

（3）根据崩塌的特征、规模及其危害程度分类（见表2-2）。

表2-2　崩塌的特征、规模及其危害程度分类

类型	说明
Ⅰ	山高坡陡，岩层软硬相间，风化严重，岩体结构面发育，松弛且组合关系复杂，形成大量破碎带和分离体，山体不稳定，破坏力强，难以处理
Ⅱ	介于Ⅰ类和Ⅲ类之间
Ⅲ	山体较平缓，岩层单一，风化程度轻微，岩体结构面密闭且不甚发育或组合关系简单，无破碎带和危险切割面，山体稳定，斜坡仅有个别危石，破坏力小，易于处理

（4）根据崩塌的规模等级分类（见表2-3）。

表2-3　崩塌的规模等级分类

等级	巨型	特大型	大型	中型	小型
体积 V（万 m^3）	$V \geq 1\ 000$	$1\ 000>V \geq 100$	$100>V \geq 10$	$10>V \geq 1$	$V<1$

（二）崩塌调查与评价要点

1. 目的

查明区内重大崩塌、危岩体灾害，为国民经济发展规划、灾害监测预报、减灾防灾、防治工程可行性研究等提供可靠的依据。

2. 基本任务

（1）调查崩塌区内自然地理、自然地质环境和人为地质环境。

（2）查明崩塌灾害体的地质要素、灾害要素、监测和防治要素。

（3）分析评价崩塌灾害的危险性和灾情，进行崩塌灾害防治工作论证。

3. 崩塌调查要点

崩塌调查包括危岩体调查和已有崩塌堆积体调查。

1）危岩体调查内容

危岩体调查应包括下列内容：

（1）危岩体位置、形态、分布高程、规模。

（2）危岩体及周边的地质构造、地层岩性、地形地貌、岩（土）体结构类型、斜坡组构类型。

（3）危岩体及周边的水文地质条件和地下水赋存特征。

（4）危岩体周边及底界以下地质体的工程地质特征。

（5）危岩体变形发育史。历史上危岩体形成的时间，危岩体发生崩塌的次数、发生时间，崩塌前兆特征、崩塌方向、崩塌运动距离、堆积场所、崩塌规模、引发因素，变形发育史、崩塌发育史、灾情等。

（6）危岩体成因的动力因素。包括降水、河流冲刷、地面及地下开挖、采掘等因素的强度、周期以及它们对危岩体变形破坏的作用和影响。

（7）分析危岩体崩塌的可能性，初步划定危岩体崩塌可能造成的灾害范围。

（8）危岩体崩塌后可能的运移斜坡，在不同崩塌体积条件下崩塌运动的最大距离。

（9）危岩体崩塌可能到达并堆积的场地的形态、坡度、分布、高程、地层岩性与产状及该

场地的最大堆积容量。

(10)调查崩塌已经造成的损失、崩塌进一步发展的影响范围及潜在损失。

2)已有崩塌堆积体调查内容

已有崩塌堆积体调查应包括下列内容：

(1)崩塌源的位置、高程、规模、地层岩性、岩(土)体工程地质特征及崩塌产生的时间。

(2)崩塌体运移斜坡的形态、地形坡度、粗糙度、岩性、起伏差、崩塌方式、崩塌块体的运动路线和运动距离。

(3)崩塌堆积体的分布范围、高程、形态、规模、物质组成、分选情况、植被生长情况、块度、结构、架空情况和密实度。

(4)崩塌堆积床形态、坡度、岩性和物质组成、地层产状。

(5)崩塌堆积体内地下水的分布和运移条件。

(6)评价崩塌堆积体自身的稳定性和在上方崩塌体冲击荷载作用下的稳定性,分析在暴雨等条件下向泥石流、崩塌转化的条件和可能性。

二、资料收集及工作设计书的编写

接受主管部门或委托单位的勘查任务书,并认真分析研究,全面系统地收集崩塌区的地形地貌、气象水文、地质环境条件、崩塌迹象以及前人防治情况等有关资料,编制工作设计书,并做好人员的组织工作,工具、设备、材料等物资筹备工作。

设计书编写应在充分收集已有资料的基础上,分析研究调查区存在的主要问题。应做到任务明确,依据充分,各项工作部署合理、技术方法先进可行、措施有力,文字简明扼要、重点突出,所附图表清晰齐全。

任务二　现场勘查

【任务分析】

按照工作设计书的任务要求,参照相关规范标准,分阶段、按程序进行野外勘查工作。工程地质测绘是重要的方法之一,应掌握工程地质测绘的工作程序、要求和精度、对崩塌的研究描述内容,并了解其他方法对崩塌调查的要点内容。

【知识链接】

按照《滑坡崩塌泥石流灾害调查规范(1∶50 000)》(DZ/T 0261—2014)、《地质灾害排查规范》(DZ/T 0284—2015)、《地质灾害危险性评估规范》(DZ/T 0286—2015)、《工程地质手册》等相关标准规范的要求,做好工作。

【任务实施】

按照野外工作一般流程,依据相关规范标准和任务书要求,崩塌灾害勘查工作与前述滑坡灾害勘查相类似,并在很多情况下是和滑坡一并调查评价的。

崩塌(危岩体)灾害勘查,依据成灾的可能性、危害程度、崩塌规模、监测及防治工作的需要,一般分为初勘、详勘、防治工作可行性论证阶段勘查及防治工程设计阶段勘查。

崩塌灾害调查的主要勘查方法有遥感图像解译、工程地质测绘、勘探(地球物理勘探、山地工程、钻探)、测试与试验、动态监测等。

一、遥感图像解译

遥感图像能直观、逼真地显示区内地形、地貌、地质和水文等的整体轮廓与形态。其视域广,宏观性强。可用于对测区的自然地理、地质环境和对需勘查的崩塌体的整体了解和宏观认识,指导野外勘查的整体部署、勘探剖面和勘探网点的布设及施工场地的选择等,可以减少盲目性,节省时间、人力、物力和投资。应充分利用航片的多时相动态特征和红外的信息特征,初步判定崩塌体及其相关堆积物的变化。发现潜在崩塌体的变形特征和重点变形破坏部位,指导勘探工作布置。

二、工程地质测绘

(一)野外工作的准备

工程地质测绘是最基本、最重要和最经济的地表勘查手段。根据任务书及有关规范,经过对所收集资料的分析研判、遥感图像解译,以及必要的野外现场踏勘,编写测绘设计书,明确工作重点,做好全面野外工作开始的准备。

(二)实测地层剖面

开展测绘之前,应实测地层剖面,建立地层岩性柱状图,确定填图单元。

(三)测绘

1. 基本要求

(1)比例尺:综合区域工程地质测绘为1:25 000~1:50 000;崩塌灾害环境地质测绘初步调查为1:10 000~1:1 000,可行性论证阶段测绘为1:2 000~1:500。

(2)测绘范围:外围环境地质调查,以查明与崩塌体生成有关的地质环境和小区域内崩塌发育规律为准;崩塌体的测绘范围应为其初步判断长宽的1.5~3倍,并应包含其可能造成危害及派生灾害成灾的范围。

(3)测绘精度:使用与测绘比例尺同等或稍大的地形图。图上误差不应大于2 mm。按测绘比例尺大小选择仪器、半仪器、目测进行测量定点。

(4)测绘方法:采用穿越和追索相结合。重要边界要追索。覆盖地段应采取人工揭露。

(5)观测点布置:布置应目的明确、密度合理,崩塌边界、地质构造、裂缝等要有足够的点控制。观测点之间图上间距2 cm(可根据实际情况进行疏密调整)。

(6)样品采集:采集具代表性的岩土样、水样进行鉴定和室内试验。

(7)现场资料整理:测绘过程中应经常校对原始资料,及时进行分析,及时编制各种分析图表,及时进行资料整理和总结,及时发现问题和解决问题,指导下一步工作。

2. 测绘内容

测绘按照设计书的安排,采用穿越和追索相结合方法,布置岩性点、地貌点、地质构造点、裂隙统计点、水文地质点、外动力地质现象点、裂缝调查点、崩塌壁调查点、崩塌体调查点、崩塌变形点、灾情调查统计点、人类工程活动调查点、采样点、试验点、长期观测点、监测

点等类型的观测点进行调查。应查明如下内容:

(1)地形地貌及崩塌类型、规模、范围,崩塌体的大小和崩落方向。

(2)岩体基本质量等级、岩性特征和风化程度。

(3)地质构造,岩体结构类型,结构面的产状、组合关系、闭合程度、力学属性、延展及贯穿情况。

(4)气象(重点是大气降水)、水文、地震和地下水的活动。

(5)崩塌前的迹象和崩塌原因。

(6)当地防治崩塌的经验。

工作结束,原始资料整理完毕,应组织野外验收。在全面系统的资料整理和初步分析研究的基础上,应提出以下原始成果:①实际材料图;②野外地质草图;③实测地层柱状图;④实测地层剖面图;⑤观测点记录卡片;⑥山地工程记录表及素描图;⑦长期观测记录和监测记录;⑧岩土、水样试验成果一览表;⑨照片册;⑩文字总结;⑪数据化的资料。

三、勘探

(一)一般要求

(1)对于威胁县城、集镇、重要公共基础设施且稳定性差的危岩体和崩塌体,应进行勘探。

(2)勘探方法应以物探、剥土、探槽、探井等山地工程为主,可辅以适量的钻探验证。

(3)危岩体和崩塌体应有不低于1条的实测剖面,每条勘查剖面的勘探点不少于3个。

(4)勘探孔的深度应穿过堆积体或探至拉裂缝尖灭处。

(5)勘探成果应包括危岩体和崩塌区的范围、类型,稳定性与危险程度,以及防治措施的建议。

(二)地球物理勘探

物探与钻探、山地工程、地面测绘相结合,则可以充分发挥其快速的“面”上探查优势,取得更富有成效的成果,同时为布置钻探及山地工程、减少钻探及山地工程提供依据,节约投资。

根据设计书提出的物探任务,遵照有关物探规范,选择合适的物探方法,充分发挥其特长,并与钻孔和山地工程等相互验证,提高其成果的准确性和应用价值。

(三)山地工程

根据崩塌灾害勘探任务的要求,可选择布置剥土、坑探、槽探、井探、硐探等山地工程方法,直接观察、采样或测试,揭露查明危岩体崩塌的内部特征,并能检查钻探、物探成果的可靠性。

(1)山地工程应符合勘探点线布设原则和要求。

(2)山地工程根据揭露地质情况,选择不同揭露深度的类型。

(3)按照山地工程地质编录要求,应及时编录。

(4)对山地工程开挖过程中出现的各种现象,要及时记录、拍摄影像等。

(5)对山地工程的帮、底、顶要按一定比例(一般为1:20~1:100)绘制素描图。

(四)钻探

依据崩塌灾害勘探任务和要求,在物探、剥土、探槽、探井等山地工程基础上,辅以适量的钻探工程进行取样、试验、监测等工作,进一步对崩塌(危岩体)的地质环境、形态特征、规模大小进行验证和确认。

(1)施工前要编制专门的钻孔设计书(目的、类型、深度、结构、钻探工艺等)。

(2)钻孔深度应穿过崩塌体底界,进入稳定岩(土)体 3~5 m。

(3)钻孔地质编录按要求对岩芯进行岩性、结构构造,特别是节理裂隙详细描述、记录、统计;对钻探过程中出现的各种现象诸如漏水、涌水、坍塌、掉块等进行记录;按照要求进行取样、试验、探测等工作。

(4)钻孔终孔后,要及时整理并提交钻探成果,包括钻孔设计书、钻孔柱状图、岩芯素描图、岩芯照片、简易水文地质观测记录、取送样单、钻孔报告书等。钻孔柱状图的比例尺一般为 1∶100~1∶200,以能清楚表示主要地质现象为准。图的内容、样式、标注等应符合相应的规范要求。

四、测试与试验

测试与试验目的是查明崩塌地质体及其赋存环境,为稳定性评价、模型试验、模拟试验和防治工程设计提供必需的岩土物理力学和水文地质条件等参数。对于初步选定的防治工程持力层的岩、土体,可根据防治工程的类型、荷载、受力方式和可能产生的变形形式选择测试项目。如评价持力层的抗滑稳定性、岩体抗拉稳定性、地基承载力和抗滑稳定性等。

(1)对岩(土)样进行成分鉴定,物理力学性质、水理性质测试。

(2)测试工作的重点应放在崩滑带。除采样测试外,还应与其他现场试验相结合,充分利用在钻探、山地工程中的取样和试验。如标准贯入试验、旁压试验、深部采样和水文地质试验可充分利用钻探;表层采样和原位试验可充分利用山地工程。

(3)试验的对象、内容和方法,要与工作阶段及其精度要求相一致。

(4)测试结束后,应提交对崩塌地质体的综合测试报告,内容包括:①测试对象、试验方案、试验项目的确定及依据;②试验要求及有关规范;③试验技术及试验过程(试验概述、试件制备、试件数量及特征、试验仪器、试验程序、成果整理);④试验成果及综合分析;⑤试验成果建议值。试验成果只能作为稳定性计算和防治工程设计的参考。计算参数及设计参数取值应在反演分析及其他分析的基础上,结合试验成果、模型试验、模拟试验和专家经验等予以综合确定。

五、动态监测

崩塌灾害调查评价中,在进行崩滑变形体的活动性、稳定性、发展趋势的分析评价,安全预警预报,论证防治工程设计时,对崩塌(危岩体)变形规模、大小、方向、分布等以及对崩塌(危岩体)形成因素的动态监测具有非常重要的意义。

动态监测主要是对绝对位移、相对位移、倾斜程度、地应力、地下水、地表水、地震、人类活动等要素,通过布设在监测点上的各类设备定期或不定期连续进行记录观测,以获取数据信息。

六、现场资料整理

崩塌灾害调查中同样要求对现场资料进行边勘查、边整理,在野外勘查工作结束时,能够提供较为全面系统的原始资料和初步成果,为内业资料整理打下良好的基础。

任务三　成果资料整理及报告编写

【任务分析】

崩塌调查与评价投入的人力物力,最终体现为调查评价报告,要使报告能为监测预报、减灾防灾、防治工程可行性研究和工程设计提供可靠依据,必须高度重视监测资料整理与成果编制工作。崩塌调查与评价内业资料整理和其他灾害调查类似,就是在测绘、勘探、测试、检验与监测所得各项原始资料、数据和收集已有资料的基础上,对其进行全面、系统的整理分类、统计和处理、综合分析,最终提交对崩塌(危岩体)形成条件、影响因素、稳定性、危险性的调查与评价报告。

【知识链接】

按照《滑坡崩塌泥石流灾害调查规范(1∶50 000)》(DZ/T 0261—2014)、《地质灾害危险性评估规范》(DZ/T 0286—2015)、《岩土工程勘察规范(2009 年版)》(GB 50021—2001)等标准规范的要求,参照地质、水文地质、工程地质、环境地质等专业的技术要求,认真、细致地完成内业资料整理,编写出高质量的崩塌灾害调查与评价报告。

【任务实施】

对原始资料进行综合整理、数理统计和分析研究,要理清崩塌灾害的地质要素、灾害要素、环境要素,概化出地质模型、力学模型、力学参数、形成机制及变形破坏特征,评价其稳定性,进行危险性分析和灾情预评估,分析环境地质体,评价防治条件,进行防治方案的选择和防治论证。

一、原始资料整理

野外工作结束时,要对各种原始资料进行系统的综合整理、分析统计、分门别类、编目存档。

二、崩塌稳定性评价

(一)崩塌稳定性评价的目的

崩塌(危岩体)稳定性评价的目的是为崩塌成灾的可能性和危险性评价提供依据,为防灾抗灾和编制防治工程可行性报告提供依据。崩塌稳定性评价就是进行崩塌(危岩体)稳定性现状评价和稳定性预测评价。

微课 2-5　崩塌稳定性评价

(二)崩塌稳定性评价的方法

崩塌稳定性评价的方法有地质分析、数理分析、概率分析、模型试验和模拟试验以及利用动态监测资料分析判断等。由于灾害地质体的复杂性和认识的局限性,仅仅采用某一种方法就下结论,是有很大风险的,应采用多种方法进行综合判断。由于地质灾害的主控因素是地质结构,因此地质分析法是稳定性评价的最基本方法。

地质分析法是根据勘查和其他方法所获得的资料,运用工程地质学等多学科知识对崩滑地质体进行稳定性分析评价的一种方法。它包含了变形史分析法、工程地质类比法、岩体稳定的结构分析法(含图解分析法)以及其他一些分析方法。这些方法系统地归属于地质灾害分析的统一范畴,可分为理论分析和类比分析。在分析中应确立地质灾害研究的系统观,即地质灾害系统内部的相互有机联系原则、整体性原则、有序性原则和动态原则。灾害的地质分析是稳定性评价的基础,是最重要的分析方法,具有宏观决策的重要意义。

(三)稳定性评价的一般要求

(1)查明可能失稳的地质体的边界条件和荷载条件是稳定性评价的重要前提。荷载条件包括自重力、静水压力、动水压力、扬压力、库水压力、浮托力、地震力、人工动力、地应力和工程荷载等。稳定性现状评价主要考虑已经产生并持续作用的荷载,预测评价则要考虑到可能发生的特殊荷载,如地震、暴雨、人工动力等。

(2)分析和动态监测资料仍是稳定性评价的基础。重视监测资料的分析。变形监测资料直观地表征崩塌体的稳定性,在稳定性评价中具有决策意义。相关因素的监测资料则会加深对变形因素和变形机制的认识。

(3)根据崩塌体的实际条件,合理地选取计算参数。应通过反演分析和地质类比分析,综合考虑,选取参数。

(4)应采用多种方法进行崩塌体的稳定性评价。至少采用两种方法,以相互补充、验证和综合评价。

(5)评价方式的选择与工作阶段有关。初步调查阶段只需进行地质分析,取得定性评价结果;详细调查就要采用地质分析与极限平衡分析相结合;可行性研究阶段就应采用多种方法进行评价。

(四)稳定性评价应提交的成果

稳定性评价包括单项评价报告及附图以及综合分析报告。

单项评价报告如有限元法、极限平衡法、模拟试验成果等。

综合分析报告包括崩塌体稳定性现状评价、崩塌体发展趋势及稳定性预测、派生灾害的预测。报告附图为:①崩塌稳定性评价图;②崩塌运移堆体分布预测图;③其他图件。

崩塌(危岩)按发育特征将其发育程度划分为强、中、弱三级(见表 2-4)。

表 2-4 崩塌(危岩)的发育程度分级表

发育程度	发育特征
强	崩塌(危岩)处于欠稳定-不稳定状态,评估区或周边同类崩塌(危岩)分布多,大多已发生。崩塌(危岩)体上方发育多条平行沟谷的张性裂隙。主控裂隙上宽下窄,且下部向外倾,裂隙内近期有碎石土流出或掉块,底部岩土体有压碎或压裂状;崩塌(危岩)体上方平行沟谷的裂隙明显
中	崩塌(危岩)处于欠稳定状态,评估区或周边同类崩塌(危岩)分布较少,有个别发生。危岩体主控破裂面直立呈上宽下窄,上部充填杂土,生长灌木、杂草,裂面内近期有掉块现象;崩塌(危岩)上方有细小裂隙分布
弱	崩塌(危岩)处于稳定状态,评估区或周边同类崩塌(危岩)分布但均无发生,危岩体破裂面直立,上部充填杂土,灌木年久茂盛,多年来裂面内无掉块现象;崩塌(危岩)上方无新裂隙分布

三、崩塌危险性分析及灾情预评估

(一)危险性分析

危险性分析是在稳定性评价的基础上对崩塌体成灾的可能性和发生的概率进行分析评价。包括崩塌体稳定性安全系数(K)、主要致灾因素发生概率、受灾对象与致灾作用遭遇的概率和崩塌灾害目前发育阶段、监测预报分析等。

1. 崩塌体稳定性安全系数(K)分析

安全系数(K)是人为对地质灾害成灾可能性设定的评价标准和系数,不同于稳定系数(F)。从理论上讲,$K=F=1$ 即无危险,但因自然界的复杂性和人类认识的局限性,存在着由于地质模型、力学模型和参数取值而导致的评价误差,安全系数的界限值应将这些误差考虑进去。设误差值为 u,$K>1+u$,表示无危险;$1-u<K<1+u$,表示略危险;$1>K>1-u$,表示较危险;$K<1-u$,表示危险。u 的取值应视评价方法的成熟、准确程度,灾害的危险性、重要性而定,一般取 0.15~0.20。

2. 主要致灾因素发生概率分析

主要致灾因素发生的概率可用主要致灾动力达到致灾强度的概率来表示。如暴雨型崩塌或在暴雨条件下激发的崩塌,当其阈值与某种降水强度(或降水时间)相当时,可将该降水发生的概率作为崩塌发生的概率。当崩塌在某级地震条件下稳定系数小于1时,则可将该级地震的发生概率作为崩塌发生的概率。当崩塌体在强降水和强地震叠加的条件下 K 值才小于1时,崩塌发生概率则为该强度的降水概率与地震概率之积。

3. 受灾对象与致灾作用遭遇的概率分析

(1)受灾对象与致灾作用遭遇的概率,可用受灾对象的存在或使用年限与致灾作用的年发生概率之积求得:

$$P=RT$$

式中　R——致灾作用的年发生概率;

T——受灾对象的存在年限。

(2)凡可运移的,如居民、公路、铁路、输电线路、通信线路等,其遭灾概率取决于不搬迁年限,其每年的遭灾概率即是致灾作用的年发生概率。

(3)永久性存在的,如土地、水路等,只要致灾作用在其上发生,其遭灾的概率是100%。应对长期监测资料进行分析,判断目前所处的变形阶段,根据预报模型初步预测可能成灾的时段。

(二)灾情预评估

灾情预评估是对崩塌灾害可能产生的直接经济损失、间接经济损失、威胁人员及伤亡人数及产生的社会影响、环境影响进行分析评价,评判灾害程度(灾损度)。目的是为崩塌灾害的防治决策和防治方案选择提供依据。

微课 2-6　崩塌危害

(1)准确划定灾害范围,应力求准确。灾害范围包括崩塌体范围、崩塌体运动所达到的范围、崩塌派生灾害的危害范围。

(2)灾情预评估的内容包括灾害范围内可能造成的直接和间接经济损失、造成的人员伤亡及受威胁人员数、社会影响损失及环境破坏等。

(3)灾情预评估可参照滑坡灾害预评估。

四、防治方案选择

微课 2-7 崩塌的防治措施

崩塌一般发生得突然，治理比较困难，所以一般应采取预防为主的原则。

在工程选线、选址时，对可能发生大、中型崩塌的地段，应尽量避开。若完全避开有困难，则应离开崩塌影响范围一定的距离，以便减少防治工程量。对可能发生小型崩塌的地段，可根据地质地形条件，在避开和防治工程之间进行经济技术因素比较。

崩塌的防治措施主要如下：

(1)排水。布置排水工程，对水进行拦截疏导，防止水渗流入岩土体而加剧岩土体的破坏失稳。

(2)削坡。崩塌岩土体的体积及数量不大，岩石的破碎程度不严重时，可以采用全部清除并放缓边坡的措施。

(3)坡面加固。为防止风化发展，可以在坡面上喷浆或将坡面铺砌覆盖。发生崩塌的高边坡，可采用边坡锚固方法。

(4)拦截防御。岩土体严重破碎，经常发生落石地段，可以采用柔性防护系统或拦石墙等措施。

(5)危岩支顶。边坡上局部悬空的较完整岩体也可能成为危岩，对其可以采用钢筋混凝土立柱、浆砌片石支顶或柔性防护系统等措施。

五、图表绘制

野外工作结束，转入内业后，在对所取得的资料要进行全面系统的整理和综合分析研究的过程中，往往会有大量的图和表需要及时编制，应努力提高成果的质量和水平。

图件主要有崩塌区工程地质图、崩塌区水文地质图、地下水等水位线图、地下水埋深等值线图、崩塌面等高线图、监测点分布及位移矢量图、崩塌灾害危险区分布图、崩塌派生灾害危险区分布图、崩塌灾害防治方案布置图、重要平斜硐、竖井素描图等。

表格有试验成果汇总表、动态观测成果表、稳定性计算参数及各类计算统计结果表等。

六、崩塌调查与评价报告编写

报告内容应简明扼要，条理清楚，逻辑性、系统性强。要针对任务要求进行阐述和论证。有翔实的资料和系统的分析，而不是简单地罗列结论性的意见和结论。报告重点要突出、结论要明确，对存在的工程地质问题和其他问题应明确提出并详细论述。报告的文、图内容应吻合，表达直观简洁，充分利用插图、插表、照片等方式来说明地质现象和问题。

报告参考格式如下：

第 1 章　概　述

崩塌发生发展过程，灾情概况，进行调查评价的必要性；前人工作概述；任务来源、主要内容和要求；工作设计书的编制审查概况；工作合同签订时间及主要要求；承担及参与工作的单位及其任务；工作起止时间、完成工作内容及工作量。

第 2 章　地质环境

崩塌所在地区的自然地理、自然景观、人文景观、交通运输条件、人类工程活动现状及远景规划;地层岩性、地形地貌、地质构造、新构造运动与地震、水文地质、岩溶、外动力地质现象及其发育规律。

第3章　崩塌体结构特征

崩塌体概况;崩塌体结构。

第4章　崩塌区工程地质环境特征

崩塌区地表水入渗及产流情况;崩塌区地下水特征。

第5章　崩塌体变形特征

变形发育史;宏观变形形迹;监测资料及分析;崩塌体区段划分。

第6章　崩塌运移斜坡及崩塌堆积体

先期崩塌运移及堆积;预测崩塌的运移和堆积。

第7章　周围地质环境体特征

按崩塌产出位置和地质单元,分别论述崩塌体周边的岩土体,阐述它们的稳定性及存在的问题,以及它们与崩塌体相互依存的关系;阐述初步选择的持力岩(土)体的位置、岩性、岩(土)体结构、自身的稳定性和在工程荷载作用下的稳定性。

第8章　试验

测试对象的选择与测试工作布置;测试项目、方法、条件选择;试验要求及执行的规范;试验技术及试验过程概述;试验成果分析;试验成果建议值;地质力学模拟试验。

第9章　稳定性评价

崩塌变形发育史地质分析;崩塌变形破坏机制;岩体稳定性结构分析;类比分析;极限平衡计算与数值模拟;动态监测分析;稳定性综合评价。

第10章　崩塌灾情预评估

崩塌灾害危险性分析;崩塌灾害的范围划定;综合分析资料,确定最大崩塌规模、崩塌块石运动途径、运动特征、最大运动距离,划定灾害范围;分析论证崩塌派生灾害的类型、规模,确定其成灾范围;灾情预评估。

第11章　崩塌灾害防治工程可行性论证

成灾的可能性与必然性;灾情损失;防治工作的可行性;防治效益论证;防治工作必要性决策综合论证。

结束语

简要列出本次工作取得的主要成果、主要结论和尚未解决的主要问题。

附件

任务书;工作设计及审批意见;地震烈度区划和场址地震烈度鉴定书;重要的会议纪要和文件;设计变更通知书;重要的单项工作报告和成果(如物探报告、试验成果、模型试验报告、计算成果、监测报告等);野外素描图,照片集等以及附图和附表。

知识小结

高陡斜坡(含人工边坡)上的岩(土)体完全脱离母体后,以滚动、跳动、坠落等为主的移动现象与过程,称为崩塌。崩塌灾害调查的主要勘查方法有遥感图像解译、工程地质测绘、勘探(地球物理勘探、山地工程、钻探)、测试与试验、动态监测等。

知识训练

1. 崩塌的形成条件是什么？
2. 崩塌调查与评价的要点是什么？
3. 崩塌工程地质测绘的内容和基本要求是什么？
4. 崩塌调查与评价中钻孔地质编录的要求是什么？
5. 崩塌动态监测的内容和方法是什么？
6. 崩塌稳定性评价的内容和方法是什么？
7. 崩塌灾情预评估的主要内容是什么？
8. 崩塌防治的基本原则和措施是什么？

项目三　泥石流调查与评价

码 3-1　泥石流调查与评价

学习目标

知识目标：

1. 掌握泥石流调查评价要点。
2. 掌握泥石流调查评价的技术方法和工作程序。
3. 掌握泥石流的防治措施。

能力目标：

1. 具有泥石流现场调查与评价的基本技能。
2. 具备对泥石流防治方案提出合理选择和建议的能力。

任务思考

1. 泥石流调查与评价划分为哪些阶段？
2. 泥石流的现场调查工作有哪些内容？
3. 泥石流的防治措施有哪些？

任务一　准备工作

【任务分析】

泥石流调查与评价是在对泥石流的形成条件、发育状态、空间分布以及泥石流调查与评价方法、要求等基本知识掌握的基础上，通过收集已有的地质基础资料、野外调查获取的各类泥石流发育状态数据信息，进行综合分析与评判，取得对泥石流灾害的评价结果。因此，掌握有关泥石流灾害本身、泥石流灾害调查评价技术方法等基本知识是必需的；在接受泥石流调查与评价项目任务后，做好技术工作、人员组织、设备物资筹集等前期准备工作同样重要。

【知识链接】

按照《滑坡崩塌泥石流灾害调查规范(1∶50 000)》(DZ/T 0261—2014)、《地质灾害排查规范》(DZ/T 0284—2015)、《滑坡防治工程勘查规范》(DZ/T 0218—2006)、《地质灾害危险性评估规范》(DZ/T 0286—2015)等标准规范的要求，做好前期准备工作。

【任务实施】

一、知识储备

(一)泥石流概述

1. 泥石流

泥石流是指在山区沟谷或坡面由降水、融冰、决堤等自然和人为因素作用下发生的一种挟带大量泥、沙、石等固体物质的流体。它是山区特有的一种突发性的地质灾害。

2. 泥石流形成条件

泥石流的形成必须同时具备以下三个条件:陡峻的便于集水集物的地形地貌条件;保证丰富的松散泥石物质来源的地质条件;短时间内有大量水源的水文气象条件。

1)地形地貌条件

泥石流发育区多具有山高沟深、地势陡峻、沟床纵坡降大、利于汇集水和固体物质的地形地貌特点,典型泥石流的地貌可划分为形成区、流通区和堆积区三个部分(见图3-1)。

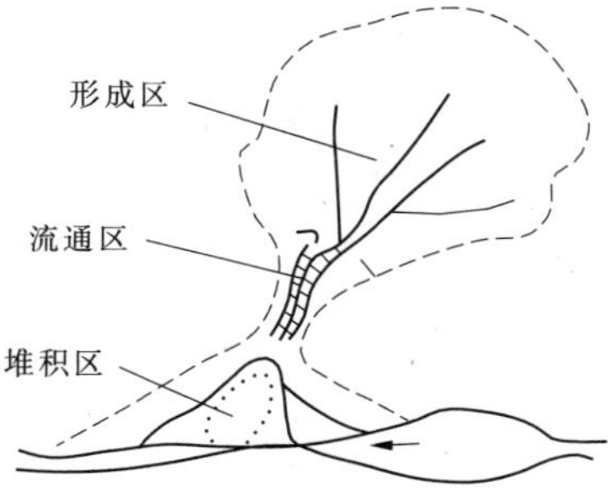

图3-1 泥石流流域分区

(1)泥石流形成区(上游)。

多为三面环山、一面出口的半圆形宽阔地段,周围山坡陡峻,多为30°~60°的陡坡,其面积大者可达数十平方千米,坡体往往光秃破碎,无植被覆盖,斜坡常被冲沟切割,且有崩塌、滑坡发育,这样的地形条件有利于汇集周围山坡上的水流和固体物质。

(2)泥石流流通区(中游)。

泥石流流通区是泥石流搬运通过的地段。多为狭窄而深切的峡谷或冲沟,谷壁陡峻且坡降较大,且多陡坎和跌水。泥石流进入本区后具有极强的冲刷能力,将沟床和沟壁上的土石冲刷下来挟带走。当流通区纵坡陡长而顺直时,泥石流流动畅通,可直泄而下,造成很大的危害。

(3)泥石流堆积区(下游)。

泥石流堆积区是泥石流物质的停积场所,一般位于山口外或山间盆地边缘、地形较平缓之地。由于地形豁然开阔平坦,泥石流的动能急剧变小,最终停积下来,形成扇形、锥形或带形的堆积体,统称洪积扇。当洪积扇稳定而不再扩展时,泥石流对其破坏力减缓直至消失。

2)地质条件

地质条件决定了松散固体物质来源。泥石流常发生于新构造活动强烈、地质构造复杂、断裂褶皱发育的地区。当汇水区和流通区广泛分布有厚度很大、结构松软、易于风化、层理发育的岩土层时,这些软弱岩土层是提供泥石流的主要固体物质来源;滑坡体、崩塌体、错落体等不良地质现象发育,为泥石流的形成提供了丰富的固体物质来源;一些人类工程经济活动,如滥伐森林造成水土流失,采矿、采石弃渣,工程建设弃渣等,往往也为泥石流提供了大量的物质来源。

3)水文气象条件

水既是泥石流的组成部分,又是搬运泥石流物质的基本动力。泥石流的发生与短时间内大量流水密切相关，没有大量的流水，泥石流就不可能形成。因此，就需要在短时间内发生强度较大的暴雨或冰川和积雪的强烈消融，或高山湖泊、水库的突然溃决等，气温高或高低气温反复骤变，以及长时间的高温干燥，均有利于岩石的风化破碎，再加上水对山坡岩土的软化、潜蚀、侵蚀和冲刷等，使破碎物质得以迅速增加，这就有利于泥石流的产生，我国泥石流的水源主要是暴雨、长时间的连续降水等。

3. 泥石流发生的时间规律

1）季节性

泥石流发生的时间规律与集中降水时间规律一致，具有明显的季节性，一般发生在夏秋季节的 6~9 月。

2）周期性

泥石流的发生受雨洪、地震的影响，而雨洪、地震总是周期性地出现。因此，泥石流的发生和发展也具有一定的周期性，且其活动周期与雨洪、地震的活动周期大体一致。

季节性、周期性的泥石流，其发生的时间段有一定规律，一般是在一次降水的高峰期或是在连续降水稍后发生。

4. 泥石流的类型

泥石流的类型见表 3-1。

表 3-1 泥石流类型

分类指标	分类	特征
水源类型	暴雨型泥石流	由暴雨因素激发形成的泥石流
	溃决型泥石流	由水库、湖泊等溃决因素激发形成的泥石流
	冰雪融水型泥石流	由冰、雪消融水流激发形成的泥石流
	泉水型泥石流	由泉水因素激发形成的泥石流
地貌部位	山区泥石流	峡谷地形，坡陡势猛，破坏性大
	山前区泥石流	宽谷地形，沟长坡缓势较弱，危害范围大
流域形态	沟谷型泥石流	流域呈扇形或狭长条形，沟谷地形，沟长坡缓，规模大
	山坡型泥石流	流域呈斗状，无明显流通区，形成区与堆积区直接相连，沟短
物质组成	泥流	由细粒径土组成，偶夹沙砾，黏度大，颗粒均匀
	泥石流	由土、砂、石混杂组成，颗粒差异较大
	水石流	由砂、石组成，粒径大，堆积物分选性强
固体物质提供方式	滑坡泥石流	固体物质主要由滑坡堆积物组成
	崩塌泥石流	固体物质主要由崩塌堆积物组成
	沟床侵蚀泥石流	固体物质主要由沟床堆积物侵蚀提供
	坡面侵蚀泥石流	固体物质主要由坡面或冲沟侵蚀提供
流体性质	黏性泥石流	层流，有阵流，浓度大，破坏力强，堆积物分选性差
	稀性泥石流	紊流，散流，浓度小，破坏力较弱，堆积物分选性强

续表 3-1

分类指标	分类	特征
发育阶段	发育期泥石流	山体破碎不稳,日益发展,淤积速度递增,规模小
	旺盛期泥石流	沟坡极不稳定,淤积速度稳定,规模大
	衰败期泥石流	沟坡趋于稳定,以河床侵蚀为主,有淤有冲,由淤转冲
	停歇期泥石流	沟坡稳定,植被恢复,冲刷为主,沟槽稳定
暴发频率 n (次/年)	极高频泥石流	≥10
	高频泥石流	1~10
	中频泥石流	0.1~1
	低频泥石流	0.01~0.1
	间歇性泥石流	0.001~0.01
	老泥石流	0.000 1~0.001
	古泥石流	<0.000 1
堆积物体积 V (万 m^3)	巨型泥石流	>50
	大型泥石流	20~50
	中型泥石流	2~20
	小型泥石流	<2

(二)泥石流调查评价要点

1. 泥石流调查内容

1)地质条件调查

(1)调查范围包括形成区、流通区和堆积区。泥石流地质条件调查内容见表 3-2。

表 3-2 泥石流地质条件调查内容

调查区	调查内容
形成区	调查地势高低,流域最高处的高程,山坡稳定性,沟谷发育程度,冲沟切割深度、宽度、形状和密度,流域内植被覆盖程度,植物类别及分布状况,水土流失情况等
流通区	调查流通区的长度、宽度、坡度,沟床切割情况、形态、平剖面变化,沟谷冲淤均衡坡度,阻塞地段石块堆积,以及跌水、急弯、卡口情况等
堆积区	调查堆积区形态和面积大小、堆积过程、速度、厚度、长度,层次、结构,以及颗粒级别、坚实程度、磨圆程度、堆积扇的纵横坡度、扇顶、扇腰及扇线位置、堆积扇发育趋势等

(2)地形地貌调查。

确定流域内最大地形高差,上、中、下游各沟段沟谷与山脊的平均高差,山坡最大、最小及平均坡度,各种坡度级别所占的面积比率,分析地形地貌与泥石流活动之间的内在联系,确定地貌发育演变历史及泥石流活动的发育阶段。

(3)岩(土)体调查。

重点对泥石流形成提供松散固体物质来源的易风化软弱层、构造破碎带,第四系的分布状况和岩性特征进行调查,并分析其主要来源区。

(4)地质构造调查。

确定沟域在地质构造图上的位置,重点调查研究新构造运动对地形地貌、松散固体物质形成和分布的控制作用,阐明与泥石流活动的关系。

(5)地震分析。

收集历史资料和未来地震活动趋势资料,分析研究可能对泥石流的触发作用。

(6)相关的气象水文条件。

调查气温及蒸发的年际变化、年内变化以及沿垂直带的变化,降水的年内变化及随高度的变化,最大暴雨强度及年降水量等,调查历次泥石流发生时间、次数、规模大小次序,泥石流泥位标高。

(7)植被调查。

调查沟域土地类型、植物组成和分布规律,了解主要树、草种及作物的生物学特性,确定各地段植被覆盖程度,圈定出植被严重破坏区。

(8)人类活动调查。

主要调查各类工程建设所产生的固体废弃物(矿山尾矿、工程弃渣、弃土、垃圾)的分布、数量、堆放形式、特性,了解可能因暴雨山洪引发泥石流的地段和参与泥石流的数量及一次性补给的可能数量。

2)泥石流特征调查

(1)根据水动力条件,确定泥石流的类型。

(2)调查泥石流形成区的水源类型、汇水条件、山坡坡度、岩层性质及风化程度,断裂、滑坡、崩塌、岩堆等不良地质现象的发育情况及可能形成泥石流固体物质的分布范围储量。

(3)调查流通区的沟床纵横坡度、跌水、急弯等特征,沟床两侧山坡坡度、稳定程度,沟床的冲淤变化和泥石流的痕迹。

(4)调查堆积区的堆积扇分布范围、表面形态、纵坡、植被、沟道变迁和冲淤情况,堆积物的性质、层次、厚度、一般和最大粒径及分布规律。判定堆积区的形成历史、堆积速度,估算一次最大堆积量。

(5)调查泥石流沟容的历史、历次泥石流的发生时间、频数、规模、形成过程、暴发前的降水情况和暴发后产生的灾害情况。

3)泥石流诱发因素调查

(1)收集调查水的动力类型,如暴雨型、冰雪融水型、水体溃决(水库、冰湖)型等。

(2)收集调查当地暴雨强度、前期降水量、一次最大降水量等。

(3)收集调查冰雪可融化的体积、融化的时间和可产生的最大流量等。

(4)收集调查因水库、冰湖溃决向外泄的最大流量及地下水活动情况。

4)泥石流危害性调查

(1)调查了解历次泥石流残留在沟道中的各种痕迹和堆积物特征,推断其活动历史、期次、规模,目前所处发育阶段。

(2)调查了解泥石流危害的对象、危害形式(淤埋和漫流、冲刷和磨蚀、撞击和爬高、堵塞或挤压河道);初步圈定泥石流可能危害的地区,分析预测今后一定时期内泥石流的发展趋势和可能造成的危害。

5)泥石流灾害的其他调查

泥石流防治情况,调查泥石流灾害勘查,监测工程治理措施等防治现状及效果。

2. 泥石流阶段调查要点

泥石流调查与评价是在收集已有资料的基础上,对泥石流活动区域进行的有关泥石流形成、活动、堆积特征、发展趋势与危害等方面的各种实地调查、综合分析与评判,结合泥石流调查确定的防治工程方案,采用测绘、勘探(山地工程、钻探、物探等)、试(实)验等手段,查明对应的可行性论证阶段、设计阶段和施工阶段防治工程所需要的工程地质条件的工作过程。可分为泥石流调查、可行性论证阶段泥石流勘查、设计阶段泥石流勘查、施工阶段泥石流勘查四个阶段。

1)泥石流调查要点

泥石流调查是对一旦暴发泥石流可能危及人民生命财产安全的流域沟谷,针对泥石流的形成要素和泥石流特征,通过调查与判别,区分泥石流沟(含潜在泥石流沟)和非泥石流沟,确定易发程度和危害等级,并对泥石流沟、潜在泥石流沟的防治方案提出建议。

2)可行性论证阶段泥石流勘查要点

可行性论证阶段泥石流勘查是泥石流防治工程勘查的关键阶段。通过该阶段的工作,进一步查明泥石流形成的地质环境条件,泥石流的规模、类型、活动特征及危害程度,形成区、流通区以及堆积区的一般特征,初步确定泥石流流速、流量、重度及动力学特征值参数,为泥石流防治方案的选择提供依据。

3)设计阶段泥石流勘查要点

设计阶段的泥石流勘查是对选定的防治工程进行的工程地质勘查。

设计阶段的泥石流勘查应充分利用可行性论证阶段的勘查成果,结合防治工程方案,有针对性地进行定点勘查或补充勘查,提供工程设计所需要的泥石流特征参数和岩土物理力学参数。

4)施工阶段泥石流勘查要点

施工阶段的泥石流勘查包括治理工程实施期间对开挖和钻孔揭露的地质露头的地质编录、重大地质问题变更的补充勘查和竣工后的地形地质状况测绘,并编制与原地质报告相应的对比变化图,校验、修正前期地质资料及评价结论。

勘查中应针对现场地质情况的变化,对施工及时提出改进意见及相关措施,保证治理工程施工符合实际工程地质条件。

二、资料收集及工作任务书的编写

在现场调查之前,应尽量全面和详尽地收集调查区的气象水文、地形地貌、地层岩性、地质构造、地震活动、泥石流发生的历史记录、前人调查研究成果、已有勘查资料和防治工程文件以及与泥石流有关的人类工程活动等资料。在充分收集已有资料,分析研究调查区存在的主要问题的基础上编写工作任务书,应做到任务明确,依据充分,各项工作部署合理,技术方法先进可行,措施有力,文字简明扼要、重点突出,所附图表清晰齐全。

工作任务书一般应包括泥石流勘查设计编制的依据、勘查目的与任务、勘查工作布置与技术要求、工作计划与进度、预期成果和经费预算等内容。

■ 任务二　现场勘查

【任务分析】

泥石流调查与评价的目的是查明泥石流发育的自然环境、形成条件、泥石流的基本特征和危害，通过开展地质灾害严重区泥石流灾害的调查、测绘、勘查与评价，为泥石流减灾防灾方案的选择和防治工程的设计提供基础地质依据。

【知识链接】

按照《滑坡崩塌泥石流灾害调查规范(1:50 000)》(DZ/T 0261—2014)、《地质灾害排查规范》(DZ/T 0284—2015)、《滑坡防治工程勘查规范》(DZ/T 0218—2006)、《地质灾害危险性评估规范》(DZ/T 0286—2015)、《岩土工程勘察规范(2009年版)》(GB 50021—2001)等标准规范的要求，参照地质、水文地质、工程地质、环境地质等专业现场调查的技术要求，开展泥石流灾害野外调查工作。

【任务实施】

一、测绘

工程地质测绘就是查明泥石流沟流域范围的自然地理、地质环境条件、泥石流固体物质来源、规模、特点、类型及危害程度、泥石流的形成条件及影响因素，为泥石流灾害治理提供翔实的工程地质依据。在规划建造防治工程区域内，应进行详细工程地质勘查。

对危及县城、集镇和重要公共基础设施且稳定性较差的泥石流，可进行大比例尺工程地质测绘。测绘的范围应是全流域和可能受泥石流影响的地段。

(一)准备工作与野外踏勘

根据任务书及有关规范，经过对所收集资料的分析研判，遥感图像解译，以及必要的野外现场踏勘，编写测绘设计书，明确工作重点，做好全面野外工作开始的准备。

1. 遥感解译

遥感解译的目的是指导常规地面调查工作的开展，减少外业工作量，为快速、高效地完成地质灾害调查提供区域环境地质背景资料，获取常规地面调查难以取得的某些环境地质和泥石流灾害信息，以提高泥石流调查成果的精度和质量。

遥感解译的任务是从遥感图像(或数据)资料中最大限度地提取泥石流灾害的各种信息，分析泥石流形成和发育的环境地质背景条件，以及泥石流的发育和时空分布特征，调查编制相应的区域环境地质和泥石流解译图件，为泥石流调查提供遥感解译资料。

2. 野外踏勘

根据泥石流防治目标确定野外调查重点，选择合适的踏勘路线，一般从沟口堆积扇缘开始，沿河沟步勘至沟源，上至分水岭，初步了解泥石流的形成条件，调查访问泥石流的活动特征与危害状况等，然后根据沿沟勘测结果，对重点地段及拟建防治工程地段进行详细勘查、测绘等。

(二)实测控制性(代表性)剖面

泥石流调查开始前,有必要实测一条或几条代表性的剖面线,以便建立对调查区地层岩性、地形地貌单元、工程地质条件、泥石流特征等标志比较清晰、统一的认识,为指导后续工作提供必要的参照标准。实测剖面线尽可能通过泥石流分布的三个区。

(三)工程地质测绘

(1)应采用实地测绘法,以沿沟向上追索的方法为主,在各沟谷段辅以剖面线法实测剖面,并拍照、录像或绘制素描图,对规模和危害较大的泥石流应布设一定的山地工程。

(2)观测路线的布置采用穿越法和追索法相结合。面上调查,采用垂直岩层,构造线走向和地貌变化显著方向进行穿越;对危及县城、集镇、(中小)矿山、主要公共基础设施、主要的居民点的地质灾害点和人类工程活动强烈的公路、铁路、水库、输气管线等必须采用追索法调查。

(3)测绘的比例尺全流域宜采用1∶10 000~1∶50 000,物源区宜采用1∶1 000~1∶5 000,流通区及堆积区宜采用1∶500~1∶2 000。

(4)工作手图上的各类观测点和地质界线,在野外应用铅笔绘制。转绘到清图上后应及时上墨。凡能在图上表示出面积和形状的灾害地质体,均应在实地勾绘在图上,不能表示实际面积、形状的,用规定的符号表示。

(5)图上观测点定位,泥石流点应定在堆积区中部。所划分的填图单元在图上标注的尺寸最小为2 mm。对于小于2 mm的重要单元,可采用扩大比例尺或符号的方法表示。在1∶500或1∶2 000的地形图上可能修建拦挡工程和排导工程地段,其地质界线的地质点误差不应超过3 mm,其他地段不应超过5 mm。

二、勘探

勘探以地球物理勘探及探井、探槽、剥土等山地工程为主,可辅以适量的钻探工程。勘探线和勘探点的布置应根据工程地质条件、地下水情况和泥石流流域形态、规模确定,主要布置在泥石流堆积区和采取防治工程的地段。查明勘查区泥石流发育类型、形成原因、活动特征和发展趋势,对灾情现状和发展情况进行评估,并提出防治措施的建议。

(一)地球物理勘探

1. 主要任务

(1)了解泥石流形成区地层、地质构造、基岩埋深、风化层厚度和分带性,第四纪松散堆积物集中地堆积体的分层和厚度。了解泥石流堆积区中泥石流堆积物的分布、性质、厚度等。

(2)在防治工程的场地,查明岩、土的分布、厚度和层次的划分;查明基岩的埋深、起伏形态、节理发育程度和断裂破碎带及基岩风化带;测定岩、土的物理、力学性质等参数。

2. 物探方法

在泥石流勘查中主要有浅层地震、电阻率法、自然电磁法、地质雷达、声波探测等。

3. 探测范围

(1)在泥石流形成区,其测线一般不超过测区单面坡的坡长,深度在20~30 m。

(2)在泥石流堆积区,测线应能控制住泥石流的分布,深度上也能控制堆积的厚度。

(3)在工程勘测中,物探测线顺勘探线布置,其范围应能达到其所需物探数据。

(4)在孔中垂直测定范围能控制两孔之间和孔深范围。

(二)山地工程

受交通、环境条件的限制,在泥石流形成区一般不采用钻探工程,而是以地球物理勘探及探井、探槽、剥土等轻型山地工程为主。

1. 主要任务

(1)配合钻探工程,更清晰地揭示泥石流在形成区、流通区和堆积区中不同部位的物质沉积规律和颗粒粒度级配的变化;准确掌握松散层、基岩层位、基岩风化程度和新鲜岩层的结构、构造。

(2)现场测定泥石流物质沉积后的天然容重、天然含水量、比重、颗粒分选等,为施工开挖基坑提供松散层的放坡和排、止水技术指标。

(3)直接采集具有代表性的原状岩土试样。

2. 探槽的技术及质量要求

(1)探槽布置应结合勘探点的岩土产状及岩土的物理性质,并考虑影响施工的重要因素,如交通、气候、水文地质资料等条件。

(2)探槽的规格:长度以需要为准,深度不超过3 m,底宽不大于0.6 m,其两壁的坡度按土质和探槽的深浅合理放坡。

(3)掘进中,采用人工掘进,禁用爆破,保持槽壁平整,松石及时清除。在松散易坍塌的地层中掘进,两壁应及时支护。

(4)槽内有两人以上工作时,要保持3 m以上的安全距离。

(5)凡影响人畜安全的探槽,在取得地质成果后,必须及时回填。

3. 探坑、探井的技术要求

(1)在泥石流的形成区、流通区及堆积区需要进行现场试验的探坑(试坑),其开口的规格,圆形直径一般为50 cm,方形为50 cm×50 cm,深度要求在剥去表层之后不小于0.5 m。

(2)泥石流勘查中,探井深一般不超过10 m,开口为圆形的,直径一般为0.8~1.0 m,深5~10 m,断面尺寸长×宽为1.2 m×0.8 m或1.2 m×1.0 m。考虑到泥石流物质组成颗粒大小差异大,其开口可适当放大,也可采用梯级开挖。

(3)探井掘进技术参数参见《地质勘查坑探规程》(DZ 0141—1994)。

4. 探槽、探井地质成果

对各探槽、竖井揭露的地质现象都必须及时进行详细编录和制作大比例尺(一般为1:20~1:100)的展视图或剖面图,以真实反映各壁及底板的地层岩性界线、结构、构造特征、水文地质与工程地质特征、取样位置等,对重要地段必须进行拍照或录像。

(三)钻探

1. 主要任务

(1)在泥石流形成区(物源区)查明物源的数量,揭露其物质组成、结构、厚度;基岩地层的结构、构造、风化程度和风化厚度,为计算物源数量提供可靠的数据。

(2)在泥石流堆积区,钻探查明堆积物的性质、结构、层次及粒径的大小和分布。分析泥石流的物质来源、搬运的距离、泥石流发生的频率及一次最大堆积量。

(3)在泥石流可能采取防治工程的沟段,钻探工程为划分不同的工程地质单元,查明各类岩土的岩性、结构、厚度和分布,为防治工程的设计提供岩土的物理力学及水理性质的指标。

(4)配合完成在钻孔中所需进行的原位测试工作,如标准贯入试验,动力触探试验、波速测试、压水(注水)试验和抽水试验。

(5)在钻孔中采集不同工程地质单元的岩、土、水试样。

2. 钻孔布置

(1)在泥石流形成区,必须采用钻探时,钻孔的布置可参照“滑坡勘查”或“崩塌勘查”执行。

(2)在泥石流堆积区,钻孔的布置以能控制泥石流堆积扇的大小为宜;在主勘探线上的钻孔,孔间距以 30~50 m 为宜;孔深必须揭穿泥石流堆积体厚度。

(3)在泥石流防治工程场址,主勘探线钻孔,应尽可能在工程地质测绘和地球物理勘探成果的指导下布设,孔距以能控制沟槽的起伏和基岩的构造线为宜,钻孔间距一般为 30~50 m。

(4)在巨厚的松散层中不必揭穿其厚度时,孔深应是设计建筑物最大高度的 0.5~1.5 倍;在基岩浅埋时,孔深应深入弱风化层 5~10 m。

(5)钻孔的布置应尽可能一孔多用,互相结合,使得钻探工程在勘查中发挥最好的效益。

3. 钻探质量要求

钻进、取芯、采样、编录、岩芯保留与处理、简易水文地质观测、水文地质试验、封孔和钻孔坐标的测定等应按《工程地质钻探规程》(DZ/T 0017—1991)要求执行。

钻孔竣工后,必须及时提交各种资料,包括钻孔施工设计书、岩芯记录表(岩芯的照片或录像)、钻孔地质柱状图、采样记录、简易水文地质观测记录、测井曲线、钻孔质量验收书、钻孔施工小结等。

三、测试与试验

在泥石流调查与评价中,需通过取岩、土、水试样测试、原位测试或试验,进一步查明泥石流堆积物的性质、结构、厚度、密度,固体物质含量、最大粒径,泥石流的流速、流量、冲出量和淤积量等指标参数。为分析评价泥石流类型、规模、强度、频繁程度、危害程度等提供重要依据,同时也为工程设计提供重要参数。

采取岩土试样,测定物理、力学性质指标;施工钻孔应进行注(抽)水试验,提供相关水文地质参数;进行泥石流流体试验,获取流体重度、固体物质的颗粒成分、黏度、静切力、流速、流量、冲击力、弯道超高与冲高等参数。

四、监测

泥石流监测分为短期监测和长期监测。泥石流勘查工作中对泥石流的监测属于短期监测,勘查工作完成后,应及时将监测资料移交给长期监测部门,达到长期监测积累资料的目的。长期监测是为灾害性泥石流预警预报设立的。

(一)泥石流监测的目的和任务

泥石流监测的目的和任务是为获取泥石流形成的固体物源、水源和流动过程中的流速、流量、顶面高程(泥位)、容重等及其变化,为泥石流的预测、预报提供依据。

(二)泥石流监测的对象与内容

泥石流监测的项目主要有物源监测、水源监测、泥石流体活动性监测。泥石流的常规监测内容主要是泥石流运动要素观测(包括流动动态要素、动力要素等)、流域内的气候和雨量观测、泥石流的形成过程观测(包括固体物质来源、气象水文条件等)、沟道冲淤变化观测等。

1. 物源监测

(1)监测形成区内松散土层堆积的分布和分布面积、体积的变化。

(2)监测形成区和流通区内滑坡、崩塌的体积和近期的变形情况,观察是否有裂缝产生和裂缝宽度的变化。

(3)监测形成区内森林覆盖面积的增减,耕地面积的变化和水土保持的状况及效果。

(4)观测断层破碎带的分布、规模及变形破坏状况。

2. 水源监测

除对降水量及其变化进行监测、预报外,主要是对地区、流域和泥石流沟内的水库、堰塘、天然堆石坝、堰塞湖等地表水体的流量、水位,堤坝渗漏水量,坝体的稳定性和病害情况等进行观测。

3. 活动性监测

泥石流活动性监测,主要是指在流通区内观测泥石流的流位、流速及进行流量计算。

1)流位观测

在沟谷两岸已建立的流位标尺上,可读出两岸泥石流顶面高程。

2)流速观测

泥石流流速观测必须和流位观测同时进行,数值记录要和流位相对应,一般采用水面浮标测速法和阵流法。

水面浮标测速法就是在测流上断面的上方丢抛草把、树枝或其他可漂浮物体,分别观测漂浮物通过上、下游断面的时间。

阵流法在测流的上、下断面处,分别观测泥石流进入(龙头)上断面和流出下断面的时间。

3)流量计算

流量可用下式概略计算:

$$Q_s = V_s \times A_s$$

式中 Q_s——泥石流流量,m^3/s;

V_s——泥石流流速,m/s;

A_s——断面面积,m^2。

(三)泥石流监测资料整理分析

上述各项观测资料均应做好记录,主要包括观测时间和各种观测数据,并绘制时间与观测值之间的相关曲线和计算有关指标,以反映变化情况,作为预测、预报和警报的依据。除对泥石流监测原始记录进行整理编目外,还应将监测数据进行重新编号,形成泥石流监测的正式项目。如具备条件,应建立数据库,将全部编目资料存入计算机,以供查阅。

任务三　成果资料整理及报告编写

【任务分析】

资料整理要贯穿于整个泥石流勘查工作过程中。野外工作期间，应随时将每天获得的原始资料进行整理，尽量做到原始资料的系统化、格式化和美观化。对全部原始资料、图表、各类记录卡片等要严格检查、校对，确保无误。室内资料整理在野外资料整理的基础上，要系统分析研究，编制各要素分析性图表，分析确定各要素与泥石流形成的内在联系。初步拟定泥石流防治措施，编写高质量的泥石流调查与评价报告。其主要工作内容是：实际资料的整理分类、统计和处理、登记造册、建档备查；综合分析泥石流灾害形成条件和因素；泥石流危险性分析评价；图件的编制和报告的编写。

【知识链接】

泥石流调查评价内业资料整理和其他灾种调查评价相类似，就是在测绘、勘探、测试、检验与监测所得各项原始资料、数据和收集已有资料的基础上，对其进行全面系统的整理分类、统计和处理、综合分析，最终提交对泥石流灾害形成条件、影响因素、稳定性、危险性、灾害防治等调查与评价报告。

按照《滑坡崩塌泥石流灾害调查规范（1∶50 000）》（DZ/T 0261—2014）、《地质灾害危险性评估规范》（DZ/T 0286—2015）、《岩土工程勘察规范（2009 年版）》（GB 50021—2001）等标准规范的要求，参照相关技术要求，认真细致地完成内业资料整理，编写出高质量的泥石流灾害调查与评价报告。

【任务实施】

一、原始资料整理

野外工作结束时，要对各种原始资料进行系统的综合整理、分析统计、分类分门、编目存档。

（一）调查资料整理内容

根据项目任务书，明确调查工作的目的、任务与要求，根据工作区环境地质特点，有针对性地开展设计前的调查研究或必要的野外踏勘工作，系统收集有关资料，作为编制设计的依据，并为开展野外调查与编制成果报告积累素材。应整理的调查资料内容有：收集的有关泥石流地质环境条件、主要形成与诱发因素、泥石流灾害现状与防治情况、调查区社会和经济等资料；各类现场调查实际资料；各级地方政府和有关部门对环境地质问题与地质灾害防治的具体要求。

（二）测绘资料整理内容

测绘资料整理包括：水文测绘的暴雨、溃决洪水测绘资料；遥感解译资料；现场勘查资料；地貌调查资料；填图日志、野外记录、标本整理以及实测剖面资料；泥石流形成区、流通区、堆积区测绘资料；泥石流泥痕和泥位测绘资料。

(三)勘探资料整理内容

勘探资料整理包括轻型山地工程(坑探、槽探、探井等)资料;钻探工程中岩芯记录、钻孔编录,钻进记录、采样记录等资料;物探报告和相应的图件资料;岩、土、水样品试验资料等。

(四)监测资料整理内容

监测资料整理内容包括降水监测资料、泥石流泥位监测资料、泥石流流速监测资料等。

二、泥石流特征值的确定

泥石流勘查必须为泥石流防治规划和防治工程设计服务,泥石流特征值是泥石流研究和防治工程中不可缺少的参数。因此,在勘查工作中对泥石流的流量、流速、动力学(冲击力、冲起高度和弯道超高)等特征值必须进行确定,并提交泥石流防治工程设计部门使用。

(一)泥石流流量的确定

泥石流流量包括泥石流峰值流量和一次泥石流过程总量,是泥石流防治的基本参数。

1. 泥石流峰值流量

1)形态调查法

在泥石流沟道中选择2~3个测流断面,断面选在沟道顺直、断面变化不大,无阻塞、无回流,断面上下沟槽无冲淤变化,具有清晰泥痕的沟段。然后确定泥位,并仔细查找泥石流过境后留下的痕迹。最后测量这些断面上的泥石流流面比降(若不能由痕迹确定,则用沟床比降代替)、泥位高度 H_C(或水力半径)和泥石流过流断面面积等参数。用相应的泥石流流速计算公式,求出断面平均流速 V_C 后,即可用下式求泥石流断面峰值流量 Q_C(m^3/s)。

$$Q_C = W_C v_C$$

式中　W_C——泥石流过流断面面积,m^2;

v_C——泥石流断面平均流速,m/s。

2)雨洪法

雨洪法是在泥石流与暴雨同频率、同步发生且计算断面的暴雨洪水设计流量全部转变成泥石流流量的假设下建立的计算方法。其计算步骤是先按水文方法计算出断面不同频率下的小流域暴雨洪峰流量 Q_P(Q_P 的计算方法可查阅水文手册),然后选用下述公式计算泥石流流量 Q_C:

$$Q_C = (1+\Phi) Q_P D_C$$
$$\Phi = (\gamma_C - \gamma_W)/(\gamma_H - \gamma_C)$$

式中　Φ——泥石流泥沙修正系数;

γ_C——泥石流重度,t/m^3;

γ_W——清水的重度,t/m^3;

γ_H——泥石流中固体物质重度,t/m^3;

Q_P——频率为 P 的暴雨洪水设计流量,m^3/s;

D_C——泥石流堵塞系数。

泥石流堵塞系数 D_C 可查表3-3得到,若有实测资料,可按下式估算:

$$D_C = 0.87 t^{0.24}$$

$$D_C = 58/Q_C^{0.21}$$

式中 t——泥石流堵塞时间，s。

表 3-3 泥石流堵塞系数

堵塞程度	特征	泥石流堵塞系数 D_C
严重	河槽弯曲，河段宽窄不匀，卡口、陡坎多。大部分支沟交汇角度大，形成区集中。物质组成黏性大、稠度高，沟槽堵塞严重，阵流间隔时间长	>2.5
中等	沟槽较顺直，河段宽窄较均匀，卡口、陡坎不多；主支沟夹角小于60°，形成区不太集中；河床堵塞情况一般，流体多呈稠浆—稀粥状	1.5~2.5
轻微	沟槽顺直均匀，主支沟夹角小，基本无卡口、陡坎，形成区分散；物质组成黏度小，阵流的间隔时间短而少	1.1~1.5

2. 一次泥石流过程总量

一次泥石流总量 Q 可通过计算法和实测法确定。实测法精度高，但往往不具备测量条件；计算法只是一个粗略的概算，根据泥石流历时 T(s) 和最大流量 Q_C(m^3/s)，按泥石流暴涨暴落的特点，将其过程线概化，按下式计算 Q(m^3)：

$$Q = KQ_CT$$

式中，$K=0.264$。

当泥石流流域面积 $F<0.5\ km^2$ 时，$K=0.202$；$F=5\sim10\ km^2$ 时，$K=0.113$；$F=10\sim100\ km^2$ 时，$K=0.0378$；$F>100\ km^2$ 时，$K<0.0252$。

一次泥石流冲出的固体物质总量 Q_H(m^3) 计算式为：

$$Q_H = Q(\gamma_C-\gamma_W)/(\gamma_H-\gamma_W)$$

（二）泥石流流速的确定

泥石流流速是决定泥石流动力学性质的重要参数之一。不能确定泥石流流速，就不可能解决泥石流防治工程中的诸多问题。目前，泥石流流速计算公式为半经验或经验公式，概括起来一般分为稀性泥石流流速计算公式、黏性泥石流流速计算公式和泥石流中大石块运动速度计算公式三类。

1. 稀性泥石流流速计算公式

（1）铁道部第一勘测设计院（现中铁第一勘察设计院集团）经验公式（西北地区）：

$$v_C = (15.3/a)H_C^{2/3}I_C^{3/8}$$

$$a = (\gamma_H\Phi + 1)^{1/2}$$

式中 H_C——平均水深，m；

I_C——泥石流水力坡度（‰），一般可用沟床纵坡代替。

（2）铁道部第二勘测设计院（现中铁二院工程集团有限责任公司，简称中铁二院）经验公式（西南地区）：

$$v_C = (1/a)(1/n)R^{2/3}I^{1/2}$$

式中 $1/n$——清水河槽糙率系数，可查水文手册获得；

R——水力半径，m，一般可用平均水深 H_C(m) 替代。

（3）铁道部第三勘测设计院（现中国铁路设计集团公司）经验公式：

$$v_C = (15.3/a)H_C^{2/3}I_C^{1/2}$$

(4)北京市政设计院推荐的北京地区经验公式：

$$v_C = (m_W/a)R_C^{2/3}I^{1/2}$$

式中　m_W——河床外阻力系数，可通过查表3-4获得。

表3-4　河床外阻力系数

分类	河床特征	m_W	
		$I>0.015$	$I\leq0.015$
1	河段顺直，河床平整，断面为矩形或抛物线形的漂石、砂卵石或黄土质河床，平均粒径为0.01~0.08 m	7.5	40
2	河段较顺直，由漂石、碎石组成的单式河床，河床质较均匀，大块直径为0.4~0.8 m，平均粒径为0.2~0.4 m；或河段较弯曲不太平整的1类河床	6.0	32
3	河段较顺直，由巨石、漂石、卵石组成的单式河床，大石块直径为0.1~1.4 m，平均粒径为0.1~0.4 m；或较弯曲不太平整的2类河床	4.0	25
4	河段较为顺直，河槽不平整，由巨石、漂石组成的单式河床，大石块直径为1.2~2.0 m，平均粒径为0.2~0.6 m；或较为弯曲不平整的3类河床	3.8	20
5	河段严重弯曲，断面很不规则，有树木、植被、巨石严重阻塞河床	2.4	12.5

2. 黏性泥石流流速计算公式

综合多地的经验，总结归纳出一个可行的通用公式：

$$v_C = (1/n_C)H_C^{2/3}I_C^{1/2}$$

式中　n_C——黏性泥石流的河床糙率，用内插法由表3-5查得。

表3-5　黏性泥石流的河床糙率

序号	泥石流体特征	沟床状况	糙率值	
			n_C	$1/n_C$
1	流体呈整体运动；石块粒径大小悬殊，一般在30~50 cm，2~5 m粒径的石块约占20%；龙头由大石块组成，在弯道或河床展宽处易停积，后续流可超越而过，龙头流速小于龙身流速、堆积呈垄岗状	河床极粗糙，沟内有巨石和挟带的树木堆积，多弯道和大跌水，沟内不能通行，人迹罕见，沟床流通段纵坡在100‰~150‰，阻力特征属高阻型	平均值0.270	3.57
			$H_C>2$ m时，0.445	2.25
2	流体呈整体运动，石块较大，一般石块粒径20~30 cm，含少量粒径为2~3 m的大石块；流体搅拌较为均匀；龙头紊动强烈，有黑色烟雾及火花；龙头和龙身流速基本一致；停积后呈垄岗状堆积	河床比较粗糙，凹凸不平，石块较多，有弯道、跌水；沟床流通段纵坡70‰~100‰，阻力特征属高阻型	$H_C<1.5$ m时，平均0.040	2~30 25
			$H_C\geq1.5$ m时，0.050~0.100，平均0.067	10~20 15

续表 3-5

序号	泥石流体特征	沟床状况	糙率值	
			n_C	$1/n_C$
3	流体搅拌十分均匀；石块粒径一般在 10 cm 左右，挟有个别 2~3 m 的大石块；龙头和龙身物质组成差别不大；在运动过程中龙头紊动十分强烈，浪花飞溅；停积后浆体与石块不分离，向四周扩散，呈叶片状	沟床较稳定，河床物质较均匀，粒径 10 cm 左右；受洪水冲刷，沟底不平且粗糙，流水沟两侧较平顺，但干而粗糙；流通段沟底纵坡 55‰~70‰，阻力特征属中阻型或高阻型	0.1 m<H_C<0.5 m 时，0.043	23
			0.5 m<H_C<2.0 m 时，0.077	13
			2.0 m<H_C<4.0 m 时，0.100	10
4		泥石流铺床后原河床黏附一层泥浆体，使干而粗糙的河床变得光滑平顺，利于泥石流体运动，阻力特征属低阻型	0.1 m<H_C<0.5 m 时，0.022	46
			0.5 m<H_C<2.0 m 时，0.033	26
			2.0 m<H_C<4.0 m 时，0.050	20

3. 泥石流中大石块运动速度计算公式

在缺乏大量试验数据和实测数据的情况下，可以堆积后的泥石流冲出物最大粒径大概推求石块运动速度，即

$$v_S = a\sqrt{d_{max}}$$

式中　v_S——泥石流中大石块的移动速度推算泥石流流速，m/s；

d_{max}——泥石流堆积物中最大石块的粒径，m；

a——全面考虑（泥石流重度、石块密度、石块形状系数、沟床比降等因素）的摩擦系数，变化范围 3.5~5.5，平均 4.0。

（三）泥石流动力学特征值的确定

1. 泥石流冲击力的确定

泥石流冲击力是泥石流防治工程设计的重要参数，分为泥石流体整体冲压力和泥石流体中大石块冲击力两种。

1）泥石流体整体冲压力计算公式

$$\delta = \lambda \frac{\gamma_C}{g} v_C^2 \sin\alpha$$

式中　δ——泥石流体整体冲击压力，Pa；

γ_C——泥石流重度，t/m^3；

v_C——泥石流流速，m/s；

g——重力加速度，取 9.8 m/s^2；

α——建筑物受力面与泥石流冲压力方向的夹角，(°)；

λ——建筑物形状系数（圆形建筑物为 1.0，矩形建筑物为 1.33，方形建筑物为 1.470）。

2）泥石流体中大石块冲击力

（1）对梁的冲击力 F。

$$F=\sqrt{\frac{3EJv^2}{gL^3}}\sin\alpha \quad （概化为悬臂梁的形式）$$

$$F=\sqrt{\frac{48EJv^2W}{gL^3}}\sin\alpha \quad （简化为简支梁的形式）$$

式中　E——构件弹性模量,Pa;

J——构件截面中心轴的惯性矩,m^4;

L——构件长度,m;

v——石块运动速度,m/s;

W——石块质量,t。

(2)对墩的冲击力 F。

$$F=rv_C\sin\alpha[W/(C_1+C_2)]$$

式中　r——动能折减系数(圆形端为 0.3);

C_1、C_2——巨石、桥墩的弹性变形系数,$C_1+C_2=0.005$。

2. 泥石流冲起高度

(1)泥石流最大冲起高度 ΔH 为:

$$\Delta H=\frac{v_C^2}{2g}$$

(2)泥石流在爬高过程中由于受到沟床阻力的影响,其爬高 ΔH 为:

$$\Delta H=\frac{bv_C^2}{2g}\approx 0.8\frac{v_C^2}{g}$$

式中　b——迎面坡度的函数。

3. 泥石流的弯道超高

由于泥石流流速快、惯性大,因此在弯道凹岸处有比水流更加显著的弯道超高现象。根据弯道泥面横比降动力平衡条件,推导出计算弯道超高的公式为:

$$\Delta h=2.3\frac{v_C^2}{g}\lg\frac{R_2}{R_1}$$

式中　Δh——弯道超高,m;

R_2——凹岸曲率半径,m;

R_1——凸岸曲率半径,m;

v_C——泥石流流速,m/s。

三、泥石流灾害评价

泥石流具有漫流改道的特性,它能够造成集中冲刷、堵河断流、河流改道等危害性结果,常给山区工农业生产建设造成极大危害,对泥石流灾害发生地区的人民生命和国家财产造成巨大的损失。泥石流同时也是山区公路、铁路易发的主要地质灾害之一。因此,对泥石流进行稳定性评价、危险性分析以及灾害预评估是非常必要的,也是地质灾害危险性评估当中非常重要的一项内容。

泥石流是产生于地表的一种复杂的自然地理过程,影响泥石流发生、发展、运动和堆积的环境背景因素非常多,其中与泥石流活动关系最直接的是土、水、坡三大因素。对不同地区、不同泥石流沟，不同因素的影响程度不同。因此，在评价时，选取不同的评价因子和应用不同的方法，其结果会不同。在泥石流危险性的综合判定中，所选评价因子应遵循以下原则：科学性、正确性、全面性、独立性、代表性、简便性、实用性及可否量化性。

根据研究范围，可以将泥石流灾害危险性评价分为点评价、面评价。泥石流灾害点评价是指对一条泥石流沟或相邻、具有统一动力活动过程和破坏对象的几条泥石流沟或沟群进行评价，它是其他评价工作的基础，其特点是评价面积小，致灾体(泥石流)和承灾体清晰明确，评价精度高，采用的指标、模型及得出的评价结果定量化程度高。面评价是对一个流域、一个地区或更大的自然、行政区域内的泥石流灾害进行评价，其特点是面积大，致灾体的成灾条件复杂，致灾因素多样，承灾体类型多、分布广、特征复杂，许多因素具有较高程度的模糊性和不确定性，因此采用的指标多为相对指标，评价结果定量化程度较低。

(一)泥石流活动发育程度评价

1. 泥石流发展阶段的评价

泥石流发展期的识别见表3-6。

表3-6　泥石流发展期的识别

识别标记	形成期(青年期)	发展期(壮年期)	衰退期(老年期)	停歇或终止期
沟口地貌	沟口出现扇形堆积地形或扇形地处于发展中	沟口扇形堆积地形发育、扇缘及扇高在明显增长中	沟口扇形堆积在萎缩中	沟口扇形地貌稳定
主河河型	堆积扇发育逐步挤压主河，河型间或发生变形、无较大变形	主河河型受堆积扇发展控制，河型受迫弯曲变形，或被暂时性堵塞	主河河型基本稳定	主河河型稳定
主河主流	仅主流受迫偏移，对对岸尚未构成威胁	主流明显被挤偏移、冲刷对岸河堤、河滩	主流稳定或向恢复变形前的方向发展	主流稳定
新老扇形地关系	新老扇叠置不明显或为外延式叠置，呈叠瓦状	新老扇叠置覆盖外延、新扇规模逐步增大	新老扇呈后退式叠盖、新扇规模逐步变小	无新堆积扇发生
扇面变幅(m)	0.2~0.5	>0.5	−0.2~0.2	无或为负值
冲淤	以淤为主	以淤为主	有冲有淤，由淤转冲	平衡或下切
泥沙补给	不良地质现象在扩展中	不良地质现象发育	不良地质现象在缩小控制中	不良地质现象渐趋稳定
松散物储量(万 m^3/km^2)	5~10	>10	1~5	<1
松散物状态　高度	H=10~30 m 高边坡堆积	H>30 m 高边坡堆积	H<30 m 边坡堆积	H<5 m
松散物状态　坡度	25°~32°	>32°	15°~25°	<15°
植被	覆盖率下降，30%~10%	以荒坡为主，覆盖率<10%	覆盖率增长，30%~60%	覆盖率较高，>60%
沟槽变形　纵	中强切蚀、溯源冲刷、沟槽不稳	强切蚀，溯源冲刷发育、沟槽不稳	中弱切蚀，溯源冲刷不发育、沟槽趋稳	平衡稳定
沟槽变形　横	纵向切蚀为主	纵向切蚀为主，横向切蚀发育	横向切蚀为主	无变化
触发雨量	逐步变小	较小	较大并逐步增大	
沟坡	变陡	陡峻	变缓	缓
沟形	裁弯取直、变窄	顺直束窄	弯曲展宽	自然弯曲、展宽、河槽固定
主支沟关系	主沟侵蚀速度≤支沟侵蚀速度	主沟侵蚀速度>支沟侵蚀速度	主沟侵蚀速度<支沟侵蚀速度	主支沟侵蚀速度均等

2. 泥石流活动规模的评判

泥石流活动规模依据泥石流一次堆积总量和泥石流洪峰量分为特大型、大型、中型和小型四级规模(见表3-7)。

表3-7　泥石流活动规模

分类指标	特大型	大型	中型	小型
泥石流一次堆积总量(万 m^3)	>100	10~100	10~100	<1
泥石流洪峰量(m^3/s)	>200	10~100	10~100	<50

3. 泥石流发生频率的判别

泥石流发生频率依据发生次数进行判别分级(见表3-8)。

表3-8　泥石流发生的频率分级

频率分级	高频	中频	低频	极低频
发生频率	*N*次/年~1次/5年	1次/(5~20年)	1次/(20~50年)	>1次/50年

4. 泥石流活动性的评判

1) 按暴雨强度判别泥石流发生的可能性

暴雨强度指标 R 的计算公式为:

$$R = K(H_{24}/H_{24(D)} + H_1/H_{1(D)} + H_{1/6}/H_{1/6(D)})$$

式中　K——前期降水量修正系数(无前期降水时 $K=1$,有前期降水时 $K>1$,但目前尚无可信的成果可供应用,现阶段可暂时假定 $K=1.1\sim1.2$);

H_{24}——24 h最大降水量,mm;

H_1——1 h最大降水量,mm;

$H_{1/6}$——10 min最大降水量,mm;

$H_{24(D)}$、$H_{1(D)}$、$H_{1/6(D)}$——该地区可能发生泥石流的24 h、1 h、10 min的限界雨值,见表3-9。

表3-9　可能发生泥石流的 $H_{24(D)}$、$H_{1(D)}$、$H_{1/6(D)}$ 的界限值

年均降水分区(mm)	$H_{24(D)}$	$H_{1(D)}$	$H_{1/6(D)}$	代表地区
>1 200	100	40	12	浙江、福建、台湾、广东、广西、江西、湖南、湖北、安徽及云南西部、西藏东南部等山区
1 200~800	60	20	10	四川、贵州、云南东部和中部、陕西南部、山西东部、辽东、黑龙江、吉林、辽西、冀北部和西部等山区
800~500	30	15	6	陕西北部、甘肃、内蒙古、京郊、宁夏、山西、新疆部分、四川西北部、西藏等山区
<500	25	15	5	青海、新疆、西藏及甘肃、宁夏两省区的黄河以西地区

根据统计综合分析结果(见表3-10)进行泥石流发生的可能评判。

2) 区域性泥石流活动性评判

根据对暴雨资料的统计分析,按24 h雨量(H_{24})等值线图分区,并结合泥石流形成的相

关地质环境条件进行区域性泥石流活动综合评判量化，按表3-11中的项目进行统计分析，确定泥石流活动性分区（见表3-12）。

表3-10　可能发生泥石流的雨情

是否发生分级	雨情分级	安全雨情	可能发生泥石流的雨情		
	等级界限	$R<3.1$	$R\geq3.1$		
发生概率等级	暴雨强度指标 R	$R<3.1$	$R=3.1\sim4.2$	$R=4.2\sim10$	$R>10$
	发生概率	0	<0.2	0.2~0.8	>0.8

表3-11　区域性泥石流活动综合评判量化

地面条件类型	极易活动区	评分	易活动区	评分	轻微活动区	评分	不易活动区	评分
综合雨情	$R>10$	4	$R=4.2\sim10$	3	$R=3.1\sim4.2$	2	$R<3.1$	1
阶梯地形	两个阶梯的连接地带	4	阶梯内中高山区	3	阶梯内低山区	2	阶梯内丘陵区	1
构造活动影响（断裂、抬升）	大	4	中	3	小	2	无	1
地震	$M_S\geq7$ 级	4	$M_S=7\sim5$ 级	3	$M_S<5$ 级	2	无	1
岩性	软岩、黄土	4	软、硬相间	3	风化和节理发育的硬岩	2	质地良好的硬岩	1
松散物及人类不合理活动（万 m^3/km^2）	很丰富 >10	4	丰富 5~10	3	较少 1~5	2	少 <1	1
植被覆盖率（%）	<10	4	10~30	3	30~60	2	>60	1

表3-12　区域性泥石流活动量化分级标准

分区	极易活动区	易活动区	轻微活动区	不易活动区
总分	28~22	21~15	14~8	<8

5. 泥石流活动强度的判别

泥石流活动强度按表3-13判别。

表3-13　泥石流活动强度判别

活动强度	堆积扇规模	主河河型变化	主流偏移程度	泥沙补给长度比（%）	松散物储藏量（万 m^3/km^2）	松散体变形量	暴雨强度指标 R
很强	很大	被逼弯	弯曲	>60	>10	很大	>10
强	较大	微弯	偏移	60~30	10~5	较大	4.2~10
较强	较小	无变化	大水偏	30~10	5~1	较小	3.1~4.2
弱	小或无	无变化	不偏	<10	<1	小或无	<3.1

6. 泥石流沟易发程度（严重程度）的数量化评判

泥石流沟易发程度（严重程度）的数量化评判见表3-14、表3-15。

表 3-14 泥石流沟易发程度(严重程度)量化表

序号	影响因素	量级划分							
		极易发(严重)A	得分	中等易发(中)B	得分	轻度易发(轻)C	得分	不易发 D	得分
1	崩塌、滑坡及水土流失(自然、人为)的严重程度	崩塌、滑坡等重力侵蚀严重,多深层滑坡和大型崩塌,表土疏松,冲沟十分发育	21	崩塌、滑坡发育,多浅层滑坡和中小型崩塌,有零星植被覆盖,冲沟发育	16	有零星崩塌、滑坡和冲沟存在	12	无崩塌、滑坡冲沟或发育轻微	1
2	泥沙沿程补给长度比	≥60%	16	60%~30%	12	30%~10%	8	<10%	1
3	沟口泥石流堆积活动程度	主河河形弯曲或堵塞,大河主流受挤压偏移	14	主河河形无较大变化,仅大河主流受迫偏移	11	主河河形无变化,主流在高水位时偏,低水位时不偏	7	主河无河形变化、主流不偏	1
4	河沟纵比降	≥21.3%	12	21.3%~10.5%	9	10.5%~5.2%	6	<5.2%	1
5	区域构造影响程度	强抬升区,6级以上地震区,断层破碎带	9	抬升区,4~6级地震区,有中小支断层	7	相对稳定区,4级以下地震区,有小断层	5	沉降区,构造影响小或无影响	1
6	流域植被覆盖率	<10%	9	10%~30%	7	30%~60%	5	≥60%	1
7	河沟近期一次变幅(m)	≥2.0	8	1.0~2.0	6	0.2~1.0	4	<0.2	1
8	岩性影响	软岩、黄土	6	软硬相间	5	风化强烈和节理发育的硬岩	4	硬岩	1
9	沿沟松散物储量(万 m^3/km^2)	≥10	6	5~10	5	1~5	4	<1	1

续表 3-14

序号	影响因素	量级划分							
		极易发(严重)A	得分	中等易发(中)B	得分	轻度易发(轻)C	得分	不易发 D	得分
10	沟岸山坡坡度	≥32°	6	32°~25°	5	25°~15°	4	<15°	1
11	产沙区沟槽横断面	V 形谷、U 形谷、谷中谷	5	宽 U 形谷	4	复式断面	3	平坦型	1
12	产沙区松散物平均厚度(m)	≥10	5	5~10	4	1~5	3	<1	1
13	流域面积(km^2)	0.2~0.5	5	5~10	4	0.2 以下，10~100	3	≥100	1
14	流域相对高差(m)	≥500	4	300~500	3	100~300	2	<100	1
15	河沟堵塞程度	严重	4	中等	3	轻微	2	无	1

表 3-15 泥石流沟易发程度数量化综合评判等级标准

是与非的判别界限值		划分易发程度等级的界限值	
等级	综合得分	发育程度等级	综合得分
是	44~130	强发育(极易发)	116~130
		强发育(中易发)	87~115
		中等发育(轻度易发)	44~86
非	15~43	弱发育(不易发)	15~43

(二)泥石流危险性评估

1. 泥石流灾害危险区的划分

泥石流活动危险区划分为极危险区、危险区、影响区和安全区(见表 3-16)。

表 3-16 泥石流活动危险区划分

危险分区	判别特征
极危险区	1. 泥石流、洪水能直接到达的地区:历史最高泥位或水位及历史泛滥线以下地区。 2. 河沟两岸已知的及预测可能发生崩塌、滑坡的地区:有变形现象的崩塌、滑坡活动区域内和滑坡前缘可能到达的区域内。 3. 堆积扇挤压大河被堵塞后诱发的大河上、下游的可能受灾的地区
危险区	1. 最高泥位或水位线以上加堵塞后的壅高水位以下的淹没区,溃坝后泥石流可能到达的地区。 2. 河沟两岸崩塌、滑坡后缘裂隙以上 50~100 m 范围内,或按实地地形确定。 3. 大河因泥石流堵江后在极危险区以外的周边地区仍可能发生灾害的区域
影响区	位于危险区与危险区相邻的地区,它不会直接与泥石流遭遇,但却有可能间接受到泥石流灾害的牵连而发生某些级别灾害的地区
安全区	极危险区、危险区、影响区以外的地区为安全区

2. 泥石流综合致灾能力的评判

泥石流综合致灾能力依据活动强度(见表 3-13)、活动规模(见表 3-7)、发生频率(见表 3-8)、堵塞程度(见表 3-3)等因素进行综合量化评估。

按表 3-17 进行分级量化,计算总分 F,并按表 3-18 进行泥石流综合致灾能力分级,分为很强、强、较强、弱四级。

表 3-17 致灾体的综合致灾能力分级量化表

活动强度	很强	4	强	3	较强	2	弱	1
活动规模	特大型	4	大型	3	中型	2	小型	1
发生频率	极低频	4	低频	3	中频	2	高频	1
堵塞程度	严重	4	中等	3	轻微	2	无堵塞	1

表 3-18　致灾体的综合致灾能力分级

总分 F 界限	16~13	12~10	9~7	6~4
泥石流的综合致灾能力	很强	强	较强	弱

3. 受灾体(建筑物)的综合承(抗)灾能力的评判

受灾体(建筑物)的综合承(抗)灾能力依据设计标准、工程质量、区位条件(参照表 3-16)、防治工程和辅助工程的效果等四个因素进行分级量化(见表 3-19),计算总分 E 并进行评估。

表 3-19　受灾体(建筑物)的综合承(抗)灾能力分级量化

设计标准	<5 年一遇	1	5~10 年一遇	2	10~50 年一遇	3	>50 年一遇	4
工程质量	较差,有严重隐患	1	合格,但有隐患	2	合格	3	良好	4
区位条件	极危险区	1	危险区	2	影响区	3	安全区	4
防治工程和辅助工程的效果	较差或工程失效	1	存在较大问题	2	存在部分问题	3	较好	4

分级量化计算总分 E。将受灾体(建筑物)的综合承(抗)灾能力分为很差、差、较好、好四级,见表 3-20。

表 3-20　受灾体(建筑物)的综合承(抗)灾能力分级

总分 E 界限	4~6	7~9	10~12	13~16
受灾体(建筑物)的综合承(抗)灾能力	很差	差	较好	好

4. 泥石流活动成灾概率的评价

泥石流活动危险性评估的核心是通过调查分析确定泥石流活动的危险程度或灾害发生的概率。泥石流活动是山区常见的地质灾害类型之一。在泥石流活动范围内,若和人类的生产、生活等经济设施相遭遇,产生的灾害(灾变)过程可以概化为:

$$D = F/E$$

式中　D——泥石流活动灾害发生概率;

F——泥石流的致灾能力;

E——受灾体(建筑物)的综合承(抗)灾能力。

$D<1$ 时,受灾体处于安全工作状态,成灾可能性最小;

$D>1$ 时,受灾体处于危险工作状态,成灾可能性最大;

$D\approx1$ 时,受灾体处于灾变的临界工作状态,成灾与否的概率各占 50%,要警惕可能成灾的那部分。

(三)泥石流防治评估决策

1. 泥石流防治评估紧迫性分析

根据综合致灾能力的强弱和受灾体综合承(抗)灾能力进行治理紧迫性分析(见表 3-21)。治理紧迫性判别结果可作为泥石流治理可行性综合评判的依据内容之一。根据综合危害性评价和治理紧迫性评价,对需进行治理的泥石流应提出勘查方案。

表 3-21 泥石流治理紧迫性分析

致灾能力(F)	承灾能力(E)			
	很差(4~6)	差(7~9)	较好(10~12)	好(13~16)
很强(16~13)	Ⅰ	Ⅰ	Ⅰ	Ⅱ
强(12~10)	Ⅰ	Ⅰ	Ⅱ	Ⅲ
较强(9~7)	Ⅰ	Ⅱ	Ⅱ	Ⅲ
弱(6~4)	Ⅱ	Ⅲ	Ⅲ	Ⅲ

2. 确定防治工作方向和阶段

根据泥石流调查结果,按其危害性、治理紧迫性、发生频数、防治经济合理性、治理难易程度等要素进行模糊综合评判,确定防治工作方向和阶段。评价因素、权重和评价集可参考表 3-22。

表 3-22 模糊综合评价因素集合评价集参考

评价因素集	权重值	评价集(治理必要性划分)B		
		必要	符合条件时必要	不必要(搬迁、避让、群防)
危害性	0.25	特大型(85~100)B_{11}	大中型(60~85)B_{12}	小型(<60)B_{13}
治理紧迫性	0.25	紧迫(85~100)B_{21}	较紧迫(60~85)B_{22}	预防为主(<60)B_{23}
发生频数	0.20	高频数(85~100)B_{31}	中频数(60~85)B_{32}	低频数(<60)B_{33}
防治经济合理性	0.15	合理(85~100)B_{41}	较合理(60~85)B_{42}	不合理(<60)B_{43}
治理难易程度	0.15	易治理(85~100)B_{51}	较易治理(60~85)B_{52}	难治理(<60)B_{53}

结合泥石流调查结果,对照表 3-22 中因素集对应的评价集,进行赋值对 $B_{11}\cdots B_{13},\cdots,B_{51}\cdots B_{53}$,每一行的赋值总分值不大于 100;单项值未赋值时为 0;权重值按专家推荐参数值,可形成模糊数学综合评判矩阵:

$$K=[0.25\quad 0.25\quad 0.20\quad 0.15\quad 0.15]\cdot\begin{bmatrix}B_{11} & B_{12} & B_{13}\\ B_{21} & B_{22} & B_{23}\\ B_{31} & B_{32} & B_{33}\\ B_{41} & B_{42} & B_{43}\\ B_{51} & B_{52} & B_{53}\end{bmatrix}$$

对上述矩阵按“取小”法则进行复合运算:

$$K=[K_1\quad K_2\quad K_3]$$

归一化后,取 K_1、K_2、K_3 中的最大值,即为 K 值,并按表 3-23 规则评判。

表 3-23 泥石流防治工作方向和阶段评判表

隶属度 K	工作方向和阶段
>0. 85	勘查治理
0. 7~0. 85	满足高频数、易治理条件时，勘查治理；否则进一步调查论证
0. 6~0. 7	满足高频数、易治理、经济合理条件时，勘查治理；否则搬迁、避让、群测群防
<0. 6	搬迁、避让、群测群防

四、泥石流灾害防治方案建议

对泥石流的防治，应坚持预防为主、避让为宜、以治为辅，防、避、治相结合的原则。泥石流的防治措施主要有以下几方面。

（一）预防措施

在上游汇水区，做好水土保持工作，如植树造林等；调整地表径流，使水不沿坡度较大处流动，以降低流速；加固岸坡，减少固体物质来源。

（二）穿过措施

修建隧道、明洞从泥石流下方穿过，泥石流在其上方排泄，这是铁路和公路通过泥石流地区的主要形式之一。

（三）防护措施

对泥石流地区的桥梁、隧道、路基及其他重要工程设施，修建一定的防护构筑物，如护坡、挡墙、顺坝和丁坝等，以防止泥石流对上述工程设施的冲击、淤埋等危害。

（四）排导措施

在泥石流下游设置排导工程，如急流槽、导流堤、渡槽等，以消除泥石流危害。导流堤的作用，主要在于改善泥石流的流向，同时也改善流速。急流槽的作用主要是改善流速，也改善流向。导流堤和急流槽组合成排导槽，以改善泥石流在堆积扇上的流势和流向，让泥石流循着指定的道路排泄，防止淤积。

（五）拦截措施

在泥石流中游流通区，设置一系列拦截构筑物，如拦挡坝、格栅坝、停淤场、溢流坝等，以便控制泥石流的固体物质和水的总量，降低泥石流的速度，减少泥石流对下游工程的危害。格栅坝适用于拦截流量较小、大石块含量少的小型泥石流，格栅坝的宽度应与沟槽相同，坝基应设在坚实的地基上。拦挡坝适用于沟谷的中上游或下游没有排沙或停淤的地形条件，且必须控制上游产沙的河道，以及流域采砂量大、沟内崩塌、滑坡较多的河段。拦挡坝坝体的最大高度不宜超过 5 m，坝顶宜采用平顶式。当两端岸坡有冲刷可能时，宜采用凹形。

对于防治泥石流的工程措施，常须多种措施结合应用，最常见的有拦渣坝与急流槽相结合的拦排工程，导流堤、拦渣坝和急流槽相结合的拦排工程，拦渣坝、急流槽和波槽相结合的明洞或渡槽工程等。防护工程也常与其他工程配合应用，多种工程措施配合使用比单纯采用某一种工程措施更为有效，也更为经济合理。

泥石流综合治理措施很多，概括起来可分为工程措施和生物措施两大类，见表 3-24。

表 3-24　泥石流的防治措施

措施	工程	工程项目	防治作用
工程措施	治水工程	蓄水工程	调蓄洪水,消除或削减洪峰
		引水、排水沟	引、排洪水,削减或控制下泄水量
		截水沟	拦截滑坡或水土流失严重地段的上方径流
		防御冰雪融化	提前融化冰雪,防止集中融化,加固或清除冰碛堤
		拦沙坝、谷坊	拦蓄泥沙,固定沟床,稳定沟岸滑坡,抬高侵蚀基准
		水改旱	减少入渗水量,停积泥石流体,减少地下水
		水渠防渗	防止渠水渗漏,稳定边坡
		坡改梯	防止坡面侵蚀,控制水土流失
		田间排、截水	引、排坡面径流,稳定边坡,减少侵蚀
		填缝筑埂	防渗拦沙,稳定边坡,减少侵蚀
	治土工程	挡土墙	稳定沟岸滑坡或崩塌体
		护坡、护岸	加固边坡、岸坡,免遭冲刷
		变坡	防止坡面冲刷
		潜坝	固定沟床,防止下切
	排导工程	导流堤工程	排导泥石流,防止泥石流冲淤
		顺水坝工程	高速导流,排泄泥石流
		排导沟工程	排泄泥石流,防止泥石流漫溢
		排导槽工程	在道路上方或下方筑槽,排泄泥石流
		明硐工程	以明硐形式排泄泥石流
		改沟工程	将泥石流沟口改至相邻沟道
	停淤工程	停淤场工程	利用开阔的低洼地区停积泥石流固体物质
		拦泥库工程	利用宽阔平坦的谷地停积泥石流,削减下泄量
生物措施	林业工程	水源涵养林	涵养水源,削减地表径流,削减洪峰
		水土保持林	控制侵蚀,减少水土流失
		护床防护林	保护沟床,防止冲刷、下切
		护堤固滩林	加固河堤,保护滩地,防风固沙
	农业工程	梯田耕作	水土保持,减少水土流失
		立体种植	提高植被覆盖率,减少地表径流
		免耕种植	促使雨水快速渗透,减少土壤侵蚀
		选择作物	选择水保效益好的作物,减少水土流失
	牧业工程	适度放牧	保持牧草覆盖率,减少水土流失
		圈养	护养草场,减轻水土流失
		分区轮牧	防止草场退化和水土保持能力降低
		改良牧草	提高产草率、覆盖率,减轻水土流失

五、图表编制

按照资料整理和报告编写要求应编制或清绘原始材料图、综合成果图、专门成果图，对观测和监测、测试和试验等记录、统计、分析、计算的各种数据进行归类制表。具体包括地形地貌图、实际材料图、基岩地质图、第四纪地质图、构造地质图、泥石流发育特征图、泥石流危害特征图、泥石流灾害分布图、泥石流灾害易发程度分区图、泥石流灾害危险性分区图、勘查区工程地质图、防治方案布置图、典型钻孔综合地质柱状图、竖井、坑探、探槽剖面图、稳定性计算剖面图、物理力学性质指标统计表、计算结果等。

主要图件要求如下：

(1)泥石流发育特征图。

比例尺 1:10 000~1:50 000，范围包括完整的沟域及危害区。在地形、地质测绘资料的基础上，概略反映形成泥石流的环境地质条件，重点标绘泥石流形成区(段)、流通区(段)和堆积区(段)的范围，补给泥石流的主要物源类型，在坡沟中的分布位置，松散固体物质量，补给地段和补给方式。标注各实测纵、横剖面位置，各试验点、取样点位置。

(2)泥石流危害特征图。

比例尺 1:1 000~1:10 000，范围包括整个危害区。标绘危害区范围界线、各企事业单位名称、各类主要建筑物设施名称、重要风景名胜点位置、交通线、桥梁、河道设施。镶表中对各类设施、人口等的数量、作用、价值、重要性进行简要说明。

(3)泥石流防治工程规划图。

比例尺 1:10 000~1:50 000，范围包括泥石流沟域及被保护区。标绘防治工程建筑物位置、结构类型、工程任务指标。主要工程结构断面可做镶图。

(4)泥石流防治生物工程规划图。

比例尺 1:10 000~1:50 000，范围包括泥石流沟域及被保护区。标绘现有林业地类型分片界线，规划林草区、片、带范围，规划林草地面积、主要树种等。

(5)地质图、第四纪地质图、泥石流灾害分布图、泥石流灾害易发程度分区图、泥石流灾害危险性分区图及其他相关图件等附图，按有关规范处理。

六、泥石流调查与评价报告编写

在勘查工作结束后，对全部实际资料进行综合分析研究，编制调查报告。报告书要对勘查区泥石流发育类型、形成原因(主要影响因素)、活动特征和发展趋势等进行阐述。对灾情现状和发展进行综合评估，并提出防治对策建议。

报告内容与格式如下：

序　言

目的任务；经济与社会发展概况；环境地质问题与地质灾害概况；以往调查工作程度；本次调查工作部署、方法、完成的工作量及质量评述。

第一章　地质环境条件

地形地貌；水文气象特征；地层岩性、地质构造、新构造运动与地震；岩土体类型与基本特征；水文地质特征；植被类型及分布特征；外动力地质现象及其发育规律；主要地质资源；人类工程经济活动类型及特征等。

第二章　泥石流发育分布特征及稳定性评价预测

泥石流种类、发育特征与分布规律,形成条件及影响因素,典型泥石流稳定性评价与预测。

第三章　泥石流危害程度和经济损失评估

评估原则、要求与方法,泥石流危害程度和经济损失评估。

第四章　泥石流危险性分区评价

根据泥石流流体的稳定状态、危害对象和危害程度等进行泥石流危险性分区评价。

第五章　地质环境保护与泥石流防治对策建议

结合工作区国民经济与社会发展规划,提出保护与防治原则与要求,重点保护与防治的地区、重点保护与防治的城镇、工程、交通干线及重要的居民点,重要的区域性保护与防治对策建议。为地方政府全面科学制订工作区泥石流防治规划提供详细可靠的地质依据。

第六章　结　论

本次调查工作的主要成果;工作质量综述;环境效益与防灾减灾效益评述;合理利用与保护地质环境与防治泥石流的建议,本次调查工作存在的问题与不足之处,下一步工作建议等。

附图及附表

知识小结

泥石流是指在山区沟谷或坡面由降水、融冰、决堤等自然和人为因素作用下发生的一种挟带大量泥、沙、石等固体物质的流体,是山区特有的一种突发性的地质灾害,是地质、地貌、水文、气象、植被等自然因素和人为因素综合作用的结果。泥石流调查内容包括地质条件调查、泥石流特征调查、泥石流诱发因素调查、泥石流危害性调查以及泥石流灾害的其他调查。调查方法主要采用测绘、勘探(地球物理勘探、山地工程、钻探)、测试与试验以及监测等手段。

知识训练

1. 泥石流的形成条件是什么?
2. 泥石流调查的主要内容有哪些?
3. 泥石流勘查分哪几个阶段进行?有哪些基本规定?
4. 泥石流灾害的防治工程具体有哪些措施?
5. 泥石流活动性评价内容是什么?
6. 泥石流特征值有哪些?

项目四　地面沉降调查与评价

码 4-1　地面沉降调查与评价

学习目标

知识目标：

1. 掌握地面沉降的形成条件、危害。
2. 掌握地面沉降调查与评价的主要技术方法。
3. 了解地面沉降的防治措施。

能力目标：

1. 具有地面沉降现场调查的能力。
2. 具备地面沉降灾情评价的能力。
3. 具备初步选择防治方案的能力。

任务思考

1. 如何开展地面沉降现场调查？
2. 地面沉降的现场调查工作都有哪些？
3. 地面沉降的防治措施都有哪些？

任务一　准备工作

【任务分析】

地面沉降调查的任务是收集已有地质基础资料，调查地面沉降及伴生地裂缝现象的基本情况，监测其变化情况，并开展评价工作，为地面沉降防治提供科学依据，为城市安全和经济社会可持续发展提供基础支撑。应熟悉关于地面沉降的形成因素、发育特征等知识，掌握地面沉降灾害的调查要点，收集相关资料和前期工作准备是进行地面沉降灾害调查和评价的基础。

【知识链接】

按照《地面沉降调查与监测规范》（DZ/T 0283—2015）、《地质灾害排查规范》（DZ/T 0284—2015）、《地质灾害危险性评估规范》（DZ/T 0286—2015）等相关标准规范的要求，做好前期准备工作。

【任务实施】

一、知识储备

(一)地面沉降概述

1. 地面沉降的概念

地面沉降是指因自然因素和人为活动引发松散地层压缩所导致的地面高程降低的地质现象。

世界上已有50多个国家和地区发生了地面沉降,比较严重的国家是美国、日本、墨西哥和意大利等。我国也有50多个大中城市出现了不同程度的地面沉降,较严重的有上海、天津、台北、苏州、常州、无锡、宁波等。

地面沉降灾害会给城市建筑物、道路交通、管道系统及给排水、防洪等带来诸多困难。因此,城市地面沉降已被列为十大地质灾害之一。它具有生成缓慢、持续时间长、成因复杂和防治难度大等特点,其影响范围之广、治理难度之大远远超过了其他城市地质灾害。

2. 地面沉降的形成原因

1)地面沉降的地质原因

从地质因素看,自然界发生的地面沉降大致有以下三种原因:

(1)地表松散地层或半松散地层等在重力作用下,在松散层变成致密的、坚硬或半坚硬岩层时,地面会因地层厚度的变小而发生沉降。

(2)因地质构造作用导致地面凹陷而发生沉降。

(3)地震导致地面沉降。

2)地面沉降的人为原因

地面沉降现象与人类活动密切相关。研究地面沉降的原因时,不难发现,人为因素已大大超过了自然因素。尤其是近几十年来,人类过度开采石油、天然气、固体矿产、地下水等地下资源,使储存这些固体、液体和气体的沉积层的孔隙压力发生趋势性的降低,有效应力增大,从而导致地层的压密。

(1)超采地下水引起地面沉降。

(2)开采地热引起地面沉降。

(3)开采油气资源引起地面沉降。

(4)地表荷载引起地面沉降。

3. 地面沉降的危害

地面沉降的基本危害如下:

(1)损失地面标高,造成雨季地表积水,防泄洪能力下降,沿海地区抵抗风暴潮的能力降低。

(2)城市管网遭到破坏。

(3)铁路安全受到威胁。

(4)河床下沉,河道防洪排涝能力降低。

(5)浅层地下水位相对变浅引起一系列环境问题:①市区建筑物地基承载力下降,造成建筑物地基破坏;②加快混凝土及金属管线的腐蚀,基础侵蚀增强;③降低交通干线路基的强度,缩短了使用寿命;④影响城市绿化,树木成活率低下;⑤加大城市建设成本;⑥土地盐碱化,工农业生产用水紧张。

(6)地面高程资料大范围失效。

(7)地裂缝频发危及城乡安全。

(8)油田油水井套管上窜影响油田的正常开发。

4. 我国地面沉降分布

我国地面沉降绝大多数是地下水超量开采所致,地域分布具有明显的地带性(松散岩层区)(见表4-1)。

表4-1 地面沉降主要发育环境和典型发育地区

地面沉降主要发育环境		典型发育地区
现代冲积平原		华北平原地区、松嫩平原地区、江汉平原地区
三角洲平原		长江三角洲地区、珠江三角洲地区
断陷盆地	近海式	滨海平原地区
	内陆式	汾渭平原地区

(二)地面沉降调查评价要点

1. 目的

调查地面沉降及伴生地裂缝现象的基本情况,监测其变化情况,并开展评价工作,为地面沉降防治提供科学依据,为城市安全和经济社会可持续发展提供基础支撑。

2. 任务

(1)采用遥感解译、野外调查、地球物理勘探、钻探、分析测试等方法系统调查地面沉降及伴生地裂缝的地质背景灾害现象、人类工程活动及灾害防治情况等。

(2)通过精密水准、GPS、InSAR(合成孔径雷达干涉测量技术)、土体分层沉降标组等技术手段,监测地面沉降及地下水动态变化。

(3)依据地面沉降调查与监测成果,对地面沉降发育、发展、危害程度及经济损失情况进行评价。

(4)根据综合分析调查和监测成果编制地面沉降调查、监测工作的成果报告,建立数据库并提交归档。

3. 地面沉降调查内容

1)地质背景调查

(1)地形地貌调查。

①自然地貌和人工地貌类型及其分布、高程、形态、成因时代、物质组成和地貌单元间的接触关系。

②水网分布与水文特征。

③地形地貌与地下水的形成、埋藏、富集、补给、径流、排泄的关系。

④与地面沉降、地裂缝相关的构造地貌特征、微地貌组合特征,灾害所处地貌单元的部位及其与地貌走向的关系等。

(2)基础地质调查。

①基岩埋深、岩性、成因类型、形成时代、分布特征等。

②第四纪地层分布、厚度、岩性、成因类型、形成时代、沉积环境、演化规律等。

③断裂(包括隐伏断裂和活动断裂)、活动时代和主要构造线的展布方向等;调查不同构造单元和主要断裂构造带在晚近地质时期以来的活动情况,以及全新世以来活动性断裂的规模、性质等,分析断裂的现今活动特征和规律。

④在地裂缝分布区,还应调查区内各种构造节理面的产状、形态、规模、性质、密度及其相互切割关系等。

(3)水文地质调查。

①水文地质结构和地下水基本特征。包括地下水赋存类型、主要含水层系统空间分布特征、水化学特征、水位变化等。

②地下水开发利用情况和地下水位动态特征。包括开采井及回灌井的分布、开采及回灌的层位与深度、抽水量和回灌量等。

(4)工程地质调查。

①岩土体的成因、类型、地质时代、埋藏分布和物理力学性质,并宜根据岩土体分布和地层组合特征,进行工程地质结构分区。

②软土、湿陷性土、膨胀土、吹填土等特殊性土及不良地质现象的分布和工程地质性质。

2)灾害现象调查

(1)建(构)筑物破坏调查。

①建(构)筑物破坏状况。包括墙体开裂、墙体裂缝的特征、开裂时间及变化情况。

②建(构)筑物基本性质和使用年限。

③周围地下水开采或其他工程活动对建(构)筑物的影响等。

(2)地面开裂调查。

①地面裂缝宽度、深度、走向、延展长度,以及高差形成时间和活动速率等。

②是否有群裂缝,调查地裂缝两侧地面的变形情况等。

(3)井口抬升调查。

①井管相对地面抬升情况。

②井管所处地段地基条件,有无松散填土分布。

③井管周围建筑物有无破坏情况。

(4)桥洞净空及结构调查。

①桥梁涵洞相对抬升情况。

②桥梁采用的基础形式。

③桥梁结构错动情况。

④河道通航变化情况等。

(5)市政设施破坏调查。

主要调查地下电力、燃气、电信、输水、输油、排水、供热等管线和地铁等地下隧道的变化破坏情况。

(6)港口码头或堤岸失效调查。

①港口码头或堤岸的岸坡变形情况、高程变化情况。

②水面变化规律,是否持续上升等。

(7)海水倒灌调查。

①海水倒灌的区域地质背景。

②临海(江、河、湖)堤岸的高程变化、海水倒灌时间、频率和规模等情况。

③海平面上升、潮汐等自然现象,以及与抽取地下水等因素和海水倒灌的关系。

(8)洪涝调查。

①防汛设施能力减弱或失效的变化情况。

②洪涝灾害发生的时间、次数、淹没范围、当时大气降水情况等。

③与水患有关的地面下沉、堤防管涌等环境地质问题特征与危害。

3)人类工程活动调查

(1)基本掌握区内社会经济发展环境、区域总体规划和建设交通发展规划等情况。

(2)主要工程建设活动的基本情况及其对地质环境的可能影响。

(3)人类工程活动与地面沉降、地裂缝之间的关系。

4)地质灾害防治情况调查

(1)地面沉降、地裂缝的监测与防治设施建设和应用情况。

(2)灾害发育区工程防护与防治措施等现状及其效果。

二、资料收集及技术任务书的编写

(一)资料收集

在开展调查与监测的过程中应进行有关资料的收集,包括城市 1:10 000 或 1:50 000 比例尺交通图和地形图、沉降区水文地质工程地质勘查资料、水资源管理方面的资料、市政规划现状及远景资料、沉降区内国家水准网点资料、城市测量网点资料、井和泉点的历史记录及历史水准点资料、研究沉降区水文地质及工程地质条件、历年水资源开采情况、已有的监测情况、地面沉降类型及沉降程度。分析地面沉降的原因、沉降机制,估算地面沉降的速率,划分出沉降范围及沉降中心,尽可能编制出地面沉降现状图,作为监测网点布设的原则依据。

(二)技术任务书的编写

在收集、整理和分析资料的基础上,编制技术设计书。当基础资料不足时,应按照相关规范要求对工作区进行现场踏勘和补充调查。地面沉降调查技术设计书应做到目的任务明确、依据充分、工作部署得当、技术方法合理、保障措施完备。编制提纲参考如下。

1. 前言:调查目的和任务;调查区的范围;调查的重要意义和作用等。

2. 任务设计的依据:设计任务书编制的主要原则;调查工作执行的主要技术规范及相关文件等。

3. 调查区概况:地形、地貌条件;地质环境条件;地面沉降、地裂缝发育现状和特征;以往工作程度等。

4. 调查工作部署:调查内容;技术路线;工作部署;工作计划安排;实物工作量;仪器设备;相关图件编绘等。

5. 调查方法及主要技术要求:调查工作方法;主要技术要求等。

6. 组织管理及人员安排:组织管理;人员构成与安排;任务分工;质量检查与验收等。

7. 预期提交成果:调查工作报告及相关图件;阶段工作报告及相关图件等。

8. 质量保障与安全措施:质量保障措施;安全及劳动保护措施等。

附(插)图:地面沉降调查工作区范围图、地面沉降调查研究程度图、地面沉降调查工作部署图。

任务二　现场调查

【任务分析】

地面沉降现场调查为了解地面沉降灾害区的地质背景(地层岩性、地质构造、水文地质、工程地质特征等),查明地面沉降灾害的分布范围、分布规律、危害程度,分析地面沉降灾害的影响因素(自然因素及人为因素)、形成条件及其成因机制;采用遥感解译、野外调查、地球物理勘探、钻探、分析测试等方法,系统调查地面沉降及伴生地裂缝的地质背景、灾害现象、人类工程活动及灾害防治情况等,通过精密水准、GPS、InSAR、土体分层沉降标组等技术手段监测地面沉降及地下水动态变化,对地面沉降发育、发展,危害程度及经济损失情况进行评价。

【知识链接】

按照《地面沉降调查与监测规范》(DZ/T 0283—2015)、《地质灾害排查规范》(DZ/T 0284—2015)、《地质灾害危险性评估规范》(DZ/T 0286—2015)、《工程地质手册》(第四版)等相关标准规范的要求,做好相关工作。

【任务实施】

一、遥感解译

(1)应充分采用多分辨、多时相遥感技术,遥感信息源宜选用卫星、航空遥感影像资料,遥感解译范围应大于调查区范围。

(2)解译时,宜选用具有代表性的 3 个及以上不同时期遥感影像进行对比分析。

(3)在地面沉降发育地区的前期调查中,宜优先利用 InSAR 技术进行区域性地面沉降及伴生地裂缝的宏观调查。

(4)对一般调查区地面沉降遥感调查结果应进行野外核查,核查数不应低于解译总数的 80%,并逐一填写调查卡片。

二、工程地质测绘

(1)野外调查按照水文地质、工程地质测绘工作方法进行,采用点、线、面相结合的方式进行各类灾害现象的实地调查和访问。

(2)调查范围和深度依据区域地质环境条件、地下流体开发利用现状与规划、灾害发育程度、人类工程活动及社会经济发展重要程度等综合因素确定。

(3)测绘比例尺要求:

①区域性大范围灾害普查,平面测绘比例尺可大于 1∶100 000。

②区(县)、市范围内的调查,平面测绘比例尺宜在1∶50 000~1∶100 000。

③重要规划区、重大线性工程等相对较大范围的调查,平面测绘比例尺宜在1∶10 000~1∶50 000。

④居民点和工程建设区的地面沉降调查,平面测绘比例尺宜在1∶1 000~1∶10 000,剖面测绘比例尺宜在1∶100~1∶1 000。

⑤地面沉降危害较大或重要的城市,应进行大比例尺工程地质测绘。

(4)对各类灾害现象应记录卡片、绘制手图、拍摄照片或影像等,并填写地面沉降调查表,详细调查工作区内存在的地面沉降及其催生地裂缝现象的基本情况。

(5)在地面沉降资料空白区或资料较少时,若有卫星观测数据,宜优先选用*InSAR*等先进技术调查灾害发育现状;若无卫星观测数据,应以收集和分析该地区地质资料为主要手段调查灾害发育现状。

(6)对已造成城镇、重要公共基础设施破坏且活动性较强的地面沉降及伴生地裂缝,应进行专门的勘查工作。

三、勘查

(一)地球物理勘探

在钻探及槽探工程进行之前,根据调查需要和工作区地质条件,选择有效的物探方法,包括电法、浅层地震、三维地震、重力、磁法及放射性等方法。另外,可根据工作需要在钻孔中进行地球物理测井。

(二)山地工程

结合地面沉降及伴生地裂缝的成因发育特征,可采用槽探、井探、硐探等山地工程与钻探结合、相互验证进行地面沉降与伴生地裂缝勘探。特别是在威胁城镇、重要公共基础设施且活动性较强的地面沉降伴生地裂缝地区是必要的。

(三)钻探

(1)宜根据地面沉降发育现状、岩土体和含水层系统特征,合理布置钻探勘探线和勘探网,勘探线宜通过地面沉降中心。

(2)钻孔孔深应根据钻探目的和具体要求确定,还应结合相关的测试要求设计孔深。水文地质钻孔孔深应揭露主要含水层(组)。

(3)通过物探、钻探等勘查手段,查明地表水入渗情况、产流条件、径流强度、冲刷作用,以及地表水的流通情况、灌溉、库水位及升降。

(4)钻孔布置宜一孔多用,开展抽水、渗(压)水等试验,求取水文地质参数。

(四)测试与试验

按照水文地质测绘、工程地质测绘、岩土工程勘察规范技术要求,进行岩、土、水样的采集、保存和测试等工作。在软土、黄土等特殊性土分布地区,宜进行黄土湿陷性、软土流变等相关特殊试验。为掌握地面沉降及伴生地裂缝发育机制或影响规律,可进行相关物理模型试验,模拟其应力、应变过程等。

(五)监测

地面沉降监测是在前期调查基础上,查明和研究地面沉降区的水文地质工程地质条件,预测、预报地面沉降的发展趋势,为进行地面沉降灾害研究评价,地面沉降的控制、减轻或防

治提供基础数据资料和技术支撑。其主要任务是:

(1)在查明水文地质、工程地质条件的基础上,进行地下水动态监测。

(2)在查明环境地质条件的基础上,在地面沉降严重区域布设监测网,通过定期的反复测量,观测地面沉降区沉降量的大小。

(3)通过对该区地下水位变化,地面沉降量,水文地质、工程地质条件的分析,查明该区地面沉降形成机制、成灾条件和发展趋势,为进一步防御和控制地面沉降提供必要的科学依据。

地面沉降监测是在与行政区划中的国家级、省(自治区、直辖市)级和地区级监测网相对应的区域骨干、区域控制和重点地区三级监测网下采用水准测量,*GPS* 测量,*InSAR* 地面沉降监测,基岩标、分层标(组)测量及地下水位动态监测等测量技术进行监测的(见表 4-2)。其技术方法主要如下:

表 4-2　地面沉降监测网分类和监测方法

按行政区划分类	按区位功能、服务对象分类	属性	监测网性质	监测设施	采用监测方法	用途
国家级检测网	区域骨干检测网	点	实时监测站	1. 全天候 GPS 固定站; 2. 地面沉降自动化监测站; 3. 区域地面沉降监控中心	优先采用 GPS 测量、InSAR 技术	国家层面快速、全面获取行政区或跨行政区地面沉降信息
		线	综合控制剖面	1. 全天候 GPS 固定站; 2. GPS 一级网点; 3. 基岩标、分层标组; 4. 城市水准网点; 5. 地下水动态监测井		
		面	骨干监测网	1. GPS 一级网; 2. 国家级地下水动态监测井		
省(区、市)级监测网	区域控制监测网	点	实时或人工	基岩标、分层标组	以 GPS 测量、InSAR 技术为主,水准尺为辅	在区域骨干监测网基础上适当加密和完善
		面	控制监测网	1. GPS 二级网; 2. 精密水准监测网		
地区级监测网	重点地区监测网	点	实时或人工	基岩标、分层标组	以精密水准测量、基岩标、分层标(组)监测技术为主	在区域控制监测网基础上适当加密和完善
		面	局部重点监测	精密水准监测网		

(1)水准测量。精密水准测量作为传统的地面沉降监测方法,具有前期投入小、施工过程简单,精度能够满足工程设施需要的优势。

(2)GPS 测量。GPS 具有全天候、自动化观测的优点,且其测量精度高,成果稳定可靠,在控制测量、施工测量、变形监测等领域中取得了很好的成果,并具有广阔的应用前景。

(3)InSAR 地面沉降监测。InSAR 是近 40 年发展起来的一种新型空间大地形变测量手段。凭借其全天时、全天候、大范围(几十千米到几百千米)、高精度(毫米到厘米级)和高空间分辨率(几米到几十米)的优势,InSAR 技术已经越来越得到专家、学者的认可,并被广泛应用于监测地震、火山运动、山体滑坡、冰川漂移、板块运动以及由地下水抽取、矿山开采和填海等引起的各种地表形变。

(4)基岩标、分层标(组)测量。它是最基本的方法之一。基岩标是指穿过松软岩层,埋在坚硬岩石(基岩)上的地面水准观测标志。分层标(组)是指埋设在不同深度松软土层或含水砂层中的地面水准观测标志。

(5)地下水位动态监测。按照水文地质单元和地下水的补给、径流、排泄条件布设地下水动态监测网,监测点密度应能反映地下水流场动态变化规律;监测井宜沿地下水流向与垂直地下水流向布设,在地下水开采影响地区的各主要开采含水层宜加密;在进行分层标(组)布设时,宜在同层次含水层同步布设地下水监测井;宜在同层次黏土层同步布设孔隙水压力监测孔。

任务三 成果资料整理

【任务分析】

地面沉降调查工作完成后,要对调查过程中所取得的各类资料进行整理、分析,并绘制图件、编写报告。

【知识链接】

资料整理后应汇总、归档。汇总的资料应包括设计资料,野外调查、监测、试验等原始资料,岩芯等实物资料,质量管理资料和综合研究报告等全部资料。归档的资料应完整、准确、系统。

【任务实施】

一、原始资料整理

地面沉降原始资料包括调查资料、工程地质测绘资料、地质勘查(钻探、物探)资料和监测资料。应对包括设计资料,野外调查、监测、试验等原始资料,岩芯等实物资料,质量管理资料和综合研究报告等全部资料进行分类汇总、归档。

(一)地面沉降调查资料

地面沉降调查资料整理的内容有:第四纪地质发展史和新构造运动情况资料;第四系地层岩性资料;基岩地层岩性、地质构造及其与区域地质构造的关系资料;地下水的储量、开采量、补给量资料;建筑物破坏、地表开裂资料;人类经济活动情况和经济发展趋势等资料。同时,提交地面沉降调查报告,评价地面沉降危害等级,提出防治方案。

(二)工程地质测绘资料

工程地质测绘资料整理的内容有:设计书;测绘方法;使用仪器;工程进度;地形图;地表水入渗、产流、径流、冲刷以及地表水的流通、灌溉、库水位及升降资料;开展渗水试验、渗透系数、地下水位等深线图等资料。

(三)地质勘查(钻探、物探)资料

地质勘查(钻探、物探)资料整理的内容有:勘探点线的布置;钻孔编录和钻孔柱状图资料;物探方法、仪器及成果(平面图、剖面图及物探解译)资料;第四系地层资料;隐伏断裂资料;抽注水试验资料以及地下水基本特征资料。

(四)监测资料

监测资料整理的内容包括:基岩标、分层标、孔隙水压力标、水准点、水动态监测网、水文观测点、海平面预测点的设置;水准测量和地下水开采量、地下水位、地下水压力、地下水水质监测及地下水回灌监测资料;建筑物和其他设施因地面沉降而破坏的定期监测资料和地面沉降速度、幅度、范围资料等。

二、地面沉降评价

地面沉降评价应以地面沉降调查、监测成果为依据,以地面沉降及伴生地裂缝历史强度、现状特征、变化趋势及影响规律等分析为基础,开展地面沉降评价,包括易发性评价、预测评价、危险性评价和经济损失评估等。

(一)地面沉降易发性评价

地面沉降易发性评价主要依据地形地貌、松散沉积层厚度、软土层厚度、地下水主采层数量等进行评价,分为高易发区、中易发区、低易发区、不易发区(见表 4-3)。

表 4-3　地面沉降易发性评价

判别要素	易发性评价			
	高易发区	中易发区	低易发区	不易发区
地形地貌	河口三角洲、内陆平原、盆地			
松散沉积层厚度(m)	≥150	100~150	50~100	<50
软土层厚度(m)	≥30	20~30	10~20	<10
地下水主采层数量(层)	≥3	2	1	无

(二)地面沉降灾害灾情预评价

地面沉降灾害灾情预评价应根据区域地面沉降资料以及历史伴生地裂缝活动资料及研究程度进行评价。其评价方法有历史演变趋势分析法、工程地质类比法、统计分析法、数值模型法等。

1. 评价方法

1)历史演变趋势分析法

历史演变趋势分析法是根据区域地质构造和地层结构以及水文地质条件,结合人类工程活动特征,应用岩土体变形破坏机制及基本规律,通过地面沉降和地裂缝调查研究,追溯其演变的全过程,对地面沉降和伴生地裂缝发展趋势和区域特征进行灾情预评价。

2)工程地质类比法

工程地质类比法应类比的内容有:地面沉降区(段)工程地质条件及水文地质条件;地面沉降主导因素及其发展趋势;地面沉降防治工程措施;区域地质构造背景;地层结构及水文地质条件;地裂缝诱发因素以及地裂缝分布特征及发展趋势等。

3）统计分析法

分析动态监测资料的内在联系，选择合适的参数，建立多元回归分析模型、时间序列分析模型、随机模型或双曲线模型、指数模型等统计分析模型；通过对模型输入和输出结果的分析、校正，选择合适的地下水开采方案进行地面沉降预测评价；对未来不同时间段内的伴生地裂缝活动量进行预测评价。

4）数值模型法

对复杂的水文地质、工程地质条件进行概化，建立地面沉降数值模型、地下水流模型等数学模型；利用地面沉降调查成果、地下水及分层监测成果、室内外试验资料、易发性评价成果等进行参数分区，选择合适的初始地质参数；对建立边界条件和数学模型的可靠性进行识别验证，并使计算所得地下水位、地下水流场、土层分层变形、地面沉降分布、地面沉降趋势等数据与以往实际监测资料和调查成果有最好的拟合性；选择合适的地下水开采方案，利用校正检验过的地面沉降数学模型进行预测评价。

2. 地面沉降发育阶段

地面沉降发育阶段可分为发生、发展、趋于稳定三个阶段。地面沉降阶段性预测见表4-4。

表4-4　地面沉降阶段性预测

阶段性	评价标准
发生阶段	地面高程出现降低现象；地面沉降速率逐渐增加
发展阶段	沉降速率明显增加，沉降范围急剧扩大，沉降规律更加明显
趋于稳定阶段	地面沉降基本稳定，未出现明显变化；地面沉降速率明显减小，趋于稳定

3. 地面沉降灾变等级

地面沉降调查应查明以下内容：沉降的位置、范围及面积；沉降量；沉降区的环境水文地质条件；沉降原因以及发展趋势。依据地面沉降面积、累计沉降量进行灾变等级划分（见表4-5）。

表4-5　地面沉降灾变等级划分

种类	指标	特大型	大型	中型	小型
地面沉降	沉降面积（km^2）	>500	500~100	100~10	<10
	累计沉降量（m）	>2.0	2.0~1.0	1.0~0.5	<0.5

（三）地面沉降危险性评价

地面沉降危险性评价依据地面沉降易发程度、地面沉降历史灾害强度、预测沉降速率、地势高程等进行评价（见表4-6）。划分为危险性大区、中等区和小区三个等级。

（1）表中任意两项或以上判别要素的最高者，确定为地面沉降危险性大区；

（2）符合任意三项判别要素的最低者，确定为地面沉降危险性小区；

（3）除上述之外地区确定为地面沉降危险性中等区。

三、地面沉降的防治

(一) 防治原则

地面沉降一旦形成便难以恢复,其发展过程基本上是不可逆的,影响也是持久的。因此,地面沉降的防治要遵循“以防为主,防治结合”的原则来进行。地面沉降的防治重在预防,但是对于已经发生地面沉降的地区,仍需采取措施进行治理。

表 4-6　地面沉降危险性评价表

判别要素	要素分区
地面沉降易发程度	高易发区
	中–低易发区
	不易发区
地面沉降历史灾害强度	大–较大强度区
	中强度区
	较小–小强度区
预测沉降速率	大–较大速率区
	中速率区
	较小–小速率区
地势高程	低–较低地势区
	中地势区
	较高–高地势区

(二) 防治措施

防治措施可分为监测预报措施、控沉措施、防护措施、避灾措施。

1. 监测预报措施

首先要加强地面沉降调查与监测工作,进行水准测量;进行地下水开采量、地下水位、地下水压力、地下水水质监测及回灌监测等。查明地面沉降及致灾现状,研究沉降机制,找出沉降规律,预测地面沉降速度、幅度、范围及可能危害,为控沉减灾提供科学依据,并建立预警机制。

2. 控沉措施

(1) 根据水资源条件,限制地下水开采量,防止地下水位大幅度持续下降,控制地下水降落漏斗规模。

(2) 根据地下水资源的分布情况,合理选择开采区,调整开采层和开采时间,避免开采地区、层位、时间过分集中。

(3) 人工回灌地下水,补充地下水水量,提高地下水位。

3. 防护措施

地面沉降除有时会引起工程建筑不均匀沉降外,主要是因沉降区地面标高降低,导致积洪滞涝、海水入侵等次生灾害。针对这些次生灾害,采取的主要防护措施是修建或加高加固防洪堤、防潮堤、防洪闸、防潮闸以及疏导河道,兴建排洪排涝工程、垫高建设场地、适当增加地下管网强度等。

4. 避灾措施

搞好规划,一些对沉降比较敏感的新扩建工程项目,要尽量避开地面沉降严重和潜在的沉降隐患地带,以免造成不必要的损失。

四、图表编制

地面沉降调查评价同样有大量的图和表需要及时编制。主要包括地面沉降发育特征图、地面沉降危害特征图、地面沉降防治工程规划图、地形地貌地质图、第四纪地质图、地面沉降灾害分布图、地面沉降灾害易发程度分区图、地面沉降灾害危险性分区图、遥感解译图等图件,以及监测记录、试验成果、计算统计等结果汇总表。

五、地面沉降调查与评价报告编写

地面沉降调查与评价报告内容应包括年度调查工作概况、调查方法技术、地面沉降动态规律分析、调查成果的综合分析和系统总结、调查成果图件的绘制,以及下年度工作建议等。要求报告的文、图结合,表达直观简洁,充分利用插图、插表、照片等方式。

报告参考格式如下:

1. 前言:调查目的和任务;调查意义、调查技术依据等。

2. 调查区工作概况:调查区概况;以往工作成果;调查工作范围、采用技术手段、调查工作实际材料图和工作量。

3. 调查区地质环境条件:地形地貌条件;地质环境条件;地面沉降及伴生地裂缝发育现状和特征。

4. 调查方法与技术要求:调查技术路线;调查方法及主要技术要求。

5. 地面沉降及伴生地裂缝调查:地质背景调查;地质灾害现象调查;人类工程活动调查;地质灾害防治情况调查;相关图件编绘。

6. 调查成果综合分析评价:调查成果综合分析与灾害动态特征;灾害现状与发展趋势评价;相关成果图件编绘。

7. 结论与建议:调查工作主要结论;监测与防治建议。

附图及附表。

知识小结

地面沉降是指因自然因素和人为活动引发松散地层压缩所导致的地面高程降低的地质现象。地面沉降的原因有地质原因,也有人为原因,人类工程活动是主要原因之一,我国地面沉降绝大多数是地下水超量开采所致,地域分布具有明显的地带性。地面沉降调查内容包括地质背景调查、灾害现象调查、人类工程调查、地质灾害防治情况调查。调查方法主要有遥感解译、工程地质测绘、勘查等。

知识训练

1. 地面沉降产生的原因有哪些?
2. 地面沉降调查的主要内容有哪些?
3. 地面沉降的评价要点有哪些?
4. 地面沉降的评价有哪几种类型?
5. 地面沉降的防治措施有哪些?
6. 如何进行地面沉降的灾度分级?

项目五　地面塌陷调查与评价

码 5-1　地面塌陷调查与评价

学习目标

知识目标：

1. 掌握地面塌陷的形成机制和致塌条件。
2. 掌握地面塌陷的调查要点、地面塌陷的危险区划分。

能力目标：

1. 掌握地面塌陷调查资料的整理方法。
2. 具有编写勘查报告的能力。
3. 掌握防治地面塌陷的控水措施、工程加固措施及非工程性防治措施。

任务思考

1. 地面塌陷调查要点是什么？
2. 防治地面塌陷的工程加固措施有哪些？

任务一　准备工作

【任务分析】

了解地面塌陷调查与评价的特点与定位，了解主要内容，掌握基本调查评价方法和各项准备工作。

【知识链接】

依据《地质灾害排查规范》（DZ/T 0284—2015）和《地质灾害危险性评估规范》（DZ/T 0286—2015）。

【任务实施】

微课 5-1　地面塌陷定义

一、知识储备

（一）地面塌陷概述

1. 概念

地面塌陷是指地表土体或岩体在自然因素或人为因素作用下，向下陷落，并在地面形成塌陷坑(洞)的一种动力地质现象。

2. 地面塌陷的基本类型

地下洞室可分为天然的和人为的两类。天然地下洞穴有岩溶洞穴、土洞(黄土洞穴、红土洞穴、冻胀丘冰核融化形成的土洞等)和熔岩(主要为新生代玄武岩)洞穴。由此,地面塌陷可分为岩溶地面塌陷、土洞地面塌陷和熔岩地面塌陷。人为地下洞室有矿井、采空区、人防工程、地铁、地下商场、地下车库、停车场、隧洞、下水道、涵洞及窑洞等。地面塌陷分事故型和非事故型两类。

在各种类型塌陷中,我国主要有岩溶塌陷、采空区塌陷及黄土地面塌陷三种。

3. 地面塌陷的危害

一方面,使塌陷区的工程设施(工业与民用建筑、城镇设施、道路路基、矿山及水利水电设施等)遭到破坏;另一方面,造成严重的水土流失,使自然环境恶化,影响资源的开发利用。

4. 地面塌陷的形成机制

地面塌陷是在特定地质条件下,因某种自然因素或人为因素触发而形成的地质灾害。由于不同地区地质条件相差很大,地下洞室拱顶失稳塌陷的主导因素不同,形成地面塌陷的原因很多,因此对地面塌陷形成机制的认识存在多种观点。

1)潜蚀机制

在地下水流作用下,岩溶洞穴和含盐土洞中的物质和上覆盖层沉积物产生潜蚀、冲刷和淘空作用,岩溶洞穴或溶蚀裂隙中的充填物被水流搬运带走,在上覆盖层底部的洞穴或裂隙开口处产生空洞。若地下水位下降,则渗透水压力在覆盖层中产生垂向的渗透潜蚀作用,土洞不断向上扩展,最终导致地面塌陷。

岩溶洞穴或溶蚀裂隙的存在、上覆土层的不稳定是塌陷产生的物质基础,地下水对土层的侵蚀搬运作用是引起塌陷的动力条件。自然条件下,地下水对岩溶洞穴或裂隙充填物质和上覆土层的潜蚀作用很缓慢,规模一般不大;人为抽取地下水,使地下水的侵蚀搬运作用大大加强,促进了地面塌陷的发生和发展。此类塌陷的形成过程大体可分为四个阶段:

(1)在抽水、排水过程中,地下水位降低,对上覆土层的浮托力减小,水力坡度增大,水流速度加快,潜蚀作用加强。溶洞充填物在地下水的潜蚀、搬运作用下被带走,松散层底部土体下落、流失而出现拱形崩落,形成隐伏土洞。

(2)隐伏土洞在地下水持续的动水压力及上覆土体的自重作用下,崩落、迁移,洞体不断向上扩展,引起地面沉降。

(3)地下水不断侵蚀、搬运崩落体,隐伏土洞继续向上扩展。当上覆土体的自重压力逐渐接近洞体的极限抗剪强度时,地面沉降加剧,在张性压力作用下,地面开裂。

(4)当上覆土体自重压力超过洞体的极限强度时,地面产生塌陷。同时,在其周围伴生有开裂现象。这是因为土体在塌落过程中,不但在垂直方向产生剪切应力,还在水平方向产生张力。

潜蚀机制解释了某些岩溶地面塌陷事件的成因。按照该理论,岩溶上方覆盖层中若没有地下水或地面渗水以较大的动水压力向下渗透,就不会产生塌陷。但有时岩溶洞穴上方的松散覆盖层中完全没有渗透水流仍会产生塌陷,说明潜蚀作用还不足以说明所有的岩溶地面塌陷的机制。

2)真空吸蚀机制

根据气体体积与压力关系的玻意尔-马略特定律,在密封条件下,当温度恒定时,随着气体体积的增大,气体压力不断减小。在相对密封的承压岩溶网络系统中,由于采矿排水、矿井突水或大流量开采地下水,地下水位大幅度下降。当水位降至较大洞穴覆盖层的底面以下时,洞穴内的地下水面与上覆洞穴顶板脱开,出现无水充填的洞穴空腔,即空洞。随着水位持续下降,空洞体积不断增大,空洞中的气体压力不断降低,从而导致空洞内形成负压力。洞穴顶板覆盖层在自身重力及溶洞内真空负压的影响下向下剥落或塌落,在地表形成塌陷坑或陷沟。

3)其他地面塌陷形成机制

(1)重力致塌模式:是指因自身重力作用使洞穴上覆盖层逐层剥落或者整体下陷而产生地面塌陷的过程和现象。它主要发生在地下水位埋藏深、溶洞及土洞发育的地区。

(2)冲爆致塌模式:洞穴通道、空洞及土洞中储存的高压气团和水头,随着地下水位上涨,压力不断增加;当其压强超过洞穴顶板的极限强度时,就会冲破岩土体发生“爆破”并使岩土体破碎;破碎的岩土体在自身重力和水流的作用下陷入岩溶洞穴,在地面则形成塌陷。冲爆致塌现象常发生于地下暗河的下游。

(3)振动致塌模式:是指由于振动作用,岩土体发生破裂、位移和沙土液化等现象,降低了岩土体的机械强度,从而发生地面塌陷。在岩溶发育地区,地震、爆破或机械振动等经常引发地面塌陷。

(4)荷载致塌模式:是指溶洞或土洞的覆盖层和人为荷载超过了洞顶盖层的强度,压塌洞顶盖层而发生的塌陷过程和现象。如水库蓄水,尤其是高坝蓄水,可将库底岩溶洞穴的顶盖压塌,造成库底塌陷,库水大量流失。

应当指出,地面塌陷实际上常常是在几种因素的共同作用下发生的。例如,洞顶的土层在受到潜蚀作用的同时,往往还受到自身的重力作用。

5. 地面塌陷的形成条件

1)地质条件

(1)岩性条件。

易溶解、冲刷流失形成空洞的岩石。如可溶性岩石的存在是岩溶地面塌陷形成的物质基础。

(2)地下水动力条件。

在地下水作用下,岩石易溶解、冲刷流失形成空洞,出现地面塌陷。如岩溶塌陷主要取决于地下水作用下形成溶洞的存在和规模大小。

(3)盖层条件。

在其他条件相同的情况下,第四纪盖层的厚度越大,成岩程度越高,塌陷越不易产生;相反,盖层薄且结构松散的地区,则易形成地面塌陷。

(4)地貌条件。

在河床两侧及地形低洼地段,地表水和地下水的水力联系紧密,相互转换比较频繁,在自然条件下就可能发生侵蚀作用,形成土洞,进而产生地面塌陷。

2)新构造运动条件

地面塌陷主要发生在新构造运动的上升区,由于地壳上升,地下水位相对下降,包气带加厚,地下洞穴空洞扩大或处于潜水面以上,有利于地面塌陷的发生。我国云贵高原、黄土高原多发生地面塌陷地质灾害。

3)气候条件

久旱无雨会造成地下水位下降,从而引发地面塌陷。长时间暴雨,会造成伏流与暗河的下游产生冲爆致塌、岩溶塌陷,以及土洞和窑洞地面塌陷。

4)人为条件

(1)无序采矿,造成地下水位下降,引发地面塌陷。

(2)过度开采地下水引发地面塌陷。

(二)地面塌陷调查与评价要点

1.目的

通过开展地面塌陷调查,查明地面塌陷发育的现状、特征及其水文地质、工程地质条件,进行地面塌陷易发性区划,为国家与地方政府防灾减灾提供基础支撑。

2.任务

(1)采用遥感解译、野外调查、地球物理勘探、钻探、分析测试等方法系统调查地面塌陷的地质背景灾害现象、人类工程活动及灾害防治情况等现状,查明塌陷的数量、类型、发育特征和分布规律。

(2)开展地面塌陷发育的地质环境背景和水文地质、工程地质条件调查,查明可溶岩分布、覆盖等特征,地下水动力条件,诱发地面塌陷的人类工程活动(如采空)情况等。

(3)依据地面塌陷调查成果,对地面塌陷发育发展、危害程度及经济损失情况进行评价。

(4)通过综合分析调查成果编制地面塌陷调查工作的成果报告,建立数据库并交归档。

3.地面塌陷调查内容

1)地质背景调查

(1)自然地理条件调查。

掌握调查区气象、水文、地形、地貌、植被、经济发展等情况。

(2)基础地质调查。

查明调查区地层岩性、地质构造等基础地质条件。

在极易发生地面塌陷的岩溶地区,要查明岩溶发育阶段,在岩溶水补给区要注重调查干谷、盲谷、漏斗、落水洞、溶蚀洼地、陷落柱分布位置和排列方式(星散状还是线状)等溶洞或地下河存在的标志。在黄土地区要查明地层分布、厚度、落水洞等条件。

(3)水文地质调查。

查明地下水埋藏和分布特征、地下水补给径流条件、地下水动态特征以及地下水开发利用等情况。

(4)工程地质调查。

查明岩、土体的埋藏分布和物理力学性质以及调查区不良地质现象的分布等工程地质条件。

2)灾害现状调查

(1)地表变形特征和分布规律。包括地表陷坑、台阶、裂缝位置、形状、大小、深度、延伸方向等。

(2)地表移动塌陷盆地的特征。划分中间区、内边缘和外边缘区,确定地表移动和变形的特征值。

(3)收集调查建(构)筑物破坏变形等情况的资料。

(4)处理措施等。

3)人类工程活动调查

(1)基本掌握区内社会经济发展、规划和建设等情况。

(2)采矿、地下水开采、工程建设等人类活动的基本情况及其对地质环境的可能影响。

(3)人类工程活动与地面塌陷之间的关系。

4)地质灾害防治情况调查

(1)了解地面塌陷的监测与防治设施建设和应用情况。

(2)灾害发育区工程防护与防治措施等现状及其效果。

二、资料收集及工作任务书的编写

(一)资料收集

地面塌陷调查与评价首要工作是收集分析资料。因此,必须广泛收集遥感资料、地形地貌资料、地质资料、水文地质资料、工程地质资料、气象水文资料及人类经济活动资料等。

岩溶地面塌陷还应收集下列资料:

(1)已有钻孔资料,统计分析钻孔遇洞率、线岩溶率,结合地面地质构造、岩性特点,分析区内岩溶发育程度与分布规律、岩溶水环境条件等。

(2)地下水开采历史与现状。

采空地面塌陷还应收集下列资料:

(1)矿山开采历史过程和闭坑方式、时间,塌落时间、过程。

(2)地下巷道布置、形态大小、埋藏深度,采厚与采深,采空区位置、形态与规模,矿体的分布,顶底板岩性和结构构造,采空区塌落体密实程度,空隙和积水。

根据所收集资料,对整个工作区内的地面塌陷基本情况、地形地貌、地质、水文等方面有初步了解,以对下一步现场调查做到有的放矢。

(二)项目设计书的编写

项目设计书编写应在现场踏勘,充分收集工作区相关资料的基础上,根据任务要求,全面分析前人成果,明确需要重点解决的问题,确定技术路线,科学部署工作,合理使用工作量。应做到依据充分、内容完整、工作部署合理、技术方法先进、经费预算合理、组织管理和质量保证措施有效可行、附图附表清晰齐全。设计书由项目主管部门组织审查、批准后组织实施,一经批准应严格执行。

任务二　现场调查

【任务分析】

地面塌陷调查宜以收集资料、调查访问为主。工程地质测绘是地面塌陷调查主要方法之一,应掌握工程地质测绘的工作程序、要求和精度及对地面崩塌的研究描述内容,并了解采用其他方法进行崩塌调查的要点内容。

【知识链接】

依据《地质灾害排查规范》(DZ/T 0284—2015)和《地质灾害危险性评估规范》(DZ/T

0286—2015)等相关规范。

【任务实施】

一、测绘

(一)地形地貌测绘

测绘比例尺1∶5 000~1∶10 000,根据需要可更大。

宏观地形地貌:河流、分水岭、台地、阶地、溶蚀洼地、地表岩溶湖、地下岩溶湖等位置、界线;微观地形地貌:溶沟、漏斗、落水洞、入水洞、出水洞、穿山洞、陷落柱、塌陷坑、岩溶泉等。

(二)工程地质结构特征测绘

松散堆积物按工程地质分类分层测绘辅以形成时代,基岩分可溶性岩石和非可溶性岩石(隔水层岩石)分层测绘辅以形成时代;重要断裂采用追索法测绘,统计节理、裂隙、溶孔、溶隙,提交岩性工程地质图。

(三)水文地质测绘

按有关规范执行,提交第四纪水文地质图、基岩水文地质图、地下水等水位线图和岩溶水径流图。

(四)塌陷调查

岩溶塌陷的成因、形态、规模、分布密度、土层性质、结构和厚度,对已有建筑物的破坏损失情况,圈定影响范围;土洞的成因及发展趋势;当地防治岩溶塌陷、土洞的经验。

采空塌陷地表变形和分布特征包括地表陷坑、台阶、裂缝等的位置、形状、大小、深度、延伸方向,并分析与采空区、地质构造、开采边界等的关系;地表建筑物变形及其处理措施;当地防治采空地面塌陷的经验。

(五)人类工程活动测绘

地表:建筑物、道路、桥梁等。地下工程:隧道、地铁、煤气管线、给排水管线、人防工程、地下商场、窑洞等。

(六)测绘路线

除重要断裂采用追索法外,其他采用穿越法。

二、勘查

(一)勘探的目的、任务

主要是查明地下洞室的位置、规模,断裂带规模,可溶性岩层厚度及岩溶率,松散覆盖层的岩性、厚度,采集岩土样,以备试验用;利用钻孔进行抽水试验。

(二)勘探线布置原则

采用主辅剖面法,布置纵、横剖面勘探线,勘探线应由钻探、井探、槽探及物探等勘探点构成。纵向勘探线沿可溶性岩层或采空区走向布置,不同地下洞室均应有主勘探线控制,其两侧可布置辅助勘探线。横向勘探线沿岩层倾向布置,物探线应与钻探线重叠。

(三)勘探原则

应先进行横向勘探,后进行纵向勘探。

(四)钻孔深度

以穿透断裂带、可溶性岩层或采空区为原则,其下 5 m 终孔。

三、测试

(1)水文地质试验——注、抽水试验。

(2)工程地质试验——测试岩土物理力学参数。

(3)可溶性岩石岩溶率试验。根据岩溶率亦可将岩溶塌陷危险区划分为重度危险区、中度危险区、轻度危险区、基本无塌陷区。

①岩溶塌陷重度危险区:岩溶率>10%,塌陷活动强烈,可能造成人员伤亡,房屋、道路、环境破坏较重。

②岩溶塌陷中度危险区:岩溶率 2%~10%,塌陷活动较强烈,可能造成人员伤亡,工程设施和环境受到破坏。

③岩溶塌陷轻度危险区:岩溶率<2%,塌陷活动微弱,主要表现为地面沉降,工程设施和环境受到轻微破坏。

④基本无塌陷区:浅层无可溶性岩石或仅有零星可溶性岩石夹层,覆盖层厚度大于 120 m,基本无危害。

四、监测

(一)地质雷达监测

地面塌陷的产生在时间上具有突发性,在空间上具有隐蔽性。因此,对岩溶发育地区或采空区难以采取地面监测手段进行塌陷监测和时空预报。美国学者 Benson 等曾在北卡罗来纳州威明顿西南部的一条军用铁路沿线进行过地质雷达探测溶洞并进行预报的试验,该项工作从 1984 年开始,共历时 3 年。试验中,每隔半年用地质雷达以相同的频率(80 MHz)、相同的牵引速度沿 1 113 m 的铁路线扫描一次,通过不同时间探测结果的对比,圈定扰动点并做出预报。结果表明,地质雷达因能提供具高度可重复性的监测资料,完全可以达到对塌陷进行长期监测的目的。然而由于地质雷达设备昂贵,探测成本较高,难以在监测中广泛应用。此外,可用于岩溶地面塌陷的探测方法和仪器还有浅层地震、电磁波、声波透视(CT)等。

(二)地理信息系统(GIS)技术的应用

近年来,地理信息系统(GIS)技术的应用,使得岩溶地面塌陷危险性预测评价上升到一个新的水平。利用 GIS 的空间数据管理、分析处理和建模技术,对潜在塌陷危险性进行预测评价,已经取得了良好的效果(雷明堂等,1998)。但这些预测方法多局限于对研究区潜在塌陷的危险性分区,并没有解决塌陷的发生时间和空间位置的预测预报问题。某些可引起岩溶水压力发生突变的因素,如振动、气体效应等,有时也可成为直接致塌因素,甚至在通常情况下不会发生塌陷的地区出现岩溶地面塌陷。因此,如何进行地面塌陷的时空预测预报已成为地面塌陷灾害防治研究中的前沿课题。

任务三　成果资料整理及报告编写

【任务分析】

地面塌陷调查与评价内业资料整理的主要内容就是对野外调查及勘探、试验、监测等各项原始资料、数据进行统计整理、归纳分析,绘制图表,对地面塌陷特征进行认识评价,编写调查与评价报告。

【知识链接】

依据《地质灾害排查规范》(DZ/T 0284—2015)和《地质灾害危险性评估规范》(DZ/T 0286—2015)。

【任务实施】

一、原始资料整理

地面塌陷调查工作完成后,要对所取得的各类资料进行整理、分析,并编写报告。

地面塌陷成果资料包括地面调查资料、工程地质测绘资料、钻探物探资料和监测资料。

地面调查资料整理内容有地形地貌资料(重点岩溶地貌资料、地下河或溶洞的地表标志资料),第四纪地层岩性资料,地下水的储量、开采量、补给量资料,基岩地层岩性、地质构造及其与区域地质构造的关系资料,第四纪地质发展史和新构造运动情况资料,水文气象资料,建筑物破坏、地表开裂资料,人类经济活动情况和经济发展趋势等资料。同时,提交地面塌陷调查报告,评价地面塌陷危害等级,提出防治方案。

工程地质测绘资料包括设计书,测绘方法,使用仪器,工程进度,地形图,宏观地形地貌和微观地形地貌资料,岩性工程地质图,抽、渗水试验资料,第四纪水文地质图,基岩水文地质图,地下水等水位线图和岩溶水径流图等资料。

勘探与测试资料包括勘探点线的布置,钻孔编录和钻孔柱状图资料,物探方法、仪器及成果(平剖面图及物探解译)资料,第四纪地层资料,隐伏断裂资料,抽注水试验资料,地下水基本特征资料和岩溶率资料。

监测资料整理的内容包括地质雷达、浅层地震、电磁波、声波透视(CT)监测资料和地理信息系统(GIS)技术资料等。

二、地面塌陷评价

(一)采空塌陷

1. 采空塌陷现状评估要求

采空塌陷现状评估应符合下列要求:

(1)按表 5-1 确定采空塌陷发育程度。

(2)分析采空塌陷发生的诱发因素。包括地下水位变化、地震等自然因素,以及采矿、抽排水、开挖扰动、震动、加载等人为因素。

(3)按表1-13确定采空塌陷的危害程度。

(4)按表1-14对采空塌陷危险性现状进行评估。

表5-1　采空塌陷发育程度分级

发育程度	参考指标							发育特征
	地表移动变形量				开采厚度比	采空区及其影响带占建筑场地面积(%)	治理工程面积占建筑场地面积(%)	
	下沉量(mm/a)	倾斜(mm/m)	水平变形(mm/m)	地形曲率(mm/m^2)				
强	>60	>6	>4	>0.3	<80	>10	>10	地表存在塌陷和裂缝;地表建(构)筑物变形开裂明显
中等	20~60	3~6	2~4	0.2~0.3	80~120	3~10	3~10	地表存在变形及地裂缝;地表建(构)筑物有开裂现象
弱	<20	<3	<2	<0.2	>120	<3	<3	地表无变形及地裂缝;地表建(构)筑物开裂现象

2. 采空塌陷预测评估要求

采空塌陷预测评估应包括以下内容:

(1)根据工程的特点、荷载的大小、采空区的特点、地质情况确定工程建设引发或加剧采空塌陷的预测。

(2)工程建设可能遭受采空塌陷的预测包括以下内容:

①预测矿区未来开采对工程建设的影响。

②预测地下水位变动、建筑物荷载及其他不利因素作用下,采空区的稳定性及变形特点,评估工程建设所可能遭受的灾害。

(3)按表5-2预测工程建设遭受采空塌陷的可能性,按表1-13确定采空塌陷的危害程度,按表5-3预测规划用地或建设用地遭受采空塌陷灾害的危险性。

表5-2　采空塌陷发生的可能性

发生的可能性	描述
大	1. 浅部缓倾斜矿层采空面积>拟建场区的2/3,且采空厚度>2.5 m(法向厚度)的地段;浅部急倾斜矿层采空厚度>3 m(法向厚度)。 2. 现采空区及未来采空区开采中的特殊地段:在开采过程中可能出现非连续变形的地段;地表移动活跃的地段;特厚矿层和倾角>55°的厚矿层露头地段;由于地表移动和变形引起边坡失稳和山崖崩塌的地段;矿层开采后有诱发泥石流的地段。现采空区、未来采空区及老采空区地表变形符合地表倾斜>10 mm/m,地表曲率>0.6 mm/m^2 或地表水平变形>6 mm/m 的地段。 3. 工程建设有诱发采空塌陷且防治难度大的地段

续表 5-2

发生的可能性	描述
中	1. 浅部缓倾斜矿层采空区面积≤拟建场区的 2/3 或者采空厚度<2. 5 m(法向厚度)的地段;浅部急倾斜矿层采空厚度≤3 m(法向厚度)。 2. 现采空区、未来采空区及老采空区地表变形符合:地表倾斜 3~10 mm/m,地表曲率 0. 2~0. 6 mm/m² 或地表水平变形 2~6 mm/m 的地段。 3. 工程建设有诱发采空塌陷的可能,需要专门防治,防治难度中等
小	1. 浅部无采空区;采空区不具备发生采空塌陷的条件。 2. 现采空区、未来采空区及老采空区地表变形符合:地表倾斜<3 mm/m,地表曲率<0. 2 mm/m² 或地表水平变形<2 mm/m 的地段。 3. 工程建设不会诱发采空塌陷

注:1. 对于"大",1~3 中任何一条符合,应定为"大";对于"小",1~3 均满足,定义为"小";对于"中",符合一条,但不符合"大"任何规定,定为"中"。
2. 表中地表变形参数应根据实测数据进行计算,对于缺失地表变形资料的,可根据理论计算或地表调查结果综合分析确定。

表 5-3　采空塌陷危险性预测评估

工程建设引发或加剧采空塌陷发生的可能性	危害程度	发育程度	危险性等级
工程建设位于采空区及采空塌陷影响范围内,引发或加剧采空塌陷的可能性大	大	强	大
		中等	大
		弱	大
工程建设位于采空区范围内,引发和加剧采空塌陷的可能性中等	中等	强	中等
		中等	中等
		弱	中等
工程建设邻近采空区及其影响范围,引发或加剧采空塌陷的可能性小	小	强	中等
		中等	中等
		弱	小

(二)岩溶塌陷

1. 岩溶塌陷现状评估

评估区位于碳酸盐岩为主的可溶岩分布地段,存在岩溶塌陷危险时,应进行岩溶塌陷灾害的调查与危险性评估。

岩溶塌陷的现状危险性评估应按照表 5-4 确定岩溶塌陷的发育程度,按表 1-13 确定岩溶塌陷的灾情,按表 1-14 确定岩溶塌陷的现状危险性。

2. 岩溶塌陷预测评估

(1)根据拟建工程的特点、荷载大小、与岩溶塌陷的位置关系、岩溶的发育情况等对工程建设引发或加剧岩溶塌陷进行预测。

(2)工程建设可能遭受岩溶塌陷的预测包括以下内容:

表 5-4　岩溶塌陷发育程度分级

发育程度	发育特征
强	1. 以质纯厚层灰岩为主，地下存在大中型溶洞、土洞或有地下暗河通过； 2. 地面多处下陷、开裂、塌陷严重； 3. 地表建(构)筑物变形开裂明显； 4. 上覆松散层厚度小于 30 m； 5. 地下水位变幅大
中	1. 以次纯灰岩为主，地下存在小型溶洞、土洞等； 2. 地面塌陷、开裂明显； 3 地表建(构)筑物变形有开裂现象； 4. 上覆松散层厚度 30~80 m； 5. 地下水位变幅不大
弱	1. 灰岩质地不纯，地下溶洞、土洞等不发育； 2. 地面塌陷、开裂不明显； 3. 地表建(构)筑物无变形、开裂现象； 4. 上覆松散层厚度大于 80 m； 5. 地下水位变幅小

①评估溶洞及土洞的自身稳定性和其在拟建项目附加应力作用下的稳定性。

②评估在建设场区地下水急剧升降时溶洞的稳定性；评估在地下水位急剧变化时，土洞的发展趋势及稳定性。

(3)按表 5-5 预测岩溶塌陷发生的可能性，按表 5-6 预测建设用地遭受岩溶塌陷灾害的危险性。

表 5-5　岩溶塌陷发生的可能性

发生可能性	描述
大	1. 建设用地下有大型地下暗河通过，岩溶塌陷发育强烈，地面多处下陷，防治难度大，防治费用高； 2. 建设用地下的溶洞及土洞自身稳定性差或者在拟建项目附加应力的作用下及地下水急剧变化的情况下稳定性差，防治难度大，防治费用高
中	1. 建设用地下的溶洞或土洞自身稳定性较差或者在拟建项目附加应力的作用下稳定性较差，有失稳的可能，需专门防治，防治难度适中，费用适中； 2. 建设用地下的溶洞或土洞在地下水急剧变化时，稳定性降低，有失稳的可能，需专门防治，防治难度适中，防治费用适中
小	建设用地的溶洞自然稳定，在拟建项目附加应力作用下及地下水位急剧变化时均能保持稳定，或者经过简单防治即能达到稳定要求

注：对于“大”，1 与 2 中任何一条符合，应定为“大”；对于“中”，符合一条，但不符合“大”中的任何规定，定为“中”。

表5-6　岩溶塌陷危险性预测评估分级

工程建设引发或加剧岩溶塌陷发生的可能性	危害程度	发育程度	危险性等级
工程建设位于岩溶塌陷及其影响范围内,引发或加剧岩溶塌陷的可能性大	大	强	大
		中等	大
		弱	大
工程建设位于岩溶塌陷影响范围内,引发和加剧岩溶塌陷的可能性中等	中等	强	中等
		中等	中等
		弱	中等
工程建设邻近岩溶塌陷影响范围,引发或加剧岩溶塌陷的可能性小	小	强	中等
		中等	中等
		弱	小

三、防治方案选择

(一)控水措施

为避免或减少地面塌陷的产生,最根本的办法是减少岩溶充填物和第四系松散土层被地下水侵蚀、搬运的机会。

1. 地表水防渗措施

在潜在的塌陷区周围修建排水沟,防止地表水进入塌陷区,减少向地下的渗入量,在地势低洼、洪水严重的地区围堤筑坝,防止洪水灌入岩溶孔洞和裂隙。

对塌陷区内严重淤塞的河道进行清理疏通,加速泄流,减少对岩溶水的渗漏补给。对严重漏水的河溪、库塘进行铺底防漏或人工改道,以减少地表水的渗入。对严重漏水的塌陷洞隙采用黏土或水泥灌注填实,采用混凝土、石灰土、水泥土、氯丁橡胶、玻璃纤维涂料等封闭地面,增强地表土层抗蚀强度,均可有效防止地表水冲刷入渗。

2. 地下水控制措施

根据水资源条件规划地下水开采层位、开采强度和开采时间,合理开采地下水。在浅部岩溶发育并有洞口或裂隙与覆盖层相连通的地区开采地下水时,应主要开采深层地下水,将浅层水封住,这样可以避免地面塌陷的产生。在矿山疏干排水时,在预测可能出现塌陷的地段,对地下岩溶通道进行局部注浆或帷幕灌浆处理,减少矿井外围地段地下水位下降幅度,这样既可避免塌陷的产生,也可减小矿坑涌水量。

开采地下水时,要加强动态观测工作,以此来指导合理开采地下水,避免产生岩溶地面塌陷。必要时,进行人工回灌,控制地下水位的频繁升降,保持岩溶水的承压状态。在地下水主要径流带修建堵水帷幕,减少区域地下水补给。在矿区修建井下防水闸门,建立有效的排水系统,对水量较大的突水点进行注浆封闭,控制矿井突水、溃泥。

(二)工程加固措施

工程加固措施主要有清除填堵法、跨越法、强夯法、钻孔充气法、灌注填充法、深基础法及旋喷加固法等。

1. 清除填堵法

清除填堵法常用于相对较浅的塌陷坑或埋藏浅的土洞。首先清除其中的松土，填入块石、碎石形成反滤层，其上覆盖以黏土并夯实。对于重要建筑物，一般需要将坑底与岩基面的通道堵塞，可先开挖，然后回填混凝土或设置钢筋混凝土板，也可进行灌浆处理。

2. 跨越法

跨越法用于比较深大的塌陷坑或土洞。对于大的塌陷坑，当开挖回填有困难时，一般采用梁板跨越，两端支撑在坚固岩、土体上的方法。对建筑物地基而言，可采用梁式基础、拱形结构，或以刚性大的平板基础跨越、遮盖溶洞，避免塌陷危害。对道路路基而言，可选择塌陷坑直径较小的部位，采用整体网格垫层的措施进行整治。若覆盖层塌陷的周围基岩稳定性良好，也可采用桩基栈桥方式使道路通过。

3. 强夯法

在土体厚度较小、地形平坦的情况下，采用强夯砸实覆盖层的方法消除土洞，提高土层的强度。通常利用 10~12 t 的夯锤对土体进行强力夯实，可压密塌陷后松软的土层或洞内的回填土，提高土体强度，同时消除隐伏土洞和松软带，是一种预防与治理相结合的措施。

4. 钻孔充气法

随着地下水位的升降，溶洞空腔中的水、气压力产生变化，经常出现气爆或冲爆塌陷，因此，在查明地下岩溶通道的情况下，将钻孔深入到基岩面下溶蚀裂隙或溶洞的适当深度，设置各种岩溶管道的通气调压装置，破坏真空腔的岩溶封闭条件，平衡其水、气压力，减少发生冲爆塌陷的机会。

5. 灌注填充法

在溶洞里埋藏较深时，通过钻孔灌注水泥砂浆，填充岩溶孔洞或缝隙、隔断地下水流通道，达到加固建筑物地基的目的。灌注材料主要是水泥、碎料（砂、矿渣等）和速凝剂（水玻璃、氧化钙）等。

6. 深基础法

对于一些深度较大、跨越较大，无法采用跨越法的土洞、塌陷，通常采用桩基工程，将荷载传递到基岩上。

7. 旋喷加固法

在浅部用旋喷桩形成一层"硬壳层"，在其上再设置筏板基础。"硬壳层"厚度根据具体地质条件和建筑物的设计而定，一般 10~20 m 即可。

（三）非工程性防治措施

非工程性防治措施主要是开展地面塌陷风险评价，开展岩溶地面塌陷试验研究，增强防灾意识、建立防灾体系。

1. 开展地面塌陷风险评价

目前，地面塌陷评价只局限于根据其主要影响因素和由模型试验获得的临界条件进行潜在塌陷危险性分区，这对地面塌陷防治决策而言是远远不够的。因此，在地面塌陷评价中，需开展环境地质学、土木工程学、地理学、城市规划与社会经济学等多领域、多学科的协作，对潜在塌陷的危险性、生态系统的敏感性、经济与社会结构的脆弱性进行综合分析，才能达到对地面塌陷进行风险评价的目的。

2. 开展岩溶地面塌陷试验研究

开展室内模拟试验,确定在不同条件下地面塌陷发育的机制、主要影响因素以及塌陷发育的临界条件,进一步揭示岩溶地面塌陷发育的内在规律,为地面塌陷防治提供理论依据。

3. 增强防灾意识,建立防灾体系

广泛宣传地面塌陷灾害给人民生命财产带来的危害和损失,加强地面塌陷成因和发展趋势的科普宣传。在国土规划、城市建设和资源开发之前,要充分论证工程环境效应,预防人为地质灾害的发生。

建立防治地面塌陷灾害的信息系统和决策系统。在此基础上,按轻重缓急对地面塌陷灾害开展分级、分期的整治计划。同时,充分运用现代科学技术手段,积极推广地面塌陷灾害综合勘查、评价、预测预报和防治的新技术与新方法,逐步建立地面塌陷灾害的评估体系及监测预报网络。

四、图件绘制

绘制实际材料图、地形图、地貌图、第四纪水文地质图、基岩水文地质图、地下水等水位线图、基岩工程地质图、钻孔柱状图、地质剖面图、重要断裂横剖面图、物探平剖面图、基岩等高线图和地面塌陷危害分区图等。

五、报告编写

地面塌陷调查与评价报告和前述其他报告相类似,主要内容包括项目来源,前人工作程度,本次完成工作量及工作质量评述,所处地貌单元,第四纪地层岩性及发展史,新构造运动,水文地质条件,经济发展现状及经济发展局势,地面塌陷历史及成因机制,地面塌陷危险性评价(评价方法、危害等级及分区),地面塌陷破坏损失评价,地面塌陷防治方案。格式参照前述章节。

知识小结

地面塌陷是指地表土体或岩体在自然因素或人为因素作用下,向下陷落,并在地面形成塌陷坑(洞)的一种动力地质现象。地面塌陷的形成机制包括潜蚀机制、真空吸蚀机制、重力致塌模式、冲爆致塌模式、振动致塌模式、荷载致塌模式等。地面塌陷的调查内容包括地质背景调查、灾害现状调查、人类工程活动调查、地质灾害防治情况调查。地面塌陷调查评价主要从危险性评价、易损性评价、破坏损失评价等方面开展调查工作,并结合成因机制,制定防灾及治理对策。

知识训练

1. 地面塌陷产生的原因以及主要类型有哪些?
2. 地面塌陷主要采用的调查方法有哪些?
3. 地面塌陷危险性评价的要点有哪些?
4. 地面塌陷的防治措施有哪些?

项目六　地裂缝调查与评价

码 6-1　地裂缝调查与评价

学习目标

知识目标：

1. 掌握地裂缝的形成机制。
2. 掌握地裂缝的形成特征、分布规律。
3. 掌握地裂缝调查方法及评价要点。

能力目标：

1. 具备地裂缝调查评价的能力。
2. 具备编写勘查报告的能力。
3. 掌握地裂缝的防治措施。

任务思考

1. 地裂缝按成因分类有哪些？构造地裂缝成因机制是什么？
2. 地裂缝调查方法有哪些？
3. 地裂缝防治应遵循的原则是什么？

任务一　准备工作

【任务分析】

了解地裂缝的成因与分类，掌握调查要点，熟知地裂缝调查评价所需收集的资料。在接受滑坡调查与评价项目任务后，首先应熟悉项目开展的目的、任务；了解调查区地质环境条件；掌握调查区前人工作成果；做好人力、物力准备等一系列的准备工作，以合理、有效地开展滑坡调查评价工作。因此，除应有扎实的理论知识储备外，还应进行资料收集分析、遥感图像解译、必要的现场踏勘、人员组织、设备物资筹备等准备工作，编写提交项目设计书。

【知识链接】

依据《地质灾害排查规范》(DZ/T 0284—2015)和《地质灾害危险性评估规范》(DZ/T 0286—2015)。

【任务实施】

一、知识储备

(一)地裂缝概述

1. 基本概念

地裂缝是指岩体或土体中直达地表的线状开裂现象。它是一种地面变形地质灾害,隐蔽性强,危害性大,不仅会造成各类工程建筑,如城市建筑、生命线工程、交通、农田和水利设施等的直接破坏,而且还会引起一系列的环境问题,对人类的生产和生活构成极大威胁。

地裂缝现象在世界上许多国家都有发现,其发生频率和灾害程度逐年加剧。在我国各地发现了地裂缝数以万计,主要发生在陕、晋、冀、豫、鲁、苏、皖七省,粤、琼、桂、滇、川、甘等十多个省区也有零星出现,累计总长超过上千千米。地裂缝发展的趋势是范围不断扩大、危害不断加重。

西安地裂缝闻名中外,影响范围超过150 km^2,给城市建设和人民生活造成了严重的危害。地裂缝所经之处,道路变形,交通不畅,地下输排水管道断裂、供水中断、污水横溢;楼房、车间、校舍、民房错裂,围墙倒塌;文物古迹受损。

2. 地裂缝的成因

地裂缝按照成因可以分为构造地裂缝和非构造地裂缝两种基本类型。早期地裂缝多为自然成因,近期人为成因的地裂缝逐渐增多。

1)构造地裂缝

构造地裂缝是构造运动和外动力地质作用(自然和人为因素)共同作用的结果。构造运动是地裂缝形成的前提条件,决定了地裂缝活动的性质和展布特征;而外动力地质作用是诱发因素,影响着地裂缝发生的时间、地段和发育程度(见图6-1)。从构造地裂缝所处的地质环境来看,构造地裂缝大都形成于隐伏活动断裂带之上。断裂两盘发生差异活动导致地面拉张变形,或者因活动断裂走滑、倾滑诱发地震影响等均可在地表产生地裂缝。更多的情况是在广大地区发生缓慢的构造应力积累而使断裂发生蠕变活动形成地裂缝。这种地裂缝分布广、规模大、危害最严重。

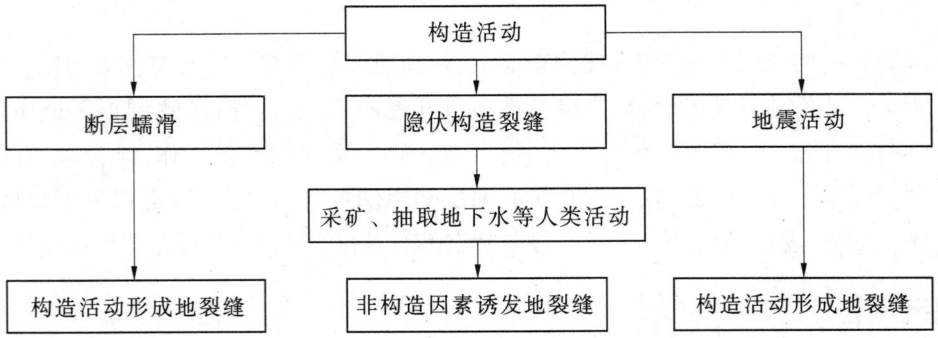

图6-1　构造地裂缝成因机制框图

构造地裂缝形成发育的外部因素主要有两方面:一方面是大气降水加剧裂缝发展;另一

方面是人为活动、过度抽水或灌溉水入渗等加剧地裂缝的发展。西安地裂缝的产生就是城市过量抽水产生地面沉降进而发展为地裂缝的,陕西泾阳地裂缝则是因农田灌水入渗和降水同时作用而诱发的。

2) 非构造地裂缝

非构造地裂缝的形成原因比较复杂,崩塌、滑坡、岩溶塌陷和矿山开采,以及过量开采地下水所产生的地面沉降都会伴随地裂缝的形成;黄土湿陷、膨胀土胀缩、松散土潜蚀也可能造成地裂缝。此外,还有干旱、冻融引起的地裂缝等。

特殊土地裂缝在我国分布十分广泛。我国南方主要是胀缩土地裂缝,北方黄土高原地区以黄土地裂缝为主。胀缩土是一种特殊土,含有大量膨胀性黏土矿物,具有遇水膨胀、失水收缩的特征,在地表水的渗入潜蚀作用下,往往产生地裂缝。实践表明,许多地裂缝并不是单一成因的,而是以一种成因为主,同时又受其他因素影响的综合作用的结果。因此,在分析地裂缝形成条件时,要具体现象具体分析。就总体情况看,控制地裂缝活动的首要条件是现今构造活动程度,其次是崩塌、滑坡、塌陷等灾害动力活动程度以及动力活动条件等。

3. 地裂缝成灾机制分析

地裂缝长期观测资料表明,其活动具有长期蠕动和单向位移累加的特征,这种蠕变不产生动力作用,但是等效于静力作用下的变形。尽管活动速度不太大,但由于下部断层长期活动最终导致地表土层破裂,并通过应力传递、集中、释放等活动方式,对土体、地下工程和地表建筑施加拉张应力和剪切应力,破裂一经开始,建筑物的自重力将与构造应力联合作用,导致建筑物变形和破坏而酿成灾害。建筑物无法抗拒这种破坏,同时上部建筑自重的附加应力和地震力联合作用,使地裂缝破坏加重。地裂缝成灾机制系统框图见图 6-2。

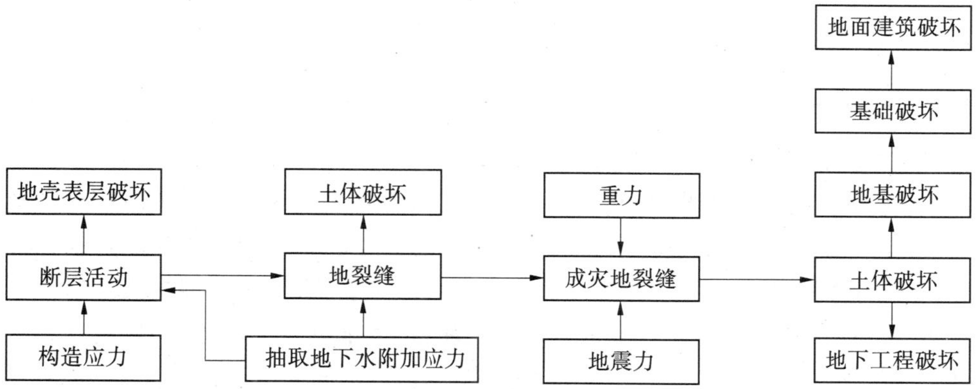

图 6-2 地裂缝成灾机制系统框图

4. 地裂缝分类

目前,人类活动对地质环境的改造和影响不亚于自然内营力。除人类活动直接产生或者诱发产生地裂缝外,许多由自然内营力作用产生的隐伏地裂缝也常因人类活动诱发而显现出来。换言之,许多地裂缝的形成是以某一种因素为主导,多种因素综合作用的结果。据此,将地裂缝按成因分类,如表 6-1 所示。

5. 地裂缝的特征

地裂缝是地表岩土体在自然因素和人为因素作用下,产生开裂并在地面形成一定长度和宽度的裂缝现象。地裂缝一般产生在第四纪松散沉积物中,与地面沉降不同,地裂缝的分布没有很强的区域性规律,成因也比较多。地裂缝的特征主要表现为发育的方向性与延展性、灾害的非对称性和不均一性、灾害的渐进性及周期性。

表 6-1　地裂缝分类

类别	主导原因	动力类型	种别
构造地裂缝	自然内营力作用为主	断层运动	速滑地裂缝、地震构造地裂缝
			蠕滑地裂缝
		区域微破裂开启	土层构造节理开启型地裂缝
			黄土喀斯特陷落型地裂缝
非构造地裂缝	人类活动作用为主	次生重力或动载荷	采空区塌陷地裂缝
			采油、采水地面不均匀沉降地裂缝
			人为滑坡、崩塌地裂缝
			地面负重下沉地裂缝
			强烈爆炸或机械振动地裂缝
	自然内营力作用为主	特殊土	膨胀土地裂缝
			黄土湿陷地裂缝
			冻土和盐丘地裂缝
			干旱地裂缝
		自然重力作用	陷落地裂缝
			滑坡、崩塌地裂缝
			地震次生地裂缝

1)地裂缝发育的方向性与延展性

地裂缝常沿一定方向延伸,在同一地区发育的多条地裂缝延伸方向大致相同。地裂缝造成的建筑物开裂通常由下向上蔓延,以横跨地裂缝或与其呈大角度相交的建筑物破坏最为强烈。地裂缝灾害在平面上多呈带状分布。从规模上看,多数地裂缝的长度为几十米至几百米,长者可达几千米。宽度在几厘米至几十厘米,大都可达 1 m 以上,但也有没有垂直落差者。平面上地裂缝一般呈直线状、雁形状或锯齿状;剖面上多呈弧形、V 形或放射状。

2)地裂缝灾害的非对称性和不均一性

地裂缝以相对差异沉降为主,其次为水平拉张和错动。地裂缝的灾害效应在横向上由主裂缝向两侧致灾强度逐渐减弱,而且地裂缝两侧的影响宽度及对建筑物的破坏程度具有明显的非对称性。同一条地裂缝的不同部位,地裂缝活动强度及破坏程度也有差别,在转折和错列部位相对较重,显示出不均一性。在剖面上,危害程度自下而上逐渐加强,累计破坏效应集中于地基础与上部结构交接部位的地表浅部十几米深的范围内。

3)地裂缝灾害的渐进性

地裂缝灾害是因地裂缝的缓慢蠕动扩展而逐渐加剧的。因此,随着时间的推移,其影响和破坏程度日益加重,最后可能导致房屋及建筑物的破坏和倒塌。

4)地裂缝灾害的周期性

地裂缝活动受区域构造运动及人类活动的影响,因此在时间序列上往往表现出一定的周期性。当区域构造运动强烈或人类过量抽取地下水时,地裂缝活动加剧,致灾作用增强;反之,则减弱。

6.地裂缝危害的主要特点

1)地裂缝危害的直接性

横跨主地裂缝上的建筑物,无论新旧、材料强度大小、基础与上部结构类型如何,都会无一幸免地遭受破坏,地下管道工程只要是直埋式经过地裂缝带,在地裂缝活动初期,不管是什么材料,也不管断面尺寸大小,都会很快遭到拉断或剪断。

2)地裂缝灾害的三维破坏性

地裂缝对建筑物的破坏具有三维破坏特征,以垂直差异沉降和水平拉张破坏为主,兼有走向上的扭动。地裂缝的二维破坏性是造成建筑物不可抗拒破坏的重要因素,因此一般的结构加固措施均无法抗拒地裂缝的破坏作用。

3)地裂缝破坏的三维空间有限性

地裂缝的破坏作用主要限于地裂缝带范围,它对远离地裂缝带的建筑物不具辐射作用,在地裂缝带范围内的灾害效应具有三维空间效应。横向上,主裂缝破坏最为严重,向两侧逐渐减弱,上盘灾害重于下盘。在垂直方向上,地裂缝灾害效应自地表向下破坏宽度最大,路面及基础次之,人防工程破坏宽度最小。地裂缝强活动段上,建筑物均遭到严重破坏;中等活动段,建筑物部分遭到破坏,且破坏程度较轻,破坏宽度较小;弱活动段或隐伏段,建筑物受破坏较小;斜列区或汇而不交地段,地裂缝破坏宽度大且破坏形式复杂。

4)地裂缝成灾过程的渐进性

成灾过程的渐进性包括三个方面的含义。其一,是指单条地裂缝带,地裂缝由隐伏期到初始破裂期遵循萌生→生长→强活动→扩展的发育过程,不断向两端扩展,因此建筑物的破坏不是整条带上的同时破坏。其二,对于一座建筑物的破坏也是逐渐加重的。最初的破坏表现为主地裂缝的沉降和张裂,且仅限于建筑物的基础和下部,之后向上部发展,最终形成贯穿整个建筑物的裂缝或斜列式的破坏带。其三,各条地裂缝并非同时发展,而是有先有后。

(二)地裂缝调查与评价阶段划分及调查要点

地裂缝调查与评价主要分为前期准备、现场调查、资料整理、地裂缝评价、防治方案选择和报告编写六个阶段。

地裂缝的调查应特别重视地质环境条件和人类工程经济活动的调查,这对于判定地裂缝的成因、规模和发展趋势至关重要。地裂缝调查的主要内容包括地质环境、人类活动、发生地域、危害性、监测、预测和划分危险区等。

1.调查的目的

地裂缝调查的目的是为城市规划、经济开发和工程建设提供基本地质环境资料,为受到地裂缝灾害威胁地区的建筑工程危险性评价、预测、防治对策研究服务。

2.调查工作应遵循的一般原则

(1)地裂缝的调查应在已有地质环境资料基础上进行。应特别重视资料收集工作,力求全面地在深层次上认识地裂缝的成因,为布置实物工作量打好基础。

(2)在地裂缝勘查工作中,应把现场调查访问置于特别重要的地位。

(3)地裂缝勘查工作的重点是目前已经造成直接经济损失或将要造成较大危害的地段。

(4)地裂缝勘查工作的布置,应考虑相应地区经济建设和社会发展的要求。

3. 勘查内容要求

(1)区域自然地理、地质环境条件。

(2)单个地裂缝及群体地裂缝的规模、性质、类型及特点。

(3)地裂缝的形成原因及影响因素。

(4)地裂缝的发展规律。

(5)地裂缝的危害性、未来的危险评价。

(6)地裂缝灾害的防治或避让工程方案。

二、资料收集及工作任务书的编写

根据任务书及有关规范,经过对所收集资料的分析研判,遥感图像解译,以及必要的野外现场踏勘,编写测绘设计书,明确工作重点,做好全面野外工作开始的准备。

(一)资料收集

收集区域地貌、第四纪地质及新构造运动资料、区域活动断裂资料、区域地震资料、区域地球物理资料、遥感图像资料、区域水文地质资料、区域岩土工程地质条件资料、历史上有关地裂缝记载资料及前人所做的地裂缝研究资料和市政设施、市政规划资料。

收集与地裂缝有关的地面沉降、地面塌陷、地下采空等资料,地裂缝的发展历史、活动规律和致灾情况,地裂缝的防治经验。

(二)遥感解译

遥感解译的目的是指导常规地面调查工作的开展,减少外业工作量,为快速、高效地完成地质灾害调查,提供区域环境地质背景资料,获取常规地面调查难以取得的某些环境地质和地质灾害信息,以提高地裂缝调查成果的精度和质量。

(1)根据收集的不同波段、不同时相的航、卫片资料,进行必要的图像处理、合成和解译。解译内容包括地裂缝发育区的地形地貌、第四纪沉积物分布、地质构造特征、地表水文特征和地裂缝特征等,分析地裂缝与上述各因素的关系。用不同时段的图像对比分析地裂缝的发育过程。

(2)由于地裂缝是线状的,以选用大比例尺的航片为宜,并注意应用立体放大镜观测。单片解译的重要内容和界线,应采用转绘仪转绘到相应比例尺地形图上,一般内容采用图像对比分析地裂缝的发育过程。

(3)应提交与测绘比例尺相应的地裂缝地质解译图件、解译卡片和文字说明及典型图片资料。

(三)工作任务书的编写

1. 概述

地裂缝的基本特征,已产生的灾害和潜在危害,目前认识程度和存在问题,勘查任务来源和勘查的基本要求等。

2. 地质环境条件

简述地裂缝发育地区的气候水文、地形地貌、岩土体结构、地下水和区域地质构造及其现代活动性，初步分析其与地裂缝的关系，为确定地裂缝勘查重点提供依据。

3. 人类社会工程经济活动情况

初步列述人类社会工程经济活动的历史、现状和未来规划，明确调查重点。

4. 勘查工作设计

地裂缝勘查工作设计内容包括勘查对象、重点、勘查手段及其工作量、勘查工作布置、进度安排、工作经费和保证措施等。本部分是地裂缝勘查工作设计的重点。

任务二　现场调查

【任务分析】

地裂缝现场调查以调查访问为主。在掌握调查访问内容要求的基础上，应了解工程地质测绘，地球物理化学勘探，山地工程，岩、土、水试样测试及地裂缝动态监测等调查方法的基本要求和内容。

【知识链接】

依据《地质灾害排查规范》(DZ/T 0284—2015)和《地质灾害危险性评估规范》(DZ/T 0286—2015)。

【任务实施】

一、测绘

(一)现场调查访问

(1)要耐心细致地调查地裂缝对地面建筑的破坏形式、破坏程度和破坏过程；地裂缝对市政工程如自来水管道、地下水管道、天然气管道、煤气管道、地下电缆和人防工程等的破坏情况；地裂缝发育区域有无伴生的其他地质灾害，如地震、地面沉降等。

(2)调查地裂缝造成的直接经济损失，应做到及时、准确地调查，并全面调查地面建筑、地下建筑、道路等的破坏损失。

(3)向当地居民或相关工程的管理部门访问地裂缝的发育过程，特别要注重向老年人访问。访问地裂缝的发育时间、裂开过程(有无张开后又闭合)、变化特征和其他现象，如地裂缝裂开时有无地震、地声、地气或地光等。要注意记录被采访人的姓名、性别、年龄、地址和访问时间等。

(4)调查访问地裂缝发生发展过程中相关因素的变化，如温度、湿度、降水量、农田灌溉、集中抽取地下水和区域地震活动历史等。

(二)工程地质测绘

1. 精度要求

按照调查目的任务及工程地质测绘方法要求，选择不同比例尺进行野外测绘工作。在图幅面积1 cm^2的范围内应有一个控制点。

调查工作精度宜符合下列要求:①评估区,1∶10 000～1∶25 000;②建设用地,1∶2 000～1∶5 000;③地裂缝变形区,1∶500～1∶1 000。

2. 测绘内容

(1)第四纪地层时代划分,第四纪沉积物成分、结构及成因类型划分,下伏基岩的岩性、结构和成因时代,地貌及微地貌单元划分及边界特点,新构造运动特征,断裂构造分布和区域地表水、地下水特征等。

(2)地裂缝自身的特征,如平面分布、剖面特征,地裂缝对地表地下建筑物的破坏特点,地裂缝与同地区其他地质灾害如山体崩塌、滑坡或地面沉降的关系。

(3)地裂缝发育区人类社会工程经济活动(如抽取地下水、农田灌溉和地下采矿等)的方式、规模、强度和持续时间。

3. 调查方法

(1)根据勘查精度要求,进行定点填绘,特别重要或复杂的地点应适当加密。可以划分为地貌点、构造点、水文点、工程点和地裂缝点等若干类,分别在图标上标示。每一个点的内容都应用地质卡片详细描述,必要时配以草图,为室内分析、数据化和备查等准备资料。

(2)尽可能定量或半定量地测量出每个调查点的数据,可用卷尺、罗盘或经纬仪等,配合测量得到比较准确的资料。

(3)对典型剖面要做出素描图、照相,有条件时进行录像。

(4)在调查过程中,反复对比研究,确定出地球物理化学勘探、山地工程(如探槽或浅井)和钻探的最佳剖面线或典型地点,如测绘物探剖面位置、钻探剖面位置、槽探剖面位置、测绘监测点、监测台站及监测剖面位置等。

二、勘探

(一)地球物理化学勘探

地球物理化学勘探技术一般作为一种辅助手段使用。针对地裂缝点多、面广且具有较大的隐蔽性的特点,地裂缝勘查应充分重视物理化学勘探方法的应用。物理化学勘探技术用于研究地裂缝深部特征、第四纪沉积物成分、结构特征、基底构造特征及区域水文地质特征等。

地球物理化学勘探应与地质测绘、槽探、钻探密切结合,以保证工作精度,节约工作量。应根据工作目标、工作区的地质、地形地貌条件和干扰因素等,因地制宜地选择确定物理化学勘探方法。

(1)地球物理勘探:包括地震勘探、地震层析成像(CT)、地面甚低频电磁法等,应按照有关规定开展工作。

(2)地球化学勘探方法:一般采用α卡法、氡气测量法两种方法。

(3)通过地形测量,布置地球物理化学勘探剖面线,布线的详细要求根据《物化探工程测量规范》(DZ/T 0153—2014)确定。

(二)山地工程

1. 槽探

槽探用于揭示地裂缝空间展布特征、地裂缝与下部断层的关系及地裂缝所处的第四纪地层特征。其要求：

（1）槽探剖面应垂直于地裂缝走向。槽探是地裂缝研究的主要手段，应有一定的密度，可考虑沿主要地裂缝 100 m 间距内布置一个。注意槽探剖面与物探剖面相结合，尽量使两者位置一致，以便对比分析。

（2）探槽两壁布设测绘网格。在测量的探槽两壁布设 20 cm×20 cm 的纵横网格线。测量每条地裂缝在不同深度的产状及三维位移量，做出 1∶100 或更大比例尺的素描图。将各种数据详细列表记录，并进行照相或录像。

（3）描述。除对探槽进行编录外，还应描述周围地貌、第四纪地层特征、环境特征。

（4）取样。取年龄测试样及土工测试样，分析形成时代。

2. 探井

对于问题复杂且典型的地点，应布置探井，其深度应达下部断层，即裂缝消失而断层产生、位移稳定的地方。探井掘进技术参数参见《地质勘查坑探规程》（DZ 0141—1994）。

（三）钻探

在地裂缝研究中，钻探主要用于第四纪地质条件、水文地质条件及工程地质条件的研究。第四纪松散沉积物是地裂缝发育的物质基础，而钻探是揭示松散沉积物特征的有效方法，也是揭示沉积物透水性、含水性及流变性等控制地裂缝发育因素的有效途径；还可揭示断裂活动性状，弄清断裂两盘的位移、断裂带的宽度及构造破碎岩特征。

（1）钻探剖面线的布置。应尽量做到与槽探、物探剖面线相一致，以便相互印证。由于钻探消耗的人力、物力较大，在布孔和确定钻探深度时应论证。

（2）施工中做好岩芯编录。特别注意观察沉积物的孔隙发育情况。

（3）钻孔内采样与试验。采集必要的第四纪测龄样品、古气候分析样品；采集测试弹性模量、剪切模量、泊松比等力学性质指标的样品；进行必要的孔内原位试验。

三、岩、土、水样测试

样品包括第四纪测龄样品、古气候分析样品、土体物理力学性质参数和土体动力学参数样品。要求：

（1）一般取原状样品，大小不超过 15 cm×15 cm×15 cm。

（2）采样层位要包括不同岩性的所有代表性层位。

（3）采样位置要求准确标在 1∶100 测量图上。

（4）采测年样品时要求去掉表层 30 cm 左右受过阳光照射的部分，取新鲜的部分，并避免阳光照射，用塑料袋、黑布袋双层封装。

四、动态监测

（1）设立短水准监测线、形变场监测线、蠕变仪监测线及简易监测台站，进行常年定期监测。

（2）测线的起始点与国家水准测量网点、地面沉降监测网点及地质形变监测网点并网，或作为国家水准网的支线。

（3）应与水准测量、地面沉降监测及地震监测同步进行，以便监测数据的综合对比分析。

(4)沿地裂缝 200 m 长的地段至少有一条监测线控制。

(5)监测线尽量设为直线。短水准监测线一般设垂直和斜交地裂缝的短基线各一条,垂直基线用于研究地裂缝的水平拉张和垂直升降,斜交基线用于研究地裂缝的水平扭动。

(6)一般每月监测 1 次,活动异常期 10 天监测 1 次或更短时间内监测 1 次。其中,蠕变仪为连续自动记录。

(7)以季度为单位,整理监测表格及相应图件,将资料归档保存,并提出下一季度地裂缝活动趋势预测的初步意见。

(8)年终进行全面分析、总结,提出地裂缝活动的年度评价意见,评估下一年地裂缝活动的趋势,提出监测工作的意见和建议。

(9)分层沉降标的建立和监测。这是一项耗费人力、物力较大的监测工作,因此在有条件的情况下进行。最好是结合地面沉降的监测工作进行。

任务三　成果资料整理

【任务分析】

掌握资料整理的方法、重点,清楚资料的用途。

【知识链接】

依据《地质灾害排查规范》(DZ/T 0284—2015)和《地质灾害危险性评估规范》(DZ/T 0286—2015)。

【任务实施】

一、原始资料整理

地裂缝调查工作完成后,要对所取得的各类资料进行整理、分析,为编写报告做准备。

地裂缝成果资料包括地面调查资料、工程地质测绘资料、勘探与测试资料和监测资料等。

地面调查资料内容包括地形地貌资料,第四纪地层岩性资料,地下水动态特征,基岩地层岩性、地质构造及其与区域地质构造的关系资料,第四纪地质发展史和新构造运动情况资料,水文气象资料,建筑物破坏、地表开裂、经济损失资料,人类经济活动情况和经济发展趋势等资料。

工程地质测绘资料包括测绘方法、使用仪器、工程进度、地形图、宏观地形地貌和微观地形地貌资料、岩性工程地质图及地下水等水位线图等资料。

勘探与测试资料包括勘探点线的布置、钻孔编录和钻孔柱状图资料、槽探资料、物化探方法、仪器及成果(平剖面图及物化探解译)资料、第四纪地层资料、隐伏断裂资料、岩土样分析成果资料等。

监测资料整理的内容包括人工监测、地质雷达、浅层地震、电磁波、GPS 和 InSAR 监测资料等。

二、不均匀沉降裂缝评价

（一）地裂缝发展趋势预测与评价

地裂缝的产生与活动不仅受控于自然因素，而且还受控于人为因素。自然因素有其复杂性和不确定性，人类工程经济活动方式和强度也是多变的。因此，地裂缝发展趋势预测与评价是当今地质科学的一大难题，预测与评价的水平也处在初步的探索阶段。预测与评价应遵循以下原则进行。

（1）成因分析是预测与评价的基础。弄清各种自然因素和人为因素在地裂缝活动中的作用，是正确开展地裂缝发展趋势预测与评价的基础。

（2）评价必须紧密结合监测数据。监测数据反映地裂缝活动的最新动态。监测数据有一定的线性延伸性，可根据监测数据进行短期预测与评价。

（3）预测与评价必须紧密结合地震监测资料。地震监测所得的地壳形变数据、地壳应力变化、地震活动、地热异常等，是现今地壳变动的反映，现今地壳变动直接影响地裂缝的发展。

（4）预测与评价必须紧密结合未来人类经济活动的发展。未来水井的增减，抽汲地下水量的改变，未来水利建设对水资源短缺的缓解，未来石油开采量的改变，以及未来高层建筑的兴建，都将影响地裂缝的发展。

（5）预测与评价还应考虑大气降水状况的改变及区域水文地质条件的改变。

（二）地裂缝场地的工程地质评价

1. 地裂缝场地的工程地质特点

地裂缝场地是指地裂缝带及其相邻地段作为建筑物地基和城市各类工程设施利用的土地空间，具有以下工程地质特点：

（1）地裂缝场地工程地质指标变异。土的孔隙比、湿陷系数、压缩系数、孔隙度增大，土的含水量、液限、塑限、塑性指数降低，且地裂缝上盘变异带的宽度大于下盘的。

（2）地裂缝场地土体动参数变异。土体波速变低，阻尼比增高。

（3）地裂缝场地土体渗透性显著增加，其中主裂缝带增加最明显。

（4）地裂缝场地土体的物理化学性质变异。经甚低频电磁仪、测氡仪、α 卡等测试，测量指标在地裂缝带上有明显异常显示。

（5）地裂缝场地人工地震异常波谱效应。沿地裂缝带瞬时振幅明显减弱或断错，或上下错动。

2. 工程地质评价

在弄清了地裂缝的成灾特点以后，就可以对地裂缝场地进行正确的工程地质评价，从而达到既减轻地裂缝灾害的损失，又能合理利用地裂缝场地的目标。

1）评价原则

研究表明，地裂缝受控于现今地壳活动和构造破裂系统，其活动强度又受开采地下水活动的影响。所以，地裂缝场地工程地质条件的优劣受多种因素的制约，对其评价应遵循下列原则：

（1）地裂缝场地评价应紧密结合土地利用，以不同工程种类为对象，以工程与地裂缝配置关系为前提，做到合理利用地裂缝场地。

(2)场地地裂缝危害评价既着眼于直接危害,又考虑间接危害;既重视现今,又重视未来;既重视地表土体,又考虑地下;既重视静态效应,又重视动态效应。

(3)坚持宏观与微观、定性与定量相结合的原则。

(4)地裂缝场地工程地质条件是一个由多因子构成的地质环境系统,采用综合评价方法。

2)评价内容

在上述原则的指导下,选择以下主要评价内容:

(1)地裂缝的空间展布特征、成因类型和规模。

(2)地裂缝活动特点及其时空规律性。

(3)地裂缝场地土体结构及其力学特征。

(4)地裂缝与活动断层的双重构造作用。

(5)地裂缝灾害的作用强度特点及其规律。

(6)地裂缝与开采地下水产生的附加作用的关系。

(7)地裂缝场地不同类型建筑工程的适应性。

三、地裂缝危险性分析与灾害预评估

(一)地裂缝危险性评价

地裂缝危险性评价应分析地裂缝灾害形成的地质环境条件、变形活动特征、主要诱发因素与形成机制,并按表6-2确定地裂缝发育程度。按表1-13确定地质灾害现状危害程度,按表1-14确定地裂缝现状危险性。

表6-2 地裂缝发育程度分级

发育程度	参考指标		地裂缝发生的可能性及发育特征
	平均活动速率 v(mm/a)	地震震级 M	
强	$v>1.0$	$M\geqslant7$	评估区有活动断裂通过,中或晚更新世以来有活动,全新世以来活动强烈,地面地裂缝发育并通过拟建工程区。地表开裂明显;可见陡坎、斜坡、微缓坡、塌陷坑等微地貌现象;房屋裂缝明显
中等	$1.0\geqslant v\geqslant0.1$	$7>M\geqslant6$	评估区有活动断裂通过,中或晚更新世以来有活动,全新世以来活动较强烈,地面地裂缝中等发育,并从拟建工程区附近通过。地表有开裂现象;无微地貌显示;房屋有裂缝现象
弱	$v<0.1$	$M<6$	评估区有活动断裂通过,全新世以来有微弱活动,地面地裂缝不发育或距拟建工程区较远。地表有零星小裂缝,不明显;房屋未见裂缝

（二）地裂缝灾害预评估

（1）工程建设可能诱发、加剧地裂缝发生和发展的可能性及对相邻工程建设的影响。

（2）分析预测地裂缝发生、发展趋势，预测建设用地遭受地裂缝的危险性。

（3）预测方法可采用模型预测法和演变（成因）历史分析法等方法。

（4）按表 6-3 预测地裂缝发生的可能性，按表 6-4 预测地裂缝灾害的危险性。

表 6-3　地裂缝发生可能性

可能性	描述
大	有活动断裂通过，第四系厚度变化大，地层岩性复杂，地面沉降发育强烈
中	1. 有活动断裂通过，第四系厚度变化大，地层岩性复杂，地面沉降发育中等； 2. 第四系厚度变化大，地形地貌、地层岩性复杂，地面沉降发育中等
小	第四系厚度变化大，地层岩性复杂，地面沉降发育中等

表 6-4　地裂缝危险性预测评估分级

<table>
<tr><th>工程建设引发或加剧地裂缝发生的可能性</th><th>危害程度</th><th>发育程度</th><th>危险性等级</th></tr>
<tr><td rowspan="3">工程建设位于地裂缝影响范围内，工程活动引起地表不均匀沉降明显，引发或加剧地裂缝的可能性大</td><td rowspan="3">大</td><td>强</td><td>大</td></tr>
<tr><td>中等</td><td>大</td></tr>
<tr><td>弱</td><td>大</td></tr>
<tr><td rowspan="3">工程建设位于地裂缝影响范围内，工程活动引起地表不均匀沉降较明显，引发和加剧地裂缝的可能性中等</td><td rowspan="3">中等</td><td>强</td><td>大</td></tr>
<tr><td>中等</td><td>大</td></tr>
<tr><td>弱</td><td>中等</td></tr>
<tr><td rowspan="3">工程建设邻近地裂缝影响范围，引发或加剧不均匀沉降的可能性小</td><td rowspan="3">小</td><td>强</td><td>大</td></tr>
<tr><td>中等</td><td>中等</td></tr>
<tr><td>弱</td><td>小</td></tr>
</table>

四、防治措施选择

（一）防治原则

严格遵守避让为主的原则。跨越地裂缝的建筑无一幸免地会遭受破坏，因此防止地裂缝破坏和减轻地裂缝灾害最根本的措施是坚持避让原则，特别是对那些高层建筑和大型工程尤为重要，城市有关部门应加强管理，认真负责。

（二）防治措施

1. 建筑安全距离的确定

建筑安全距离的确定，是一个相当复杂的环境地质问题，既涉及地裂缝的地质特征、地质构造背景、成因机制、灾害效应、地层、地形变和应力场等，又涉及城市规划、建筑物结构和类型等。作为城市建筑与工程载体的地裂缝场地，如何能保证其上的建筑物不被破坏，又能

有效地利用宝贵的土地资源,是地裂缝研究的中心课题。一般应进行如下考虑:

(1)地裂缝带建筑安全距离的确定,是建立在多种手段调查、试验、测试和监测结果基础上的,大致对应地裂缝破坏宽度带的划分。以建筑物的重要程度为依据,将地裂缝场地划分为不安全带、次不安全带、次安全带和安全带4个带。不安全带又称为破坏带或避让区,次不安全带和次安全带一起称为影响或设防区,安全带又称为安全区。地裂缝场地避让安全距离及建筑物类型见表6-5。

表6-5　地裂缝场地避让安全距离及建筑物类型

分带		宽度(m)		容许建筑物类型	建筑物适应性
		上盘	下盘		
避让区	不安全带	0~6	0~4	简易建筑或露天场地,如公园、停车场等	避让场地
设防区	次不安全带	6~15	4~9	三层以下民用建筑或单层厂房	有条件适应性场地
	次安全带	15~25	9~15	24 m高度以下民用建筑或跨度小于18 m的厂房	有条件适应性场地
安全区	安全带	>25	>15	高层建筑及特殊建筑(水塔或桥梁等)	常规建设场地

(2)区域地震活动强弱会影响地裂缝带的破坏强度。因此,应根据区域地震活动性,对安全带距离及各带宽度进行必要调整。

(3)未来地下水开采及水利建设将极大地影响地裂缝的活动。因此,应对未来地下水开采和水利建设进行预测,对安全带距离及各带宽度进行必要调整。

(4)为了有效地利用宝贵的土地资源,在强调安全的前提下,对各带提出容许建筑物类型,并给出相应的评价。

2. 减灾防灾对策

1)已有建筑的减灾防灾对策

地裂缝带上的建筑物不同程度地遭受到破坏和变形,如不采取有效措施,局部的损坏会危及整体。因此,应认真研究地裂缝造成建筑物破坏的规律性,提出有效的治理对策。一般采取适当的加固、部分拆除、地基土的特殊处理等方法。

2)地裂缝带规划建筑的防治措施

次不安全带和次安全带为有条件的适应性建筑区,特别是次不安全带内如果无法避让,需采取一些具体工程措施防止或减缓地裂缝对建筑物的危害。诸如加强地基的整体性,加强建筑物上部结构刚度和强度,抵抗差异沉降产生的拉裂等。

3)生命线工程的防灾对策

生命线工程是指城市或工业区维持生活及工业生产的煤气管道、天然气管道、饮用水管道、通信电缆、道路、桥梁等。由于这些工程呈网状分布,无法避免跨越地裂缝,可采取跨越的拱梁,设置柔性接头、桥梁伸缩缝、活动支座等方法减轻地裂缝活动的影响。

五、地裂缝调查与评价报告编写及图件绘制

在对地裂缝地质灾害测绘、勘探和测试等工作中获得的各种原始资料进行全面系统的综合整理和分析研究的基础上,研究地裂缝的特征和规律,分析地裂缝的发育分布规律与地

质环境间的相互关系，编制第四纪地质、构造地质、环境水文地质、环境工程地质等基础性图件，以及地裂缝分布图、地裂缝地质灾害图、地裂缝灾害预测图及地裂缝防治规划图等图件，编写地裂缝地质灾害调查与评价报告，全面反映工作成果，阐明地裂缝及其地质灾害的特征和规律，预测评价地裂缝地质灾害的潜在危险性，提出地裂缝地质灾害的防治方案，指出存在的问题，提出今后工作的建议。报告格式可参照前述。

知识小结

地裂缝是一种渐进性的地质灾害，按其形成的动力条件可分为内动力作用形成的构造地裂缝和外动力作用形成的地裂缝，还有混合型成因的地裂缝。根据应力作用方式分为压性地裂缝、扭性地裂缝和张性地裂缝。地裂缝的特征主要表现为发育的方向性、延展性和灾害的不均匀性与渐进性和周期性，地裂缝的调查应特别重视地质环境条件和人类工程经济活动的调查，主要工作包括地质环境、人类活动、发生地域、危险性、监测、预测和划分危险区等。调查方法主要有访问、测绘、地球物理化学勘探、钻探、槽探、井探、遥感等。地裂缝的危险性评估包括两方面，一方面是进行破坏损失调查与统计；另一方面是进行场地的工程地质评价，对地裂缝进行成因机制分析，研究地裂缝危害的防治对策，提出合理性建议。

知识训练

1. 地裂缝产生的主要原因有哪些？
2. 地裂缝的主要特征有哪些？
3. 地裂缝危险性评价的要点有哪些？
4. 地裂缝的防治原则是什么？

项目七 其他单灾种灾害调查与评价

码 7-1 其他单灾种灾害调查与评价

学习目标

知识目标：

1. 掌握地震地质灾害、洪涝地质灾害、矿山地质灾害、特殊土地质灾害的特点，形成条件与机制、发育规律和危害方式。

2. 掌握地震地质灾害、洪涝地质灾害、矿山地质灾害、特殊土地质灾害的调查评价要点和方法。

能力目标：

1. 具有正确判定地质灾害类型的能力。

2. 具备正确运用所学知识对地质灾害进行防治和减灾的能力。

任务思考

1. 如何减轻地震地质灾害？

2. 特殊土在工程建设中容易产生哪些工程问题？

地质灾害现象除前述的滑坡、崩塌、泥石流、地面沉降、地面塌陷、地裂缝外，还有很多种，如岩爆，坑道突水、突泥、突瓦斯，煤层自燃，黄土湿陷，岩土膨胀、沙土液化，土地冻融，水土流失，土地沙漠化及沼泽化，土壤盐碱化，以及地震、火山、地热害等。尽管这些灾种在地质灾害中不具普遍性，但在一些特定地区是主要的地质灾害，其危害程度也是很大的。

任务一 地震地质灾害调查与评价

【任务分析】

地震是最为严重的自然灾害之一，它还可以引发其他类型的自然灾害，尤其是可以直接诱发山体边坡失稳，形成滑坡。地震地质灾害分析研究对于社会和经济发展有着至关重要的作用。

【知识链接】

依据地震地质灾害的形成条件与机制、发育规律、危害方式及地震地质灾害的特点，根据工程地质手册和相关规范对地震地质灾害进行调查与评价，并提出减灾和防治措施。

【任务实施】

一、地震概述

(一)地震

1. 地震的概念

地震是由积聚在岩石圈内的能量快速释放所造成的震动,其间会产生地震波的一种自然现象。

地震开始发生的地点称为震源,震源正上方的地面称为震中。破坏性地震的地面震动最烈处称为极震区,极震区往往也就是震中所在的地区。地震常常造成严重人员伤亡,能引起火灾、水灾、有毒气体泄漏、细菌及放射性物质扩散,还可能造成海啸、滑坡、崩塌、地裂缝等次生灾害。地震是一种破坏性很强的地质灾害,破坏性范围有时可扩展到数百千米甚至数千千米之外。据统计,全世界每年发生几百万次地震,人们能够感觉到的仅占1%,七级以上的灾害性地震每年多则二十几次,少则三五次。

2. 地震成因分类

(1)构造地震:是由于岩层断裂,发生变位错动,在地质构造上发生巨大变化而产生的地震,所以叫作构造地震,也叫断裂地震。

(2)火山地震:是由火山爆发时所引起的能量冲击而产生的地壳震动。火山地震有时也相当强烈。但这种地震所波及的地区通常只限于火山附近的几十千米远的范围内,而且发生次数也较少,只占地震次数的7%左右,所造成的危害较轻。

(3)陷落地震:由于地层陷落引起的地震。这种地震发生的次数更少,只占地震总次数的3%左右,震级很小,影响范围有限,破坏也较小。

(4)诱发地震:在特定的地区因某种地壳外界因素诱发(如陨石坠落、水库蓄水、深井注水)而引起的地震。

(5)人工地震:地下核爆炸、炸药爆破等人为引起的地面震动称为人工地震。人工地震是由人为活动引起的地震。如工业爆破、地下核爆炸造成的震动;在深井中进行高压注水及大水库蓄水后增加了地壳的压力,有时也会诱发地震。

3. 地震的强度

(1)地震震级是地震大小的一种度量,根据地震释放能量的多少来划分,用“级”来表示。释放能量越大,地震震级也越大。震级每相差1.0级,能量相差大约32倍;每相差2.0级,能量相差约1 000倍。按震级的大小又可划分为超微震、微震、弱震(或称小震)、强震(或称中震)和大地震等。

(2)地震烈度表示地震时对某一地区地表及工程建筑物影响的强弱程度(或释为地震影响和破坏的程度)。一个地区的地震烈度,不仅与这次地震的释放能量(即震级)、震源深度、距离震中的远近有关,还与地震波传播途径中的工程地质条件和工程建筑物的特性有关。地震烈度在不同方向上有所不同,如在覆盖土层浅的山区衰减快,而覆盖土层厚的平原地区衰减慢。对新建工程来说,工程设计采用的烈度则是一种设计指标,据此进行结构的抗震计算和采取不同的抗震措施。

(二)地震效应

地震效应是指在地震影响范围内所产生的影响。包括原生的影响,如地层断裂位移、地面隆起及下陷等地下岩石破裂所直接造成的影响;还有次生的影响,主要是地震波传播时地面震动所产生的影响,如房屋因震动而破坏倒塌、山崩、海啸等。一部分地震效应需要用仪器才能观测到,称为微观地震效应,不用仪器就能观测到的称为宏观地震效应。主要有如下几种类型:

(1)强烈地面运动导致各类建筑物的震动;

(2)强烈地面运动造成场地、地基的失稳或失效,包括液化、地裂、震陷、滑坡等;

(3)表面断裂活动,包括地表基岩断裂和构造性地裂造成的破坏;

(4)局部地形、地貌、地层结构的变异可能引起的地面异常波动造成的特殊破坏。

二、地震灾害

当地震强度达到一定程度时,会产生一定的地震效应而形成灾害。强烈地震可引起严重的地震灾害,其中最普遍的地震灾害仍然是各类建筑物的破坏,人员伤亡也主要是由房屋倒塌造成的。特别是在大城市、大工矿区等人口稠密、房屋集中的地区,地震的破坏性及其灾害严重性往往表现得更为突出。

(一)地震灾害的特点

(1)瞬间发生、来势凶猛。地震前常无明显预兆,以致人们无法躲避,可在几秒到几十秒内摧毁一座城市,从而造成大规模的毁灭性灾难。

(2)成因特殊、预报困难。临震预报工作还很不成熟,对地震灾害仍然停留于监测阶段,还不能准确有效地预报地震的发生,更谈不上有效地减轻地震灾害了。

(3)直接灾害严重、难免发生次生灾害。地震不仅直接毁坏建筑物、造成人员伤亡,还不可避免地诱发多种次生灾害。有时次生灾害的严重程度大大超过地震灾害本身造成的损失。

(二)地震灾害的破坏形式

1. 地震灾害类型

地震灾害按其与地震动关系的密切程度和地震灾害要素的组成可分为原生灾害、次生灾害和间接灾害三种。

(1)地震原生灾害源于地震的原始效应,是地震直接造成的灾害,如地震时房屋倒塌引起人员伤亡、地震时喷砂冒水对农田造成的破坏等。

(2)地震次生灾害泛指由地震运动过程和结果而引起的灾害,如地震引起沙土液化导致地基失效而引起的建筑物倒塌、地震使水库大坝溃决而发生的洪灾、地震引起斜坡岩土体失稳破坏而造成的灾害、地震海啸引起的水灾等。

(3)地震间接灾害也称为地震的衍生灾害,是地震对自然环境和人类社会长期效应的表现。如地震使城市内某局部地区的地面标高降低而导致该地区在暴雨季节洪水泛滥、地震造成人畜死亡而引起疾病传播、地震灾区停工停产对社会经济的影响以及灾区社会的动荡与不安等均可看作是地震的衍生灾害。

2. 地震灾害的破坏形式

1) 地面运动

地面运动是地震波在浅部岩层和表土中传播而造成的。强烈地震(震级>8.0级)发生时,人们有时能够观察到地面的波状运动。地面运动是地震破坏的初始原因。地震地面运动的破坏形式有水体破坏、形成海啸、地面涌水等。

土体破坏,形成沙土液化、淤泥触变、沉陷、地裂缝、崩塌、滑坡等。

岩体破坏,包括岩体的破裂、崩塌、滑坡和地裂缝等。

地震构造力的直接破坏,主要形成地震断层和地裂缝等构造形迹。地面破坏与地震烈度有关。烈度高时,地震的直接破坏比较明显;烈度低时,地表仅仅出现水体与土体的破坏。

2) 断裂与地面破裂

在地面发生地震破裂的地方,往往出现建筑物开裂、道路中断、管道断裂等现象,所有位于断层上跨越断层的地形地貌均被错开,有时地面还会产生规模不同的地裂缝。

3) 余震

余震经常使地震灾害加重。余震是主震后较短时间内发生的震级较小的地震。

4) 火灾

火灾是一种比地面运动造成的灾害还要大的次生地震效应。地面运动使火炉发生移动、煤气管道产生破裂、输电线路松弛,因而引发火灾。地面运动还使输水干线发生破损,使扑灭火灾的供水水源也被中断。

5) 斜坡变形破坏

在陡峭的斜坡地带,地震震动可能引起表土滑动或陡壁崩塌等地质灾害。

6) 沙土液化

沙土液化现象在多数大地震中可见。

7) 地面标高改变

地震还会造成大范围的地面标高改变,诱发地面下沉或岩溶塌陷。

8) 海啸

地震的另一个次生效应是地震海浪,也称海啸。水下地震是海啸的主要原因。海啸对太平洋沿岸地区的危害特别严重。

9) 洪水

洪水是地震的次生灾害或间接灾害。地震诱发的地面下沉、水库大坝溃决或海啸均可引发洪水。

三、地震地质灾害的调查与评价

由于地震灾害的特殊性,现阶段无法进行震前预测来减轻灾害损失。只能根据地震灾害的类型特点,以现有的科学水平和经济条件为前提,采取科学、合理、有效的技术和措施,最大限度地降低和减轻地震灾害对人类社会的威胁。

地震地质灾害的调查与评价主要是对地震次生和衍生灾害的调查与评价,为最大限度降低和减轻地震灾害、合理确定抗震设防水平提供依据。可参照前述各灾种调查与评价的方法,注重地震灾害的预报,积极开展地震危险性评估,以达到抗震减灾的目的。

任务二　洪涝灾害调查与评价

【任务分析】

洪涝灾害是自然界的一种异常现象。由于暴雨、冰雹消融造成江河、湖泊流量剧增,水位猛涨,超过江河、湖泊主槽两岸地面或滩地,泛滥溢满或冲决堤坝引起生态环境、经济建设和财产破坏,有碍人们的生产活动、生活活动及生命安全的危害统称为洪涝灾害。由于洪涝灾害发生时及灾后易引发滑坡、泥石流、坍塌等各类地质灾害即洪涝地质灾害,使洪涝灾情进一步加剧、扩大。由于洪涝灾害给人类带来了很大的经济损失和人员伤亡,所以应从洪涝灾害的各方面综合分析其发生后所造成的各种危害和症状,总结出相应的防灾抗灾措施,最大限度地减少洪涝灾害所带来的损失。

【知识链接】

依据洪涝地质灾害的形成条件与机制、发育规律、危害方式及洪涝地质灾害的特点,根据工程地质手册和相关规范对洪涝地质灾害进行调查与评价,并提出减灾和防治措施。

【任务实施】

一、洪涝灾害和洪涝地质灾害

(一)洪涝灾害

洪涝灾害包括洪水灾害和雨涝灾害两类。其中,由于强降水、冰雪融化、冰凌、堤坝溃决、风暴潮等原因引起江河湖泊及沿海水量增加、水位上涨而泛滥以及山洪暴发所造成的灾害称为洪水灾害;因大雨、暴雨或长期降水量过于集中而产生大量的积水和径流,排水不及时,致使土地、房屋等渍水、受淹而造成的灾害称为雨涝灾害。由于洪水灾害和雨涝灾害往往同时或连续发生在同一地区,有时难以准确界定,往往统称为洪涝灾害。

洪涝灾害可分为直接灾害和次生灾害。在灾害链中,最早发生的灾害称为原生灾害,即直接灾害,洪涝直接灾害主要是由于洪水直接冲击破坏、淹没所造成的危害。如人口伤亡、土地淹没、房屋冲毁、堤防溃决、水库垮塌;交通、电信、供水、供电、供油(气)中断;工矿企业、商业、学校、卫生、行政、事业单位停工、停课、停业以及农林牧副渔减产减收,等等。次生灾害是指在某一原发性自然灾害或人为灾害直接作用下,连锁反应所引发的间接灾害。如暴雨、台风引起的建筑物倒塌、山体滑坡,风暴潮等间接造成的灾害都属于次生灾害。次生灾害对灾害本身有放大作用,它使灾害不断扩大延续,如一场大洪灾来临,首先是低洼地区被淹,建筑物浸没、倒塌,然后是交通、通信中断,接着是疾病流行、生态环境恶化,而灾后生活、生产资料的短缺常常造成大量人口的流徙,增加社会的动荡不安,甚至严重影响国民经济的发展。

(二)洪涝地质灾害

洪涝地质灾害主要是指在洪涝灾害发生过程中以及灾后引发的滑坡、泥石流、地下水变化、库岸失稳、地面沉降等各类灾害性地质作用和现象。

二、洪涝灾害的分布与危害

地球陆地上的许多地区都存在着洪涝灾害,尤其是在低纬度地区更为严重。我国地处低纬度的季风区,又受台风的强烈影响,暴雨洪水十分频繁。我国洪涝灾害有如下分布特点。

(1)华南地区:3月降水明显增多,到11月仍可受到热带气旋的影响,降水集中时段为4~9月,洪涝主要发生在5~6月和8~9月。即夏涝最多,春涝次之,秋涝第三,偶尔有冬涝现象。

(2)长江中下游地区:4月前后雨水明显增多,5月洪涝次数显著增加,但主要是在江南地区。6月中旬至7月上旬是梅雨期,雨量大,是洪涝发生的集中期。7月中旬至8月为少雨伏旱期,发生洪涝的机会少,但沿海地区受热带气旋影响仍可遭受洪涝灾害。大部地区洪涝集中在5~7月,受涝次数占全年的80%左右。从季节上看,夏涝最多,春涝(以渍涝为主)次之,秋涝第三,个别年份有小范围的冬涝现象。

(3)黄淮海地区:这一地区春季雨水稀少,一般无涝害出现;进入6月,华北平原可出现洪涝,但范围不大,且多出现在沿淮及淮北一带。7~8月,降水集中,洪涝范围扩大,次数增多,为全年洪涝最多时期。这两个月,淮河流域、河南北部、河北南部、陕西中部等地受涝次数占全年的70%左右;山东、河北大部、京津地区占80%以上。从季节上看,夏涝最多,个别年份可发生春、秋渍害。

(4)东北地区:本区受夏季风影响最晚,雨季短,洪涝几乎集中在夏季,尤其是7~8月两个月。三江平原因地势低洼,如果上年秋冬雨雪偏多,春季回暖迅速,积雪融化,土壤返浆,也可发生渍害;倘若春雨雪多,更会加重涝象。

(5)西南地区:该地区地形复杂,各地雨季开始早晚不一,雨量集中期也不尽相同,所以洪涝出现的迟早和集中期也不完全一样。贵州洪涝多出现在4~8月,偶尔有秋涝;四川、重庆除东部外,一般无春涝现象,洪涝主要集中在6~8月,9~10月还有秋渍现象;云南洪涝主要集中在夏季,但春、秋期间局地性的山洪也时有发生;西藏洪涝灾少,一般仅在夏季有局地性洪涝发生。

(6)西北地区:大部分地区终年雨雪稀少,除东部地区外,几十年很少发生较大范围的洪涝现象。夏季如降大雨或暴雨,也可发生短时洪涝(多为山洪),但出现次数少,且也比较分散。

三、洪涝灾害的成因

洪涝灾害的形成必须具备两个方面的条件,即自然条件和社会经济条件。在自然条件中,大面积持续性高强度的降水是发生洪涝灾害的根本原因,而日趋严重的森林植被破坏、水土流失、河道淤积、湖泊萎缩以及崩塌、滑坡、泥石流活动等多种非气候因素也加剧了洪涝灾害的形成和发展。

我国洪涝灾害日益严重的主要原因是:

(1)降水分布不均匀,气候异常加剧;

(2)主要江河中下游地势平缓,河道曲折,洪水排泄不畅;

(3)水土流失和崩滑流活动剧烈;

(4)河湖淤积严重,行洪蓄洪能力下降;

(5)大江大河沿岸工程条件复杂,江河沿岸堤防工程脆弱,堤防隐患严重。

洪涝灾害频发的影响因素是多方面的。虽然各种因素的影响方式不一,但它们多与地质动力过程相关。气候是控制洪涝灾害的先决条件,地面沉降、水土流失、崩滑流活动与河湖淤积等因素加剧了洪涝灾害的危害程度。

四、洪涝地质灾害的调查与评价

洪涝地质灾害的调查与评价,是在洪涝灾害汛情调查分析评价的基础上着重对易发生洪涝灾害地区的水土流失、库岸边坡稳定、地下水变化、流域内滑坡和泥石流等灾害进行综合调查与评价,为防洪减灾提供技术支持。其调查与评价可参照前述各灾种调查评价办法,结合防洪减灾全局要求综合进行。

五、洪涝灾害的防治

防洪减灾是一项涉及多学科、多部门的系统工程,从气象、水文预报到修筑调洪、蓄洪和防洪工程,河道整治、流域综合治理以及防汛抢险等各种措施,必须协调一致、统筹安排。

(一)洪水预报

在各种地质灾害中,洪涝灾害可预报性最强。因此,必须抓住这一特征,加强气象、水文预报工作,准确、及时地掌握洪水信息,为防汛抢险决策提供可靠的依据。

(二)整治河道与修筑堤防

整治河道或修筑堤防,可以将洪水约束在河槽内并使其顺利向下游流动,这是有效地预防洪水灾害的工程性措施。

(三)水库建设与水坝加固

修建水库控制上游洪水来量,可以起到调蓄洪水、削减洪峰的作用,从而减缓中下游地区的抗洪压力。

(四)分滞洪区建设

在大城市、大型厂矿等重点保护地区,需要在其上游地区修建合理分洪区或蓄洪区。当洪水来临时,按照牺牲局部、保全大局的原则,可将超过水库和堤防防御能力的洪水有计划地向分洪区分流,以保证重点城市和厂矿的安全,减轻洪水灾害。

(五)防潮抢险

在洪水期间,为了确保河道行洪的安全,防止洪水泛滥成灾,采取紧急的工程措施以防止洪水破堤出槽,这是防汛抢险的主要目的与任务。我国防洪战线长、汛期长、防洪工程措施标准低,非工程措施不够完善,所以防汛抢险工作具有特别重要的作用。

(六)流域综合治理

无论是洪涝灾害的防灾减灾,还是其他地质灾害的防灾减灾,都是由多种措施组成的复杂系统工程。但在减灾实践中,往往重视直接性的工程防治措施,忽略间接性的基础防治工作。例如,在防治洪水灾害方面,重视水库和堤防建设,忽视水土保持以及分洪区和蓄洪区管理。在对地质灾害的认识方面,强调灾害对生命财产的直接破坏作用,忽视其对资源、环境的破坏以及对社会经济可持续发展的影响。

任务三　矿山地质灾害调查与评价

【任务分析】

通过对评估区地质灾害调查和资料的综合研究,查清评估范围内的地质环境条件及地质灾害类型、分布、规模,对矿山建设可能遭受地质灾害的危险性进行评估,分析评价矿山建设和运营对地质环境的影响与对可能诱发或加剧的地质灾害的危险性做出预测及综合评估,提出应采取的防治措施和进行场地适宜性评价,为矿山建设项目的规范和决策提供依据。

【知识链接】

依据《矿山地质环境保护与恢复治理方案编制规范》(DZ/T 0223—2011)、《地质灾害排查规范》(DZ/T 0284—2015)和《地质灾害危险性评估规范》(DZ/T 0286—2015)。

【任务实施】

一、概述

矿山地质灾害就是因大规模采矿活动而使矿区自然地质环境发生变化,产生影响人类正常生活和生产的灾害性地质作用或现象。

矿山是人类工程活动对地质环境影响最为强烈的场所之一。人类在开发利用矿产资源的同时,也改变或破坏了矿区的自然地质环境,从而产生众多的地质灾害,影响人类自身的生存环境。实践证明,一个国家或地区的生态破坏与环境污染状况,在某种程度上总是与矿产资源消耗水平相一致。所以,矿产资源开发引起的环境问题历来备受各国政府和科学家的重视。二十大报告指出,加大油气资源勘探开发和增储上产力度,所以,在未来保护矿山环境、合理开发矿产资源、避免人为地质灾害的发生已成为矿山活动的主要任务之一。

二、矿山地质灾害的种类

采矿过程中能量交换和物质转移是影响矿山地质环境的主要原因,矿山地质灾害的种类、强度和时空分布特征取决于矿区的地质地理环境、矿床开采方式、选冶工艺等因素。采矿对矿区环境的影响主要表现在矿坑疏干排水造成地面塌陷、泉水枯竭、河水断流和区域地下水位下降;深井排水或注水诱发地震;地面开挖、地下采掘引起崩塌、滑坡、地面开裂与沉陷;矿山剥离堆土及矿渣堆积占用土地、淤塞河道导致水患或矿山泥石流发生。矿渣及尾矿、选矿废水、选冶废气及可燃性矿渣自燃等造成土壤、水体及大气污染;露天采矿不仅破坏地貌景观,还经常引起滑坡、崩塌以及泥石流等地质灾害,形成矿山荒地,加速水土流失。矿山地质灾害种类见表 7-1。

表 7-1　矿山地质灾害种类

环境要素	作用形式	主要地质灾害种类
地表环境	地下采空　地面及边坡开挖 爆破及震动　地下水位降低 废水排放　废渣、尾矿排放 尾矿库溃坝　煤层自燃	采空区地面塌陷　山体开裂 崩塌、滑坡、泥石流　水土流失与土壤荒漠化 岩溶塌陷　采矿诱发地震
水环境	地下水位降低　废水排放 废渣、尾矿排放　水质污染	水动力条件改变　井、泉枯竭 海水入侵
采矿环境	地下采空　地面及边坡开挖 爆破及震动　地下水位降低 地下热害　坑道变形 露采边坡失稳	粉尘　煤与瓦斯突出 突水、溃泥　岩爆

三、矿山地质灾害

地下采矿和地下工程开挖,最基本的生产过程就是破碎和挖掘岩石与矿石,同时维护顶板和围岩稳定。如果对地下洞室不加以支撑维护,则洞室围岩在地应力的作用下发生变形或破坏,在矿井内,就会发生顶板下沉和垮落、底板隆起、岩壁垮帮、支架变形破坏、采场冒落、岩层错动、煤与瓦斯突出及岩爆等灾害;在地面就会出现地表开裂、地面下沉、建筑物倒塌、水源枯竭等地质灾害问题;在露天采场就会发生滑坡、崩塌、倾倒等边坡失稳及其引起周边地面变形破坏。而煤与瓦斯突出是高瓦斯煤矿开采过程中最常见、危害性最大的地质灾害。

对于矿山开采过程中,所发生的地面沉降、地裂、滑坡、泥石流等地质灾害的相关内容可参照前述项目介绍,以下就矿山地质灾害中危害大、发生频率高、分布范围广的冒顶垮帮、岩爆、煤与瓦斯突出进行简要介绍。

(一)冒顶垮帮

冒顶垮帮就是地下洞室开挖后,由于卸荷回弹,应力和水分重新分布,当围岩岩体承受不了回弹应力或重新分布应力时就会发生变形或破坏,致使产生洞顶冒落、两侧岩石垮塌的现象。

地下洞室围岩岩体变形及破坏,除与岩体内的初始应力状态和洞形有关外,还主要取决于围岩的岩性和结构。

冒顶垮帮事故是对矿山工人人身安全直接威胁大且发生频率最高的矿山地质灾害之一,也是引起矿井突水事故的因素之一。顶板冒落或侧壁垮帮的征兆有顶板掉渣由小而大、由稀变密,裂隙数量增多、宽度加大,煤帮煤质在高压下变软,支架压坏、折断,瓦斯涌出量突然增多,淋水量增大等。

(二)岩爆

岩爆又称为冲击地压,是指承受强大地压的脆性煤、矿体或岩体,在其极限平衡状态受到破坏时向自由空间突然释放能量的动力现象,是一种采矿或隧道开挖活动诱发的地震。

在煤矿、金属矿和各种人工隧道中均有发生。

岩爆发生时,岩石碎块或煤块等突然从围岩中弹出,抛出的岩块大小不等,大者直径可达几米甚至几十米,小者仅几厘米或更小。大型岩爆通常伴有强烈的气浪巨响,甚至使周围的岩体发生震动。岩爆可使洞室内的采矿设备和支护设施遭受毁坏,有时还造成人员伤亡。

岩爆主要有围岩表部岩石破裂引起的岩爆、矿柱围岩破坏引起的岩爆、断层错动引起的岩爆等类型。

(三)煤与瓦斯突出

在煤矿地下开采过程中,从煤(岩石)壁向采掘工作面瞬间突然喷出大量煤(岩)粉和瓦斯(CH_4、CO_2 等)的现象,称为煤与瓦斯突出。大量承压状态下的瓦斯从煤或围岩裂缝中高速喷出的现象称为瓦斯喷出。

突出与喷出均是在地应力、瓦斯压力综合作用下产生的伴有声响和猛烈应力释放效应的现象。煤与瓦斯突出可摧毁井巷设施和通风系统,使井巷充满瓦斯与煤粉,造成井下矿工窒息或被掩埋,甚至可引起井下火灾或瓦斯爆炸。因此,煤与瓦斯突出是煤炭行业中的严重矿山地质灾害。

瓦斯的赋存状态分为游离状态和吸附状态两种。游离状态瓦斯呈自由气体形式存在于煤层的较大孔隙或孔洞中,吸附状态的瓦斯则在煤颗粒的分子引力作用下以分子形式被吸着在孔隙表面。在一定条件下,这两种状态瓦斯处于动态平衡之中。在采掘过程中,煤体内的瓦斯不断向采掘空间涌出。如果煤层中的吸附瓦斯在地压作用下突然大量地解吸为游离瓦斯,就会发生瓦斯突然喷出现象。

发生煤与瓦斯突出的煤层具有瓦斯扩散速度快、湿度小,煤的力学强度低且变化大、透气性差等特点,大多属于遭构造作用严重破坏的“构造煤”。突出的次数和强度随煤层厚度的增加而增多,突出最严重的煤层一般都是最厚的主采煤层。突出多发生在爆破落煤的工序中。

煤与瓦斯突出灾害随采掘深度的增加而增加,其主要影响因素有矿区的地质构造条件、地应力分布状况、煤质软硬程度、煤层产状以及厚度和埋深等。一般来说,煤层埋深大,突出的次数多,强度也大。此外,水力冲孔和震动放炮可使地应力作用下的高压瓦斯煤体在人为控制下发生突出。

(四)瓦斯爆炸与煤层自燃

1. 瓦斯爆炸

瓦斯突出后,若遇有燃火点则极易发生瓦斯爆炸。瓦斯爆炸是煤矿的一种主要地质灾害。

矿井瓦斯是在矿床或煤炭形成过程中所伴生的天然气体产物的总称,其主要成分是甲烷(CH_4),其次为二氧化碳和氮气,有时还含有少量的氢、二氧化硫及其他碳氢化合物。狭义的瓦斯是指煤矿井下普遍存在而且爆炸危险性最大的甲烷。

一般认为,在正常压力下,瓦斯的引火温度是 650~750 ℃。不论是明火、电火花、摩擦热生火花,还是火药爆破,均可点燃瓦斯与空气的混合物而引起爆炸。瓦斯爆炸或瓦斯与煤尘联合爆炸不仅出现高温,而且爆炸压力所构成的冲击破坏力也相当大。煤矿瓦斯爆炸产生的瞬间温度可达 1 850~2 650 ℃,压力可达初始压力的 9 倍。当发生瓦斯连续爆炸时,会越爆越猛,出现很高的冲击压力。

瓦斯爆炸火焰前沿的传播速度最大为2 500 m/s。当火焰前沿通过时,井下人员从皮肤到五官均可烧焦。井下设备由于爆炸的高压作用可深陷到岩石内,爆炸的冲击波还可破坏巷道、引起冒顶垮帮等其他灾害。

爆炸冲击波的传播速度最大可达2 000 m/s,冲击破坏力极强。在爆炸波正向冲击过程中,由于内部形成真空,压力降低,外部压力相对增大,结果空气返回后又形成反向冲击。这种反向冲击虽然速度较前者为慢,但因氧气的补充可能造成二次或多次瓦斯爆炸,其破坏力往往更大。

2. 煤层自燃

煤层自燃是指在自然环境下,有自燃倾向的煤层在适宜的供氧储热条件下氧化发热,当温度超过其着火点时而发生的燃烧现象。

一般情况下,煤层自燃首先从煤层露头开始,然后不断向深部发展,形成大面积煤田火区,因此有时也称为煤田自燃。煤层自燃是人类面临的重大地质灾害之一。

煤层自燃必须具备的三个基本条件是:具有低温氧化特性的煤、充足的空气供氧以维持煤的氧化过程不断进行、在氧化过程中生成的氧化热大量蓄积。

煤层自燃在我国每年直接燃烧损失的煤炭资源达1 000万~1 360万t,新疆的煤田自燃损失最大。煤层自燃会产生大量的各种有毒、有害气体进入大气,致使当地大气环境恶化。此外,它还污染河流水质,造成水土流失、土壤荒漠化。

煤层自燃除破坏资源、污染环境外,还危害煤矿的安全生产。

(五)矿井突水

1. 概念

矿井突水是指采矿时超过矿井正常排水能力的大量水瞬时涌入井巷中的现象。

有许多矿床所处地段赋存有地下水。在矿床开采过程中势必会改变矿床所处地段的水文地质条件,从而会引起矿井大量涌水,甚至是矿井突水等现象发生。

如中国北方石炭纪、二叠纪煤系地层,不仅煤系内部夹有赋水性强的地层,下伏的巨厚奥陶系灰岩岩溶水水量也极为丰富。随着开采深度的加大以及对地下水的深降强排,从而产生了巨大的水头差,使煤层底板受到来自下部灰岩地下水高水压的威胁;在构造破碎带、陷落柱和隔水层薄的地段经常发生坑道突水事故,严重威胁着矿井生产和工人的生命安全。

2. 矿井突水的致灾条件

(1)突水水源:主要有地下水、大气降水、地表水、老窑及废弃井巷的积水等。

(2)突水途径(通道):主要有断裂构造、岩溶陷落柱、顶底板破坏等。

(3)影响突水强度的因素:主要有地形地貌、围岩岩性和地质构造、水文地质条件等自然因素,以及在采矿活动中,乱采滥挖、破坏防水矿柱、进入废弃矿井采掘残煤或乱丢废弃渣而堵塞山谷、河床等人为因素两个方面。

水源与通道构成了矿床充水的基本条件,其他各种因素只是通过对水源与通道的作用,影响矿坑突水强度的大小。

3. 矿井突水的危害

矿井突水是矿床开采中发生的严重地质灾害之一。其危害主要表现为矿井突水造成的开采成本增加和巨大直接经济损失,其次表现为在矿山开采影响范围内易出现地面塌陷开裂、地下水位陡然下降造成各类工程下沉、倾斜、开裂,甚至倒塌等事故。

四、矿山地质灾害的调查评价

在矿床地质勘探弄清矿床的成因、分布、埋藏、地层岩性、地质构造等条件的基础上，重点对产生矿山地质灾害的因素进行调查评价。

按照煤矿开采相关规范进行有关煤与瓦斯灾害开展调查评价工作。

对矿井突水灾害应按照矿床水文地质相关规范查明矿区水文地质条件、突水水源、突水通道及影响突水强度的因素；预测开采造成的环境地质问题。

对岩爆、冒顶垮帮等灾害参照工程地质有关洞室稳定性评价相关规范进行调查评价，为矿山安全生产提供技术支持。

五、矿山地质灾害的防治

（一）冒顶垮帮防治

防止采空区大冒落的处理方法有充填法、崩落法、支撑法、封闭法四种方法：

（1）充填法：采空场采矿开采完毕后，要及时用碎石、尾矿砂、水沙、混凝土等物质充填采空区，从而起到支撑顶板，减少其承受上覆岩土体压力的作用。

（2）崩落法：利用深孔爆破的方法将采空区围岩崩落，充填采空区。

（3）支撑法：以矿柱或支架等支撑采空区，防止其发生危险变形。

（4）封闭法：常用来处理与主要矿体相距较远、围岩崩落后不会影响主矿体坑道和其他矿体开采的孤立小矿体。封闭这些小采空区的目的主要是防止围岩突然冒落时空气冲击，对人员和设备造成危害。

为了预防冒顶垮帮，还必须采取合理的开采方案，避免片面追求产量而采富弃贫，坚决杜绝开采保护矿柱的乱采行为，进行科学的顶板管理；根据围岩应力集中大小与分布形式，采用声发射监测技术及其他测定地应力的方法，预测预报顶板来压的强度和时间，掌握地压规律，及时采取有效措施；制定科学、合理的工作面作业规程、支护规程、采空区处理规程等。

（二）岩爆的防治

1. 岩爆的监测预报

岩爆预测是地下建筑工程地质勘查的重要任务之一。对岩爆灾害的预测包括对岩爆发生强度、时间和地点的预测。由于地下工程开挖和岩爆现象本身的复杂性，岩爆的预测工作需要考虑地质条件、开挖情况以及扰动等许多因素。以往的岩爆记录是预测未来岩爆的重要参考资料。

岩爆的预测预报可以分为两个方面：一方面是在实验室内测量煤岩或岩块的力学参数，依据弹性变形能量指数判断岩爆的发生概率和危险程度；另一方面是现场观测，即通过观测声响、震动，在掘进面上钻进时观察测量钻屑数量等进行预测预报。目前，国内外常用的岩爆预测预报方法有钻屑法、地球物理法、位移测试法、水分法、温度变化法和统计方法等。

2. 岩爆的防治

岩爆的防治问题虽然目前尚难彻底解决，但在实践中已摸索出一些较为有效的方法，根据开挖工程的实际情况可采取不同的防治方法。

（1）在设计阶段通过洞轴线和洞室断面形状的选择，改善洞室结构的受力条件的防治对策。

(2)在施工阶段通过超前应力解除、喷水或钻孔注水促进围岩软化、选择合适的开挖方式、减少岩体暴露的时间和面积等方法,防止岩爆的发生。

(3)一旦发生岩爆,应彻底停机、躲避,对岩爆的发生情况进行详细观察并如实记录,仔细检查工作面、边墙或拱顶,及时处理、加固岩爆发生的地段。

(4)合理选择围岩的支护加固方法,使开挖的洞室周边或前方掌子面的围岩岩体从单向应力状态变为三向应力状态,同时围岩加固措施还具防止岩体弹射和塌落的作用。主要的支护加固措施有喷混凝土或钢纤维喷混凝土加固、钢筋网喷混凝土加固、周边锚杆加固、格栅钢架加固、必要时可采取超前支护。

(三)煤与瓦斯突出的预防措施

煤与瓦斯突出的预防措施主要有以下四种:

(1)开采没有突出危险或突出危险性较小的煤层。

(2)在有突出危险的煤层内均匀布置钻孔并预先抽放一定时间的瓦斯,以降低瓦斯压力与含量,并使地应力下降、煤层强度增加。

(3)在工作面前方一定距离的煤体内,超前钻探一定数量的大口径钻孔,使煤层内的瓦斯得以提前释放。

(4)利用封堵、引排、抽放等综合方法处理洞穴内积存的瓦斯。为防止煤与瓦斯突出造成严重危害,必须加强煤层顶板管理和地应力监测,加强职工安全教育。

(四)瓦斯爆炸与煤层自燃的预防

1. 瓦斯爆炸灾害的预防

瓦斯积聚达到引爆浓度是发生瓦斯爆炸事故的物质基础,而引燃瓦斯的火种主要来自于管理不善,技术上的原因占少数。因而可以说,这种频率较大、严重程度极高的煤矿爆炸灾害几乎全部是人为致灾。因此,预防瓦斯爆炸主要应从防止瓦斯积聚和杜绝瓦斯引爆火种两个方面入手。

防止瓦斯积聚就是要确保矿井通风流畅,或排或堵及时处理掉积存的瓦斯,通过专用钻孔、巷道等抽放瓦斯以及建立严格的瓦斯检测制度,对超限要及时采取措施加以处理。

杜绝瓦斯引爆火种就是要做到严禁明火进场;加强防爆电器的管理,防止电火花引燃;加强火药管理,严格遵守安全爆破制度,放炮前后要检查瓦斯含量,瓦斯超限时不准放炮;严格管理自然发火区,注意防火,加强检查火区内有毒气体及瓦斯浓度。

2. 煤层自燃的预防

主要采取合理的开采技术、方法,合理的通风系统布局,以及预防性灌浆和喷洒灌注阻化剂隔离等措施进行煤层自燃的预防。

(五)矿井突水灾害的防治

人们总结出了一套矿井突水的综合防治方法,即疏干排水、注浆堵水、弃矿及采取防水措施等,简单地说,即疏、堵、躲、防。而躲就是弃矿。

1. 疏干排水

疏干是指通过一定的集水构筑物,对矿床直接突水的含水层进行排水,使地下水位降至开采地段以下的排水设施和过程。而对矿床间接突水的含水层,通过排水将其水头降至某一安全高度达到降水疏压的效果。可选择预先疏干或平行疏干。

疏干排水有如下方式。

1)地表疏干

(1)深井疏干(主要方法):在疏干地段从地表施工一系列疏干钻孔至充水岩层,用深井泵或潜水泵将地下水排出至地表,降低水位和水压,达到安全开采的目的。深井疏干用于矿体埋藏较浅,含水层渗透性较强的矿区。

(2)漏水孔排水:在地表施工一系列钻孔,将上部含水层的地下水,通过钻孔自流泄至下部含水层,达到上部含水层疏干或降压的目的。漏水孔排水适用于矿区需要疏干含水层的下部存在透水性好且水位低于拟被疏干含水层水位的某一透水层或含水层。

(3)水平孔疏干(国外广泛使用):在露天采区边坡底部施工一个近水平的钻孔,地下水在自然梯度驱使下流出。水平孔疏干适用于露天开采方式,可降低松散层组成的边坡残余水头。

2)地下疏干

借助疏干巷道、平硐、放水钻孔、直通式钻孔等疏干工程将地下水放入坑道集中排出地表,或泄入水头较低的底部含水层中。地下疏干适用范围广,无论含水层埋藏深度大小、透水性能好坏、富水性强弱都可采用。

3)联合疏干

联合疏干是指一个矿区内,同时采用地表疏干和地下疏干两种方法。联合疏干适用于矿区水文地质条件较复杂,单一疏干方法不能经济合理采用的情况下。通常是在基建阶段采用地表疏干,在采掘阶段采用地下疏干。

2. 注浆堵水

注浆堵水是指用具有一定压力和浓度的浆液,通过钻孔注入含水层的空隙或通道中,使其扩散、凝固,形成地下帷幕,堵塞进水途径,切断矿井突水水源,达到防治水的目的。

注浆堵水主要用在矿区地下水补给源充足,矿井疏水量大;矿体规模大且集中;充水岩层埋深不太大,有适于堵水的边界;矿区突水条件比较清楚,充水水源、充水通道和注浆地段含水层的埋藏条件,裂隙、岩溶发育状况基本查清的矿山开采中。

3. 采取防水措施

1)地面防水

地面防水主要是切断大气降水补给源,防止地表水大量进入矿井。具体措施有修筑防洪沟、封堵塌陷或裂缝通道、排出低洼地积水、铺垫河床底部或使河流改道等。对老矿区的老窑、古坑,要进行封闭或堆充,以防雨水灌入。

2)井下防水

井下防水就是通过设计合理开采布局,选择适宜的开采方法,留设防水矿柱,修建防水闸门或水闸墙等设施,进行超前钻探水等措施,防止突水的发生。

任务四 特殊土地质灾害调查与评价

【任务分析】

特殊土是指某些具有特殊物质成分和结构、赋存于特殊环境中的区域性土。如荒漠化土、湿陷性黄土、盐渍土、膨胀土、软土等。这些特殊土与工程设施或工程环境相互作用时,易产生不良工程地质问题,形成地质灾害。我国地域辽阔,自然地理条件复杂,在许多地区分布着这些特殊土。调查研究它们的成因、分布规律和地质特征、工程地质性质,对于及时解决在这些特殊土上进行建设时所遇到的工程地质问题,防灾减灾,提高经济和社会效益具有重要的意义。

【知识链接】

依据荒漠化和特殊土的形成条件与机制、发育规律、危害方式及特点,根据工程地质手册和相关规范对荒漠化和特殊土进行调查和评价,并提出减灾和防治措施。

【任务实施】

一、荒漠化调查评价

(一)土地荒漠化

狭义的土地荒漠化(沙漠化)是指在脆弱的生态系统下,由于人为过度的经济活动,破坏其平衡,使原非沙漠地区出现了类似沙漠景观的环境变化过程。正因为如此,凡是具有发生沙漠化过程的土地都称为沙漠化土地。广义土地荒漠化则是指由于人为和自然因素的综合作用,使得干旱半干旱甚至半湿润地区自然环境退化(包括沙质荒漠化、盐渍荒漠化、石质荒漠化、海洋荒漠化、城市荒漠化、高寒荒漠化等)的总过程。

1. 沙质荒漠化(沙漠化)

沙质荒漠化是指原非沙漠地区出现以风沙活动为主要标志的类似沙漠景观的环境变化过程,主要分布于干旱半干旱沙漠边缘,除自然原因外,可能与过度放牧、过度耕作等有关,最终导致土地生产力下降或衰竭。沙漠化是荒漠化最主要的类型,也是危害最大的一种荒漠化。此类荒漠化多见于我国西北地区。

2. 盐渍荒漠化

盐渍荒漠化是荒漠化的常见类型,又称为盐漠化。在干旱半干旱地区,由于气候干旱,蒸发强烈,地势平坦、低洼,地下水位高且排水不畅,蒸发作用使土壤成土母质和地下水中的可溶性盐分积聚地表而形成盐碱土。通常把土壤表层30 cm以内可溶性盐离子总量超过1%的土称为盐碱土,其形成大多与大水漫灌等不合理灌溉有关。盐渍荒漠化最终导致土地生产力下降,使得农作物发生生理干旱,造成减产甚至绝收,从而产生荒漠化效应。此类荒漠化多见于华北平原和青海省境内。

3. 石质荒漠化(石漠化)

由于人为作用如陡坡开荒、毁林开荒等,导致土壤流失,土层变薄,使基岩逐步裸露的过程,叫石质荒漠化。其主要分布于降水多、风力大或坡度陡的地区,如我国南方基岩山区,水土流失引起石漠化很严重。特别是在云贵高原一带的石灰岩地区表现典型的喀斯特石漠化。

4. 海洋(水域)荒漠化

海洋荒漠化是指在人为作用下海洋及沿海地区生产力的衰退过程,即海洋向着不利于人类的方向发展,如赤潮导致生物生产力下降等。一个国家的领海是国土的重要组成部分,领海的生态环境质量退化是一个国家土地退化的重要表现形式,也就是说,海洋也存在着类似的荒漠化，随着工业的发展，大量的废油排入海洋，形成一层薄薄的油膜散布在海洋上。这层油膜能抑制海面的蒸发，阻碍潜热的释放，引起海水温度和海面气温的升高，加剧气温的日、年变化。同时，由于蒸发作用减弱，海面上的空气变得干燥，减弱了海洋对气候的调节作用，使海面上出现类似于沙漠的气候。因此，也有人将这种影响称为"海洋沙漠化效应"。

5. 城市荒漠化

城市荒漠化是指由于城市人口增加和地表性质改变而出现类似荒漠环境效应的环境有害化过程。

6. 高寒荒漠化

高寒荒漠化是指高山上部和高纬度亚极地地区，因低温引起生理干燥而形成的植被贫乏地区，也称作寒漠。

（二）荒漠化形成的因素

1. 荒漠化形成的自然因素

基本条件——气候干旱少雨，地表水贫乏，河流欠发育，流水作用微弱，物理风化和风力作用显著，因此形成大片戈壁和沙漠。

物质条件——地面疏松，为沙质沉积物。

动力条件——大风日数多且集中大风日数多，集中在冬春干旱的季节，从而为风沙活动创造了有利条件。

以上自然因素中，雨量的变化对荒漠化的发生和发展起到至关重要的作用。多雨年有利于抑制风沙活动，少雨年则加剧荒漠化进程。

2. 荒漠化形成的人为因素

形成荒漠化的人为因素如下：

（1）人口激增对生态环境的压力；

（2）人类活动不当，对土地资源、水资源的过度使用和不合理利用。

（三）荒漠化的危害

（1）对农业生产的危害。如流动沙丘淹没农田等。

（2）对村镇、交通、水库、灌渠的危害。如流动沙丘淹没村镇、公路、铁路等。

（3）对生态环境的危害。如造成沙尘暴频发等。

（4）对植被和地表形态的危害。如造成地表植被覆盖率降低，使地表形态单一，引发饥荒等。

（四）荒漠化危害的调查评价

荒漠化危害的形成条件是多方面的，在调查评价时，主要应从地表岩土、气候、地貌、水文、植被、人为因素等方面进行。特别是应按照水文地质调查的要求，对地下水埋深和水质、地表水水体面积、排水、径流状况等水文地质条件进行调查评价。

（五）荒漠化防治的对策和措施

1. 荒漠化的防治内容

防治荒漠化应积极采取措施分类处理，对具有潜在荒漠化危险的土地进行积极预防，对正在发展中的荒漠化土地则想办法扭转其退化局面，对已经发生荒漠化的土地恢复其生产力。

2. 荒漠化的防治原则

坚持维护生态平衡与提高经济效益相结合,治山、治水,治碱(盐碱)、治沙相结合的原则,在现有的经济技术条件下,以防为主,保护并有计划地恢复荒漠植被。

3. 防治荒漠化的有效措施

(1)防治荒漠化的有效措施:恢复自然植被,人们将水分条件较好,并有一定植物生长的沙漠圈围起来,实行封沙育草,促使植物天然更新;或者选育梭梭、柠条、沙拐枣等优良固沙植物进行人工补种。

(2)防治荒漠化的治理重点是已遭沙丘入侵、风沙危害严重的地段。其措施:合理利用水资源;利用生物措施和工程措施构筑防护体系;调节农、林用地之间的关系——宜林则林,宜牧则牧;提高人口素质,建立一个人口、资源、环境协调发展的生态系统,这对荒漠化的防治有着重要的意义。

二、湿陷性黄土调查评价

(一)湿陷性黄土的特征

黄土在我国分布广泛,其由于具有特殊的物质成分和结构而具有湿陷性。

1. 湿陷性黄土成分结构特征

湿陷性黄土的颜色主要呈黄色或褐黄色、灰黄色,富含碳酸钙,具大孔隙垂直节理发育;从物质成分上看,湿陷性黄土多以粉砂、细砂为主,含量一般为57%~72%,矿物成分以石英、长石、碳酸盐矿物、黏土矿物等为主。湿陷性黄土在结构上由原生矿物单颗粒和集合体组成,集合体中包括集粒和凝块。高孔隙性是湿陷性黄土最重要的结构特征之一。孔隙类型有粒间孔隙、集粒间孔隙、集粒内孔隙、颗粒-集粒间孔隙等,孔隙大小多为0.002~1 mm。

湿陷性黄土是干旱气候条件下风积作用的产物。形成初期,土质疏松,靠颗粒的摩擦和黏粒与$CaCO_3$的黏结作用略有连接而保持架空状态,形成较松散的大孔和多孔结构。黄土孔隙率高,多在40%~50%,孔隙比为0.85~1.24,多在1.0左右。

2. 湿陷性黄土的物理力学性质特征

低含水量:黄土天然含水量一般在7%~23%,但湿陷性黄土多数为11%~20%;密度为1.3~1.8 g/cm^3,干密度为1.24~1.47 g/cm^3;塑性较弱,塑性指数多为8~12,液限一般为26%~34%,多处于坚硬或硬塑状态。沿冲沟两侧和陡壁附近垂直节理发育;由于存在大孔隙,因此透水性比较好,而且具有明显的各向异性,垂直方向比水平方向的渗透系数大几倍甚至几十倍。

高孔隙性,中等压缩性:马兰黄土压缩系数一般为0.1~0.4 MPa^{-1},抗剪强度较高,内摩擦角一般为15°~25°,内聚力为30~60 kPa。但新近堆积的黄土土质松软,强度低,属中-高压缩性,压缩系数为0.1~0.7 MPa^{-1}。

(二)湿陷性黄土的危害

湿陷性黄土因其湿陷变形量大、速率快、变形不均匀等特征,往往使工程设施的地基产生大幅度的沉降或不均匀沉降,从而造成建(构)筑物开裂、倾斜甚至破坏,路基下陷起伏、边坡垮塌危及行车安全,水库、灌渠等水利设施库岸不稳、下陷开裂而无法正常使用。

(三)湿陷性黄土的调查评价

按照湿陷性黄土场地勘察及地基处理等技术规范进行湿陷性黄土的调查评价。

(四)湿陷性黄土的防治

在湿陷性黄土地区,虽然因湿陷而引发的灾害较多,但只要能对湿陷变形特征与规律进行正确分析和评价,采取恰当的处理措施,湿陷便可以避免。

1. 防水措施

(1)基本防水措施:在建筑物布置、场地排水、屋面排水、地面防水、散水、排水沟、管道敷设、管道材料和接口等方面,应采取措施防止雨水或生产、生活用水的渗漏。

(2)检漏防水措施:在基本防水措施的基础上,对防护范围内的地下管道,应增设检漏管沟和检漏井。

(3)严格防水措施:在检漏防水措施的基础上,应提高防水地面、排水沟、检漏管沟和检漏井等设施的材料标准,如增设可靠部防水层、采用钢筋混凝土排水沟等。

2. 地基处理

消除地基的全部或部分湿陷量,或采用桩基础穿透全部湿陷性黄土层,或将基础设置在非湿陷性黄土层上。在湿陷性黄土地区通常采用的地基处理方法有重锤表层夯实(强夯)、垫层、挤密桩、灰土垫层、顶浸水、土桩压实爆破、化学加固和桩基、非湿陷性土替换法等。

3. 结构措施

减小或调整建筑物的不均匀沉降,或使结构适应地基的变形。

三、盐渍土调查评价

《岩土工程勘查规范(2009 年版)》(GB 50021—2001)规定,岩土中易溶盐含量大于 0.3%并具有溶陷盐胀腐蚀等工程特性时应判定为盐渍土,包括盐土、碱土和脱碱土。土壤盐渍化是指土壤中盐、碱含量超过正常耕种土壤水平,以致作物开始生长时就受到伤害的地质灾害过程。盐渍化是一种渐变性地质灾害,它是盐分在地表土层中逐渐富集的结果。大部分盐渍土是由土壤经过盐渍化过程形成的。

(一)土壤盐渍化的形成

盐渍化问题可归结为盐分富积和盐分运移两个过程。土壤中和浅层地下水中的盐分通过毛细作用而迁移至近地表处,当水分蒸发后盐分在土壤表面或土壤中蓄积起来,因为盐分没有消散,灌溉时这些盐分又溶解于水中,增加了灌溉中的盐分。盐分的聚集和迁移使其在土壤表层积累起来,这样就使植物的根部受损而妨碍其生长。在盐渍化程度严重的情况下,盐分析出在土壤表面并呈白色盐结皮状成片地淀积。这种盐渍化的土地多属于不毛之地。

造成土壤盐渍化的自然因素主要有气候、地形地貌、地下潜水水位与水质、地下水径流条件、岩土体含盐量、灌溉水矿化度等。干旱气候是发生土壤盐渍化的主要外界因素,蒸发量与大气降水量的比值和土壤盐渍化关系十分密切。地形地貌直接影响地表水和地下水的径流与排泄条件,山地的水盐运动多为下渗—水平径流,而盆地中心多表现为水平—上升型。因此,土壤盐渍化程度表现为随地形从高到低、从上游向下游逐渐加剧的趋势。

引起盐渍化的人为因素主要是灌溉用水管理不善,一方面,由于灌溉水中含有盐分,这些盐分在土壤中不断蓄积;另一方面,底层土壤中含有的盐分被灌溉水所溶解,随着水分的蒸发,盐分残留于地表面。

(二)土壤盐渍化的危害

土壤盐渍化的危害主要表现为农作物减产或绝收,影响植被生长并间接造成生态环境的恶化。盐渍土分布区的道路路基和建筑物地基还受到盐渍土胀缩破坏或腐蚀，含盐量高的盐渍土路基还会因盐分溶解导致地基下沉。

（三）盐渍土的调查评价

盐渍土的调查评价应包括：盐渍土的成因、分布和特点；含盐化学成分、含盐量及其在岩土中的分布；溶蚀洞穴发育程度和分布；气象和水文资料；地下水的类型、埋藏条件、水质、水位及其季节变化；植物生长状况，对土壤盐渍化程度、盐渍土含盐类型、含盐量及主要含盐矿物对工程特性的影响；盐渍土的溶陷性、盐胀性、腐蚀性和工程建设的适宜性；盐渍土的水溶性；盐渍土的腐蚀性。

（四）盐渍土灾害的防治

防治盐渍土灾害的关键是改良盐渍土、降低土壤含盐量。

1. 采取措施降低地下水位

注意排灌配套，建立农田林网，改善农田生态环境，可使土地盐渍化程度减弱。

（1）改变大水漫灌的灌溉方式，采用喷灌、滴灌等先进的灌溉技术；控制渠道渗漏，防止地下水位明显上升。

（2）修建地表排水设施，排除地表积水。

2. 综合治理，改良利用盐渍土

盐渍土的改良目标在于排出土壤中过多的易溶性盐类，降低土壤溶液的浓度，改善土壤理化性质和空气、水分状况，使有益的微生物活动增强，从而提高土壤的肥力。

改良土壤的主要措施是排水冲洗，即修建水利工程和排灌系统。对盐渍化土地进行淋洗，使土壤脱盐和地下水淡化。

种植水稻是改良和利用盐渍化土地的有效方法。试验表明，盐土种植水稻一年后，0～40 mm 土层的含盐量即由 0.43%降低到 0.06%。种植水稻必须结合排水，并采取增施有机肥料、平整土地、播前冲洗、活水灌溉、逐年翻深和修筑排灌系统等一系列措施。这样，盐渍化土地的改良才能更加有效。

四、膨胀土调查评价

（一）概念

膨胀土是一种富含膨胀性黏土矿物（蒙脱石、伊利石/蒙脱石混层黏土矿物等）的非饱和黏土，由于其具有显著吸水膨胀、失水收缩的特性，常导致建筑物地基胀缩变形，引起建筑物变形开裂破坏。膨胀土呈棕黄、黄红、灰白、花斑（杂色）等各种颜色，有的富含铁锰质及钙质结核。有的因裂隙很发育，而被称为裂土。膨胀土的液限和塑性指数较大，压缩性偏低，常处于硬塑或坚硬状态，所以很容易被误认为是好的地基土，但实际上该类土对工程建设具有严重的潜在破坏性，且治理难度大。

膨胀土的分布很广，遍及亚洲、非洲、欧洲、大洋洲、北美洲及南美洲的 40 个国家和地区。全世界每年因膨胀土湿胀干缩灾害造成的经济损失达到亿美元以上。中国是世界上膨胀土分布最广、面积最大的国家之一，全国有 21 个省（区）发育有膨胀土。

膨胀土按成因可分为两大类：

（1）各种母岩的风化产物，经水流搬运沉积形成的洪积、湖积、冲积和冰水沉积物。

（2）热带、亚热带母岩的化学风化产物残留在原地或在坡面水流作用下沿山坡形成的残积物和坡积物。

因此，膨胀土的分布与地貌关系密切。我国膨胀土大都分布在河流的高阶地、湖盆、倾斜平原及丘陵剥蚀区。

（二）膨胀土的特征

1. 膨胀土的物质成分和结构特征

膨胀土是一种黏性土。黏粒（<0.005 mm）含量高，一般高达 35%以上，而且多数在 50%以上，其中<0.002 mm 的胶粒占有相当大的比例。

沉积类膨胀土中常含有一定数量的结核，这是其物质成分的一个重要组成部分。一般为钙质结核，我国中、晚更新世膨胀土中常含铁锤质结核。

膨胀土的矿物成分特征是富含膨胀性的黏土矿物，如蒙脱石、伊利石、蒙脱石的混层黏土矿物。这是膨胀土膨胀变形的物质基础。

2. 膨胀土的物理力学性质

由于膨胀土的黏粒含量高，而且以蒙脱石或伊利石/蒙脱石混层矿物为主，因此液限和塑性指数都很高，摩擦强度虽低，但黏聚力大，常因吸水膨胀而使其强度衰减。膨胀土具有超固结性，开挖地下洞室或边坡时往往因超固结应力的释放而出现大变形。

（三）膨胀土的危害

膨胀土的胀缩特性对工程建筑，特别是低荷载建筑物具有很大的破坏性。只要地基中水分发生变化就能引起膨胀土地基产生胀缩变形，从而导致建筑物变形甚至破坏。膨胀土地基的破坏作用主要源于明显而反复的胀缩变化。因此，膨胀土的性质和发育情况是决定膨胀土危害程度的基础条件。膨胀土厚度越大，埋藏越浅，危害越严重。它可使房屋等建筑物的地基发生变形而引起房屋沉陷开裂。有资料表明，在强胀缩土发育区房屋破坏可达 60%~90%。另外，膨胀土对铁路、公路以及水利工程设施的危害也十分严重，常导致路基和路面变形、铁轨移动、路堑滑坡等，影响运输安全和水利工程的正常运行。

膨胀土灾害对于轻型建筑物的破坏尤其严重，特别是三层以下民用建筑，变形破坏严重而且分布广泛，有时即使加固基础或打桩穿过膨胀土层，膨胀土的变形仍可导致桩基变形或错断。高大建筑物因基础荷载大，一般不易遭受变形破坏。

（四）膨胀土的调查评价

膨胀土地区主要是进行工程地质条件的调查评价，包括下列内容：查明膨胀岩土的岩性、地质年代、成因、产状、分布以及颜色、节理、裂缝等外观特征；划分地貌单元和场地类型，查明有无浅层滑坡、地裂、冲沟以及微地貌形态和植被情况；调查地表水的排泄和积聚情况以及地下水类型、水位和变化规律；收集当地降水量、蒸发力、气温、地温、干湿季节、干旱持续时间等气象资料，查明大气影响深度；调查当地建筑经验。

（五）膨胀土灾害的防治措施

在膨胀土分布区进行工程建筑时，应避免大挖大填，在建筑物四周要加大散水范围，在结构上设置圈梁；铁路、公路施工避免深长路堑，要少填少挖，路堤底部垫砂，路堑设置挡土墙或抗滑桩，边坡植草铺砂。水利工程要快速施工，合理堆放弃土；必要时，设置抗滑桩、挡土墙；合理选择渠坡坡角；穿过垅岗时，使用涵管、隧洞。所有工程设施附近都要修建坡面、坡脚排水设施，避免降水、地表水、城镇废水的冲刷、汇集。对于已受膨胀土破坏的工程设施则视具体情况，采用加固、拆除重建等措施进行治理。

1. 膨胀土地基的防治措施

为了防止由于膨胀土地基胀缩变形而引起的建筑物破坏,在城镇规划和建筑工程选址时,要进行充分的地质勘查,弄清膨胀土的分布范围、发育厚度、埋藏深度以及膨胀土的物理性质和水理性质,在此基础上合理规划建筑布局,尽可能避开膨胀土发育区。在难以找到非膨胀土、没有浅层滑坡和地裂缝的地段进行工程建设时,可采取适宜的基础形式,以最大限度地减少膨胀土的危害。除对建筑物布置和基础设计采取措施外,最主要的是对膨胀土地基进行防治和加固。经常采用的措施有防水保湿措施和地基改良措施。

1)防水保湿措施

主要是防止地表水下渗和土中水分蒸发,保持地基土湿度的稳定,从而控制膨胀土的胀缩变形。具体方法有在建筑物周围设置散水坡,防止地表水直接渗入和减小土中水分蒸发。加强上、下水管和有水地段的防漏措施;在建筑物周边合理绿化,防止植物根系吸水造成地基土的不均匀收缩而引起建筑物的变形破坏;选择合理的施工方法,在基坑施工时应分段快速作业,保证基坑不被暴晒或浸泡等。

2)地基改良措施

地基土改良可以有效消除或减小膨胀土的胀缩性,通常采用换土法或石灰加固法。换土法就是挖除地基土上层约 1.5 m 厚的膨胀土回填非膨胀性土,如砂、砾石等。石灰加固法是将生石灰掺水压入膨胀土内,石灰与水相互作用产生氢氧化钙,吸收土中水分,而氢氧化钙与二氧化碳接触后形成坚固稳定的碳酸钙,起到胶结土粒的作用。

2. 膨胀土边坡变形的防治措施

防止地表水下渗:通过设置各种排水沟(天沟、平台纵向排水沟、侧沟),组成地表排水网系填截和引排坡面水流,使地表水不致渗入土体和冲蚀坡面。

坡面防护加固:在坡面基本稳定的情况下采用坡面防护,具体方法有在坡面铺种草皮或栽植根系发育、树叶茂盛、生长迅速的灌木和小乔木,使其形成覆盖层,以防地表水冲刷坡面。利用片石浆砌成方格形成拱形骨架护坡,主要用来防止坡面表土风化,同时对土体起支撑稳固作用。实践证明,采用骨架护坡与骨架内植被防护相结合的方法防治效果更好。

支挡措施:是整治膨胀土滑坡的有效措施,如抗滑挡墙、抗滑桩、片石垛、填土反压、支撑等。

五、软土调查评价

天然孔隙比大于或等于 1.0,且天然含水量大于液限的细粒土应判定为软土,包括淤泥、淤泥质土、泥炭、泥炭质土等。

(一)软土的特征

1. 软土的物质成分及结构特征

软土是在静水或流速缓慢的水体中形成的现代沉积物,因此粒度成分以粉粒及黏粒为主;矿物成分中除石英、长石、云母外,常含有大量的黏土矿物,当有机质含量集中(w>50%)时,可形成泥炭层。软土多具有疏松多孔的蜂窝状结构,有的水平层理比较发育。

2. 软土的物理力学性质

软土为高分散并富含有机质的黏性土,亲水性强,因而具有孔隙比高和饱含水分的特点。一般淤泥类土天然含水量(40%~70%)大于等于液限,泥炭质土的含水量高达 100%,

孔隙比大于3。软土的孔隙比和含水量都有随深度而降低的规律。

软土虽然孔隙比大,但孔隙细小,因而透水性弱,由于孔隙比大,因此压缩性高。

软土的高分散性和亲水性、高孔隙比使其颗粒间的连接很弱,因而强度很低。

软土在一定荷载的长期作用下可发生缓慢的变形,即软土具有蠕变性。在搅拌或振动等强烈扰动下,软土的强度会急剧降低,甚至变成悬液而流动,表现为触变性。

(二)软土的危害

由于软土强度低、压缩性高,因此以软土作为建筑物地基所遇到的主要问题是承载力低和地基沉降量过大。上覆荷载稍大,就会发生沉陷,甚至出现地基被挤出的现象。

在软土地区修筑路基时,由于软土抗剪强度低,抗滑稳定性差,不但路堤的高度受到限制,而且易产生侧向滑移。在路基两侧常产生地面隆起,形成远伸至坡脚以外的明塌或沉陷。

(三)软土的调查评价

软土调查评价主要在岩土工程勘察中进行,包括:软土的成因类型、成层条件、分布规律、层理特征、水平向和垂直向的均匀性;地表硬壳层的分布与厚度、下伏硬土层或基岩的埋深和起伏;固结历史、应力水平和结构破坏对强度和变形的影响;微地貌形态和暗埋的塘、浜、沟、坑、穴的分布、埋深及其填土的情况;开挖、回填、支护、工程降水、打桩、沉井等对软土应力状态、强度和压缩性的影响;判定地基产生失稳和不均匀变形的可能性;软土成层条件、应力历史、结构性、灵敏度等力学特性和排水条件等。

(四)软土地基的加固措施

在软土地区进行工程建设往往会遇到地基强度和变形不能满足设计要求的问题,特别是在采用桩基、沉井等深基础措施在技术及经济上不可能时,可采取加固措施来改善地基土的性质,以增加其稳定性。地基处理的方法很多,大致可归结为土质改良法、换填法和补强法等。

(1)土质改良法是利用机械、电化学等手段增加地基土的密度或使地基土固结的方法,如用砂井、砂垫层、真空预压、电渗法、强夯法等排除软土地基中的水分以增大软土的密度,或用石灰桩、拌和法、旋喷注浆法等使软土固结以改善土的性质。

(2)换填法即利用强度较高的土换填软土。

(3)补强法是采用薄膜、绳网、板桩等约束地基土的方法,如铺网法、板桩围截法等。

在道路建设中对软土路基也必须进行加固处理,主要采用砂井、砂垫层、生石灰桩、换填法、旋喷注浆、电渗排水、侧向约束和反压护道等方法。

知识小结

地震灾害的破坏形式有地面运动、断裂与地面破裂、余震、火灾、斜坡变形破坏、沙土液化、地面标高改变、海啸、洪水等。矿山地质灾害主要表现为冒顶垮帮、岩爆、煤与瓦斯突出、瓦斯爆炸与煤层自燃、矿井突水。特殊土主要有荒漠化土、湿陷性黄土、盐渍土、膨胀土、软土等。由于土层的特殊性,产生的地质灾害形式各不相同,应采取相应的防治处理措施。土地荒漠化是广义而复杂的概念,包括沙质荒漠化、盐渍荒漠化、石质荒漠化、海洋(水域)荒漠化、城市荒漠化、高寒荒漠化。洪涝灾害即是遭受洪水袭击而产生的自然灾害,其影响因素是多方面的,虽然各种因素的影响方式不同,但它们多与地质动力过程相关。气候是控制洪涝灾害的先决条件,地面沉降、水土流失等因素加剧了洪涝灾害的危害程度。

知识训练

1. 减轻地震灾害的主要对策是什么?
2. 何谓沙土液化?
3. 防洪减灾的主要措施有哪些?
4. 何谓煤层自燃? 预防煤层自燃的技术措施有哪些?
5. 矿井突水的影响因素有哪些?
6. 特殊土在工程建设中容易产生哪些工程问题?
7. 何谓土地荒漠化? 沙质荒漠化的成因是什么?

项目八　地质灾害危险性评估

码 8-1　地质灾害危险性评估

学习目标

知识目标：

1. 掌握地质灾害危险性评估的内容和范围。
2. 掌握地质灾害危险性评估的技术要求、方法。
3. 掌握地质灾害危险性评估的工作程序。

能力目标：

1. 具有地质灾害危险性评估野外调查的能力。
2. 具备地质灾害危险性现状评估、预测评估和综合评估的能力。
3. 具备地质灾害危险性评估报告编写的能力。

任务思考

1. 如何确定地质灾害危险性评估的范围和级别？
2. 如何进行地质灾害危险性综合评估、场地适宜性评价？

任务一　基本知识

【任务分析】

以地质灾害危险性评估的基本知识进行学习，包括地质灾害危险性评估的内容和范围、技术要求、方法和工作程序。

【知识链接】

以《地质灾害危险性评估规范》(DZ/T 0286—2015)为主。

【任务实施】

一、地质灾害危险性评估概述

《地质灾害防治条例》第二十一条规定：在地质灾害易发区内进行工程建设应当在可行性研究阶段进行地质灾害危险性评估，并将评估结果作为可行性研究报告的组成部分；可行性研究报告未包含地质灾害危险性评估结果的，不得批准其可行性研究报告。编制地质灾害易发区内的城市总体规划、村庄和集镇规划时，应当对规划区进行地质灾害危害性评估。《国务院办公厅转发国土资源部建设部关于加强地质灾害防治工作意见的通知》(国办发〔2001〕35号)规定：对城市规划区内地质情况尚不清晰的，必须加强和补充建设用地地质灾害危险性评估。城市规划行政主管部门在审批建设时，必须充分考虑建设用地条件；凡没有进行建设用地地质灾害危险性评估或者未考虑建设用地条件而批准使用土地和建设的，要依法追究有关人员的责任。《国务院关于加强地质灾害防治工作的决定》(国发〔2011〕20号)规定：在地质灾害易发区内进行工程建设，要严格按规定开展地质灾害危险性评估，严防人为活动诱发地质灾害。

(一)概念

地质灾害危险性评估就是在查明各种致灾地质作用的性质、规模和承灾对象社会经济属性的基础上，从致灾体稳定性和致灾体与承灾对象遭遇的概率上分析，对其潜在的危险性进行客观评价，开展以现状评估、预测评估、综合评估、建设用地适宜性评价及地质灾害防治措施建议等为主要内容的技术工作。

地质灾害危险性是指一定发育程度的地质体在诱发因素作用下发生灾害的可能性及危害。它通过各种危险性要素体现，可分为历史灾害危险性和潜在灾害危险性。

历史灾害危险性评估是指对已经发生的地质灾害进行活动程度和现状的一种分析。其要素有灾害活动强度或规模、灾害活动频次、灾害分布密度、灾害危害强度。其中灾害危害强度指灾害活动所具有的破坏能力，是灾害活动的集中反映，为一种综合性的特征指标，只能用灾害等级进行相对量度。

潜在灾害危险性评估是指对未来时期将在什么地方可能发生什么类型的地质灾害，其灾害活动的强度、规模及危害的范围、危害强度的一种分析、预测。地质灾害潜在危险性受多种条件控制，具有不确定性。地质灾害潜在危险性的最重要因素包括地质条件、地形地貌条件、气候条件、水文条件、植被条件、人为活动条件等。

历史地质灾害活动对地质灾害潜在危险性具有一定影响，这种影响可能具有双向效应，有可能在地质灾害发生以后，能量得到释放，灾害的潜在危险性削弱或基本消失，也可能具有周期性活动特点，灾害发生后其活动并没有使不平衡状态得到根本解除，新的灾害又在孕育，在一定条件下将继续发生。

(二)地质灾害危险性评估的目的和任务

1.地质灾害危险性评估的目的

地质灾害危险性评估的目的是使业主了解建设场地范围内的地质灾害，避免拟建工程遭受地质灾害，预防工程建设诱发和加剧地质灾害，为业主征地申报和行政主管部门审批提供地质依据。

2.地质灾害危险性评估任务

(1)查明评估区的地质环境条件，地质灾害的类型、规模、分布特征、影响因素，发展趋势及危害性等。

(2)评估工程建设本身可能遭受地质灾害的危险性。

(3)评估工程建设诱发、加剧地质灾害的危险性。

(4)工程建设的适宜性。

(5)提出地质灾害的防治措施建议，并对建设场地的适宜性进行评估。

(三)地质灾害危险性评估的内容和范围

1. 地质灾害危险性评估的内容

(1)阐明工程建设区和规划区的地质环境条件基本特征。

(2)分析论证工程建设区和规划区各种地质灾害的危险性,进行现状评估、预测评估和综合评估。

(3)提出防治地质灾害措施与建议,并做出建设场地适宜性评价结论。

2. 地质灾害危险性评估的范围

(1)评估范围不应局限于规划区和建设用地范围内,应视规划与建设项目的特点、地质环境条件、地质灾害的影响范围予以确定。

(2)若危险性仅限于用地面积内,应按用地范围进行评估。

(3)在已进行地质灾害危害性评估的城市规划区范围内进行工程建设,建设工程处于已划定为危险性大—中等的区段,应进行建设工程地质灾害危险性评估。

(4)区域性工程建设的评估范围,应根据区域地质环境条件及工程类型确定。

(5)重要的线路建设工程,评估范围一般向线路两侧扩展 500~1 000 m 为宜,可根据灾害类型和工程特点扩展到地质灾害影响边界。

(6)滑坡、崩塌评估范围应以第一斜坡带为限;泥石流评估范围应以完整的沟道流域边界为限;地面塌陷和地面沉降的评估范围应与初步推测的可能影响范围一致;地裂缝应与初步推测可能延展、影响范围一致。

(7)建设工程和规划区位于强震区,工程场地内分布有建(构)筑物错位或开裂、构造裂缝和活动断裂,评价范围应将其包括在内。

二、地质灾害危险性评估指标

(一)地质灾害易发区划分

地质灾害易发区指具备地质灾害发生的地质构造、地形地貌和气候条件,容易或者可能发生地质灾害的区域。它是一个相对的概念,可按照灾种划定,不同的灾种其易发区范围不同,而且可随时间而变化。全国、省(区、市)、市(地)、县(市、区)范围的地质灾害易发区分别由中央、省(区、市)、市(地)、县(市、区)级地矿行政主管部门划定。

地质灾害易发区的划分主要依据地质灾害形成发育的地质环境条件、发育现状/人类工程活动程度和研究工作程度,以定性分析与定量分析相结合,以定性分析为主、定量分析为辅的方法确定。

1. 定性评价

定性评价参照表 8-1 进行地质灾害易发区划分。按照地质灾害易发程度分为地质灾害易发区和不易发区。其中,易发区分为高易发区、中易发区、低易发区三类。

2. 定量评价

定量评价采用地质灾害综合危险性指数法。

1)单元网格划分

将县市行政区划图进行网格剖分。运用栅格数据处理方法对调查区进行剖分,每个单元面积为 1 km×1 km~3 km×3 km。对于地质条件变化不大的地区,单元面积可取高限,地质条件复杂,或需详细研究的地区,单元面积可取低限。

表 8-1　地质灾害易发区和不易发区特征

灾种	易发区划分			不易发区
	高易发区	中易发区	低易发区	
	$G=4$	$G=3$	$G=2$	$G=1$
滑坡、崩塌	构造抬升剧烈,岩体破碎或软硬相间。黄土垄岗细梁地貌、人类活动对自然环境影响强烈。暴雨型滑坡。规模大,高速远程	红层丘陵区、坡积层、构造抬升区,暴雨久雨。中小型滑坡,中速,滑程远	丘陵残积缓坡地带,冻融滑坡,规模小,低速蠕滑。植被好,顺层滑动	缺少滑坡形成的地貌临空条件,基本上无自然滑坡,局部溜滑
泥石流	地形陡峭,水土流失严重,形成坡面泥石流;数量多,10 条沟/20 km 以上,活动强,超高频,每年暴发可达 10 次以上。沟口堆积扇发育明显完整、规模大。排泄区建筑物密集	坡面和沟谷泥石流,6~10 条沟/20 km;分布广,活动强,淹没农田,堵塞河流等。沟口堆积扇发育且具一定规模。排泄区建筑物多	坡面、沟谷泥石流均有分布,3~5 条沟/20 km;中等活动。沟口有堆积扇,但规模小,排泄区基本通畅	以沟谷泥石流为主,物源少,1~2 条沟/20 km,多年活动一次。沟口堆积扇不明显,排泄区通畅
岩溶塌陷和采空区塌陷	碳酸岩盐岩性纯,连续厚度大,出露面积较广。地表洼地、漏斗、落水洞、地下岩溶发育。多岩溶大泉和地下河,岩溶发育深度大。灾害点密度≥1 个/km^2,地面塌陷或地裂缝破坏面积≥1 000 m^2/km^2	以次纯碳酸岩盐岩为主,多间夹型。地表洼地、漏斗、落水洞、地下岩溶发育。岩溶大泉和地下河不多,岩溶发育深度不大。灾害点密度为 0.1~1 个/km^2,地面塌陷或地裂缝破坏面积为 500~1 000 m^2/km^2	以不纯碳酸岩盐岩为主,多间夹型或互夹型。地表洼地、漏斗、落水洞、地下岩溶发育稀疏。灾害点密度为 0.05~0.1 个/km^2,地面塌陷或地裂缝破坏面积为 100~500 m^2/km^2	以不纯碳酸岩盐岩为主,多间夹型或互夹型。地表洼地、漏斗、落水洞、地下岩溶不发育。灾害点密度为 0~0.05 个/km^2,地面塌陷或地裂缝破坏面积为<100 m^2/km^2
地裂缝	构造与地震活动非常强烈,第四系厚度大,如汾渭盆地	构造与地震活动强烈,第四系厚度大,形成断陷盆地,超采地下水。如山西高原及华北平原西部	构造与地震活动较为强烈,形成拉分构造。如东北地区和雷州半岛	第四系覆盖薄,差异沉降小

2)计算方法

(1)地质灾害综合危险性指数的计算公式:

$$Z = Z_q r_1 + Z_x r_2$$

式中　Z——地质灾害综合危险性指数;

Z_q——潜在地质灾害强度指数;

r_1——潜在地质灾害强度权值;

Z_x——现状地质灾害强度指数;

r_2——现状地质灾害强度权值。

(2)潜在地质灾害强度指数计算公式为：

$$Z_q = \sum T_iA_i = DA_D + XA_X + QA_Q + RA_R$$

式中　T_i——控制评价单元地质灾害形成的地质条件(D)、地形地貌条件(X)、气候植被条件(Q)、人类活动条件(R)充分程度的判别分值，各评价指标的选取与评判标准依据具体情况而定；

A_i——各形成条件的权值。

潜在地质灾害形成条件评分标准见表8-2。

表8-2　潜在地质灾害形成条件评分标准

形成条件 T_i		判别级别及分值					权值 A_i	
		极不充分	不充分	较充分	充分	极充分		
		1	3	5	7	10		
地质条件 D	断层长度(m/km^2)	0	<500	500~1 000	1 000~1 500	>1 500	0.15	0.32
	岩性与岩土结构	巨块状岩浆岩、变质岩，巨厚层状沉积岩、正变质岩	厚层状沉积岩、正变质岩，块状岩浆岩、变质岩	多韵律的薄层及中厚层状沉积岩、正变质岩	构造影响严重的破碎岩层	构造影响剧烈，被风化的断层破碎带、接触带	0.17	
地形地貌条件 X	地貌类型	平原、谷地	低丘、岗地	切割中等的低山丘陵	切割强烈的中低山	切割特别强烈的山地	0.19	0.38
	相对高差(m)	<100	100~200	200~300	300~500	>500	0.19	
气候植被条件 Q	年均降水量(mm)	<1 450	1 450~1 550	1 550~1 700	1 700~1 800	>1 800	0.10	0.17
	植被覆盖率(%)	>80	60~80	40~60	20~40	<20	0.07	
人类活动条件 R	人口密度(人/km^2)	≤150	150~250	250~400	400~600	>600	0.07	0.13
	公路长度($m/4\ km^2$)	≤400	400~1 200	1 200~2 800	2 800~4 000	>4 000	0.06	

注：适应网格为2 km×2 km。

(3)现状地质灾害强度指数计算。

现状地质灾害强度指数(Z_x)采用袭扰系数法计算(见表8-3、表8-4)，可以用灾害点密度、灾害面积密度以及灾害体积密度来求得。

①崩塌、滑坡、泥石流强度指数(Z_x)：

$$R = a^2 + b^2 + c^2$$

②地面塌陷和地裂缝强度指数(Z_x)：

$$R = a^2 + b^2$$

式中　a——单元现状地质灾害点密度量化值；

b——面积密度量化值；

c——体积密度量化值。

表 8-3　各密度系数取值指标

量化等级	点密度 a(处/4 km^2)	面积密度 b(m^2/4 km^2)	体积密度 c(m^2/4 km^2)
0	0	0	0
1	1	<100	<500
2	2	100~500	500~2 500
3	3	500~2 000	2 500~10 000
4	4	2 000~10 000	10 000~50 000
5	>4	>10 000	>50 000

表 8-4　潜在地质灾害形成条件评分标准

现状地质灾害强度指数	崩塌、滑坡、泥石流	≥33	26~33	14~26	6~14	<6
	地面塌陷	≥44	27~42	19~27	6~19	<6
相对应的标准分值		10	7	5	3	1

同一网格有两个或两个以上地质灾害点者，分别计算其面积和体积密度后取相加值。

(4)地质灾害综合危险性指数计算。

根据各单元网格内的地质、地形地貌、气候植被以及人类活动等条件，利用 MapGIS 空间分析功能，求取评价单元的潜在地质灾害强度指数与现状地质灾害强度指数，分级赋值进行换算叠加，获得评价单元的地质灾害综合危险性指数。

3)地质灾害易发区划分

地质灾害易发区的划分是在定性评价的基础上，叠加上述计算的综合危险性指数等值线图进行易发区划分(见表 8-5)。同时，综合考虑地质灾害形成发育的地质环境、地质灾害点分布发育现状、密度、人类工程活动强度等，经专家系统综合评判后，对地质灾害易发分区进行必要的修订并最终界定。

表 8-5　潜在地质灾害易发分区与综合危险性指数对照

易发区分区代号	易发区分区	综合危险性指数范围
A	高易发区	≥6.5
B	中易发区	5.0~6.5
C	低易发区	3.5~5.0
D	不易发区	≤3.5

(二)地质灾害危险性评估分级

1.建设项目重要性分类

建设项目根据重要性分为重要建设项目、较重要建设项目、一般建设项目三类(见表 8-6)。

表 8-6 建设项目重要性分类

项目类型	项目类别
重要建设项目	城市和村镇规划区、放射性设施、军事和防空设施、核电、二级(含)以上公路、铁路、机场,大型水利工程、电力工程、港口码头、矿山、集中供水水源地、工业建筑(跨度>30 m)、民用建筑(高度>50 m)、垃圾处理场、水处理厂、油(气)管道和储油(气)库、学校、医院、剧场、体育场等
较重要建设项目	新建村庄、三级(含)以下公路,中型水利工程、电力工程、港口码头、矿山、集中供水水源地、工业建筑(跨度 24~30 m)、民用建筑(高度 24~50 m)、垃圾处理场、水处理厂等
一般建设项目	小型水利工程、电力工程、港口码头、矿山、集中供水水源地、工业建筑(跨度≤24 m)、民用建筑(高度≤24 m)、民用建筑、垃圾处理场、水处理厂等

2. 地质灾害危险性评估分级

根据地质环境条件复杂程度分级与建设项目重要性(见表 8-6),地质灾害危险性评估划分为一级、二级、三级(见表 8-7)。

表 8-7 建设用地地质灾害危险性评估分级

建设项目重要性	地质环境条件复杂程度		
	复杂	中等	简单
重要建设项目	一级	一级	一级
较重要建设项目	一级	二级	三级
一般建设项目	二级	三级	三级

3. 不同级别评估的技术要求

1) 一级评估

一级评估应有充足的基础资料,进行充分论证。

(1) 必须对评估区内分布的各类地质灾害体的危险性和危害程度逐一进行现状评估。

(2) 对建设场地和规划区范围内,工程建设可能引发或加剧的和本身可能遭受的各类地质灾害的可能性和危害程度分别进行预测评估。

(3) 依据现状评估和预测评估结果,综合评估建设场地和规划区地质灾害危险性程度,分区段划分出危险性等级,说明各区段主要地质灾害种类和危害程度,对建设场地适宜性做出评估,并提出有效防治地质灾害的措施与建议。

2) 二级评估

二级评估应有足够的基础资料,进行综合分析。

(1) 必须对评估区内分布的各类地质灾害的危险性和危害程度逐一进行初步现状评估。

(2) 对建设场地范围和规划区内,工程建设可能引发或加剧的和本身可能遭受的各类地质灾害的可能性和危害程度分别进行初步预测评估。

(3) 在上述评估的基础上,综合评估其建设场地和规划区地质灾害危险性程度,分区段划分出危险性等级,说明各区段主要地质灾害种类和危害程度,对建设场地适宜性做出评估,并提出可行的防治地质灾害措施与建议。

3)三级评估

三级评估应有必要的基础资料进行分析,参照一级评估要求的内容,做出概略评估。

4)各级评估应符合的要求

各级评估应符合下列要求:

(1)地质环境调查中,图上每 0.01 m^2 内地质调查点对一级评估不应少于 3 个,二级评估不应少于 2 个,三级评估不应少于 1 个,重点地段应适当加密。

(2)不良地质现象分布区域应有勘探点,仅根据地面地质调查和资料收集难以对地质灾害危险性和用地或开采适宜性做出正确判断时,各级评估均应进行勘探测试工作。

(3)各级评估对致灾地质体的稳定性均应进行定性评价,一级评估尚应进行定量评价,二级评估宜进行定量评价。但对建设工程所涉及的确已稳定或已得到治理的致灾地质体,各级评估均应根据工程开挖与加载情况进行定量评价。

(三)地质灾害危险性分级

1.地质灾害发育程度分级

按照各类地质灾害的发育阶段特征、稳定性等将各地质灾害发育程度划分为强发育、中等发育和弱发育三级,为地质灾害危险性评价提供依据(分级见前述各灾种相关章节)。

2.地质灾害危害程度分级

依据地质灾害灾情和险情,地质灾害危害程度分为危害大、危害中等和危害小三级(见表 1-13)。

3.地质灾害危险性分级

地质灾害危险性依据地质灾害发育程度、危害程度分为大、中等、小三级(见表 1-14)。较大规模的面状工程以及线型工程应按区段进行危险性划分。同一地(点)区,当现状评估与预测评估级别不同时,应重点考虑建设工程或规划用地所受的地质灾害危险状况和可能造成的灾害损失,按"就高不就低"的原则确定。

三、地质灾害危险性评估分类

地质灾害危险性评估包括地质灾害危险性现状评估、地质灾害危险性预测评估和地质灾害危险性综合评估。

(一)地质灾害危险性现状评估

地质灾害危险性现状评估按灾种进行。基本查明评估区已发生的崩塌、滑坡、泥石流、地面塌陷(含岩溶塌陷和矿山采空塌陷)、地裂缝和地面沉降等灾害形成的地质环境条件、分布、类型、规模、变形活动特征,主要诱发因素与形成机制,对其稳定性进行初步评价,在此基础上对其危险性和对工程危害的范围与程度做出评估。

(二)地质灾害危险性预测评估

地质灾害危险性预测评估是对工程建设场地及可能危及工程建设安全的邻近地区可能引发或加剧的和工程本身可能遭受的地质灾害的危险性做出评估。

地质灾害的发生,是各种地质环境因素相互影响、不等量共同作用的结果。预测评估必须在对地质环境因素系统分析的基础上,判断降水或人类活动因素等诱发下,某一个或一个以上的可调节的地质环境因素的变化，导致致灾体处于不稳定状态，预测评估地质灾害的范围、危险性和危害程度。

地质害危险性预测评估包括以下内容：

(1)对工程建设中、建成后可能引发或加剧崩塌、滑坡、泥石流、地面塌陷、地裂缝和不稳定的高陡边坡变形等的可能性、危险性和危害程度做出预测评估。

(2)对建设工程自身可能遭受已存在的崩塌、滑坡、泥石流、地面塌陷、地裂缝、地面沉降等危害隐患和潜在不稳定斜坡变形的可能性、危险性和危害程度做出预测评估。

(3)对各种地质灾害危险性预测评估可采用工程地质比拟法、成因历史分析法、层次分析法、数字统计法等定性、半定量的评估方法进行。

(三)地质灾害危险性综合评估

依据地质灾害危险性现状评估和预测评估结果，充分考虑评估区的地质环境条件的差异和潜在的地质灾害隐患点的分布、危险程度，确定判别区段危险性的量化指标，根据“区内相似，区际相异”的原则，采用定性、半定量分析法，进行工程建设区和规划区地质灾害危险性等级分区(段)，并依据地质灾害危险性、防治难度和防治效益，对建设场地的适宜性做出评估，提出防治地质灾害的措施和建议。

四、地质灾害危险性评估的工作程序

地质灾害危险性评估应按图 8-1 开展工作。

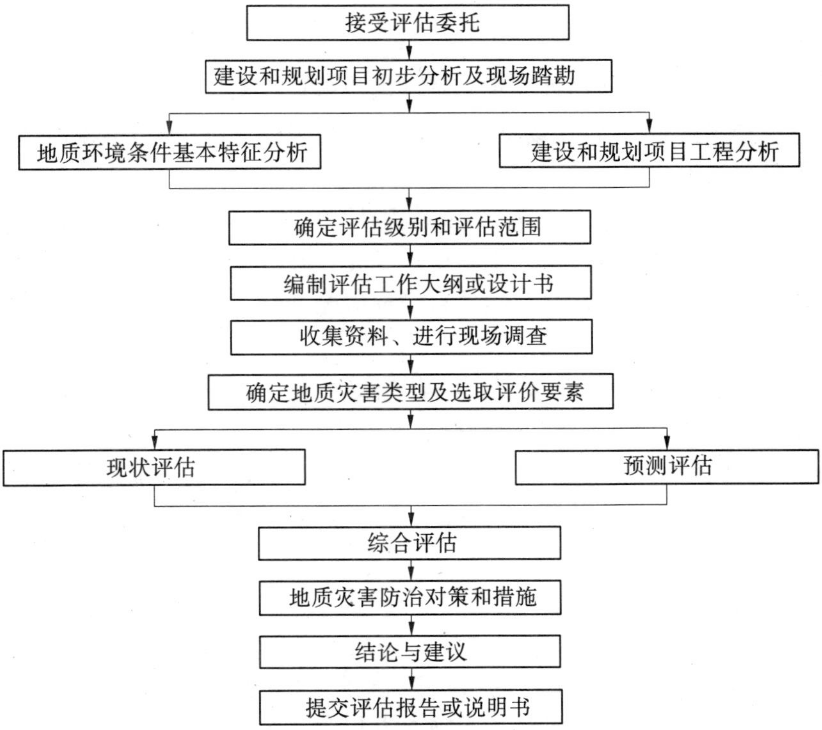

图 8-1　地质灾害危险性评估的工作程序

任务二　接受评估委托

【任务分析】

地质灾害调查与评估项目的获得有公开招投标方式和项目方直接委托承包方式两种。了解和掌握有关项目招投标、委托程序及内容是必要的。

【知识链接】

招投标、合同签订等都应按照《中华人民共和国招标投标法》《中华人民共和国招标投标法实施条例》《中华人民共和国民法典》等法律法规执行。

【任务实施】

一、招投标竞标

地质灾害危险性评估项目可通过招投标竞标,签订调查评价项目合同,进行地质灾害调查评估工作。其程序为获取招标文件、编写标书、递交标书、开标、定标、签订项目合同书。在获取招标文件后,应认真研究招标项目要求和条件,编写标书。竞标成功后,签订项目合同书。

(一)标书

标书编写需对招标文件实质性要求和条件做出响应,因此编写前需根据招标文件要求进行资料收集,必要时还要进行现场踏勘,主要收集与工程建设相关的基础资料。标书的主要内容为商务标和技术标。

(1)商务标的主要内容为投标书(投标函、唱标单、法人资格证明、企业资质、投标报价单及编制说明、工程量清单与报价、人工清单等)、企业业绩及项目管理机构配备等(项目管理机构配备情况、近期业绩及获奖情况、项目经理情况、项目技术负责人情况、企业财务状况等)。

(2)技术标的主要内容为工程概况(工程名称、项目法人等)、评估工作依据和任务、投标人组织与技术状况(拟投入人员情况、岗位职责、拟投入的设备等)、评估方法与评估级别确定(评估区地质环境条件预分析、拟采用评估方法、评估级别初步确定等)、地质灾害野外调查(拟采用的调查方法、调查重点、调查工作量)、质量控制、安全管理、环境控制、工期与预期成果。

(二)项目合同书

依据《中华人民共和国民法典》、《地质灾害防治条例》(国务院令〔2003〕第 394 号)、《关于加强地质灾害危险性评估工作的通知》(国土资发〔2004〕69 号)及其他相关法律法规,结合所涉及工程项目的具体情况,为明确双方权利义务、确保地质灾害危险性评估工作质量,按照平等、自愿、公平和诚实信用的原则,委托方与受托方经协商一致订立合同。

项目合同书主要内容:委托地质灾害危险性评估所涉及工程建设项目概况(项目名称、项目地点、约占地面积、拟建工程等)、工作内容及要求(工作中主要采用的规范、技术标准,评估报告等级要求,送审要求,最终成果要求等)、委托方义务(委托方应提供的资料、支付的费用和项目联系人等)、受托方义务(如受托方的资质需满足要求、负责对合同涉及的工程建设项目进行地质灾害危险性评估,并提交相关资料以及负责办理审批、审查手续,取得专家评审意见书和政府主管部门的批复文件等)、提交成果时间、费用及支付方式、违约责任、其他约定(根据《中华人民共和国民法典》可对涉及地质灾害危险性评估的不可抗力、合同的变更和解除、廉洁经营、保密、争议的解决、合同生效时间等问题进行约定)。

二、项目委托承包

项目委托承包是指由授权单位(一般为国土资源部门、建设部门等上级单位)与项目实施单位协商,并以签订委托承包合同方式组织实施地质灾害危险性评估活动的方式。需要积累资料、专业性较强或有其他特定要求的地质灾害危险性评估项目需按此类方式直接选择受托单位。

(一)受托单位

受托单位必须符合资质要求的有关要求,并取得相应合格证书。受托单位由授权单位聘请有关专家论证推荐后认定,然后向受托单位发送项目任务书。受托单位根据项目任务书,编制项目设计,经授权单位审查批准后,双方协商签订委托承包合同。受托单位因故不能接受委托的,必须在规定时间内向授权单位提出书面说明。

委托承包可采用独立承包和联合承包的方式。

独立承包是指只委托一个受托单位独立承担项目,并签订委托承包合同。

联合承包是指委托两个以上受托单位联合承担一个项目,各受托单位应共同与授权单位签订委托承包合同,并就委托项目承担连带责任。

独立承包的受托单位不得将承包项目转包。联合承包的各受托单位之间应签订联合承包协议,明确约定拟承担的工作和责任,其具体任务应在合同中明确。联合承包各受托单位不得将该承包项目转包。

(二)委托承包合同

委托承包合同的主要内容有项目概况,任务目标,技术指标与质量要求,双方的权利与义务,项目价款的支付与结算,成果和资料的归属与保密,合同的生效,变更与终止,违约责任,争议的解决,合同附件,双方约定的其他事项等。

任务三　调查与评估前工作

【任务分析】

在进行地质灾害调查与评估之前,必须研究分析项目要求,收集相关资料,进行必要的现场踏勘,掌握调查与评估区地质环境和地质灾害发育的基本情况,确定评估范围和评估等级,科学、合理地编制评估工作大纲,做好技术、人员、设备等各方面准备是按期、保质完成地质灾害调查与评估项目的基础。

【知识链接】

按照《地质灾害危险性评估规范》(DZ/T 0286—2015)要求,做好前期准备工作。

【任务实施】

一、资料收集

地质灾害危险性评估只有在充分收集利用已有的遥感影像，区域地质、矿产地质、水文地质、工程地质、环境地质、气象水文、生态环境以及人类活动与社会经济发展等图、水文资料和相关规范标准等的基础上，才能对评估项目进行合理的初步分析与认识，为编制调查评估纲要计划提供技术保障。还应包括能够收集到的评估区及周边曾开展的区域地质调查、地质灾害防治规划、地质灾害危险性评估(价)、工程勘察、地质勘查等资料。收集的资料应满足相关地质灾害危险性评估技术规程和编制纲要的要求。

二、现场踏勘

现场踏勘可以获得第一手资料和直观认知，并能够辨识评估区或项目选址与周围环境、相关规划的协调性，对评估区地质环境条件和地质灾害发育情况做初步分析。因此，在制定调查评估工作大纲时，有必要进行现场踏勘，以便合理选择工作方法、布置工作量，拟订调查评估工作方案。

现场踏勘根据项目委托书要求、评估区及周边环境情况、地质灾害类型等，选择踏勘路线及内容，重点是了解评估区整体情况和调查评估的主要问题。

三、编制评估工作大纲

(一)确定评估范围

根据所收集的资料和现场踏勘资料进行分析研判，结合建设用地和规划用地及周边地质环境条件和地质灾害种类，以及建设和规划项目的特点，按照规范标准要求确定地质灾害危险性评估的范围。

(二)划分评估等级

根据评估区地质环境条件复杂程度和建设或规划项目的重要性确定地质灾害危险性评估等级(见表8-7)。不同级别评估的技术要求不同。按照不同级别评估的技术要求，确定调查评估工作内容、精度要求、工作量安排以及最终评估成果等。

(三)编制评估工作大纲

在充分收集分析已有资料基础上，编制评估工作大纲，明确任务，确定评估范围与级别，设计地质灾害调查内容及重点、工作部署与工作量，提出质量监控措施和成果等。

地质灾害危险性评估工作大纲参考如下：

(1)项目由来和工作目的、任务。

(2)评估工作依据及评估区地质环境研究程度。

(3)评估范围的确定和评估级别的初步划定。

(4)工作部署、工作量。包括资料收集、技术要求、工作方法、工作次序、项目组成人员及相关设备。

(5)地质灾害调查内容及重点。

(6)质量监控措施。

(7)预期成果。

(四)人员、设备等其他准备

根据项目具体情况成立由专业技术人员为核心的评估工作项目组,并配备满足调查评估所需的工具材料、设备仪器。

任务四　现场调查

【任务分析】

地质灾害危害性评估现场调查重点是查清建设项目和规划区的地质灾害类型、数量、发育特点和影响因素。在收集资料、现场踏勘的基础上,根据评估范围和评估等级的技术要求,按照评估工作大纲计划,以收集资料和地质环境调查为主,辅以勘探手段,获得充足的基础资料和相应进行定性、定量评价的指标参数。

【知识链接】

按照《滑坡崩塌泥石流灾害调查规范(1∶50 000)》(DZ/T 0261—2014)、《地质灾害排查规范》(DZ/T 0284—2015)、《滑坡防治工程勘查规范》(DZ/T 0218—2006)、《岩土工程勘察规范(2009 年版)》(GB 50021—2001)、《地质灾害危险性评估规范》(DZ/T 0286—2015)等标准规范的要求,开展现场调查工作。

【任务实施】

现场调查按照相关规范和工作大纲要求开展。基本要求如下:

(1)地质灾害危害性评估现场调查以收集资料和地质环境调查为主,辅以勘探手段,调查内容包括评估区的气象、水文、地形地貌、地层岩性、地质构造,工程地质与水文地质,人类工程活动等地质环境条件。

(2)基本查明评估区及周边已发生(或潜在)的各种地质灾害的形成条件、分布类型、活动规模、变形特征、诱发因素与形成机制等,对其稳定性(发育程度)进行初步评价。

(3)应对下列区段进行重点调查:不同类型灾种的易发区段;山岩体破碎、土体松散、构造发育且存在适宜的斜坡坡度、坡高、坡形的自然斜坡区段;工程设计挖方切坡、大面积填方区段;潜在泥石流的冲沟;可能诱发岩溶塌陷范围;采空区及其塌陷范围;各类特殊性岩土分布范围。

(4)地质灾害危险性评估调查用图应充分反映评估区地质环境条件和灾害体特征,便于使用和阅读,比例尺可酌情确定,一般不宜小于 1∶50 000。

(5)在图幅面积 10 cm×10 cm 的范围内,调查控制点对于一级评估不应少于 5 个,二级评估不应少于 3 个,三级评估不应少于 2 个。对地质灾害形成有明显控制与影响的微地貌、地层岩性、地质构造等重要部位或重点地段,可适当加密调查点。

(6)对地质灾害体的重点部位和影响范围内的建筑物等,宜进行拍照、录像或绘制素描图。调查时,应填写地质灾害评估调查表(见表 8-8)。

表8-8　地质灾害评估调查

编号		灾害(隐患)名称		位置	
地质环境要素					
地表形态及变形特征					
结构及体积特征					
发育程度		危害程度		诱发因素	
防治建议					
平面和剖面示意图	(或照片)				
调查负责人		填表人		审核人		填表日期	

任务五　资料整理

【任务分析】

对地质灾害危险性进行的评估,包括现状评估、预测评估和综合评估,并对建设用地适宜性做出评价结论,并提出地质灾害防治对策和措施。

【知识链接】

根据《地质灾害危险性评估规范》(DZ/T 0286—2015)进行。

【任务实施】

一、地质环境条件分析

地质环境条件分析是地质灾害危险性评估的基础。地质环境条件分析主要根据所收集的资料进行,若资料不够,可在地质灾害现场调查时进行补充调查,必要时还可进行简易勘探和测试。进行地质环境条件分析时,必须针对拟建工程项目或规划区的特点,对影响评估区地质灾害发生的地质环境条件进行分析,以避免泛泛地罗列资料。在地质环境条件分析论述的基础上,应按规定划分地质环境条件复杂程度;当建设项目用地范围大或线状工程跨越距离长,地质环境条件复杂多样时,应划分出复杂程度不同的区段,并列表分析说明。

(一)地质环境因素的特征与变化规律

分析阐述地质环境因素的特征与变化规律。地质环境因素主要包括以下内容:

(1)岩土体物理性质:岩土体类型、组分、结构、工程地质特征;

(2)地质构造:构造形态、分布、特征、组合形式和地壳稳定性;

(3)地形地貌:地貌形态、分布及地形特征;

(4)地下水特征:类型、含水岩(组)分布、补径排条件、动态变化规律和水质水量;

(5)地表水活动:径流规律、河床沟谷形态、纵坡、径流速与流量等;

(6)地表植被:种类、覆盖率、退化状况等;

(7)气象:气温变化特征、降水时空分布规律与特征、蒸发与风暴等;

(8)人类工程、经济活动形式与规模。

(二)地质灾害类型划分

根据地质灾害调查分析确定评估区及周边已发生(或潜在)的地质灾害类型,为各灾种的危险性现状分析和危险性预测分析提供依据。

(三)划分地质环境主导因素和激发因素

分析各地质环境因素对评估区主要致灾地质作用形成、发育所起的作用和性质,从而划分出地质环境主导因素和激发因素,为预测评估提供依据。地质灾害诱发因素分类见表 8-9。

表 8-9 地质灾害诱发因素分类

分类	滑坡	崩塌	泥石流	岩溶塌陷	采空塌陷	地裂缝	地面沉降
自然因素	地震、降水、融雪、融冰、地下水位上升、河流侵蚀、新构造运动	地震、降水、融雪、融冰、温差变化、河流侵蚀、树木根劈	降水、融雪、融冰、堰塞湖、溢流、地震	地下水位变化、地震、降水	地下水位变化、地震	地震、新构造运动	新构造运动
人为因素	开挖扰动、爆破、采矿、加载、抽排水	开挖扰动、爆破、机械振动、抽排水、加载	水库溢流或垮坝、弃渣加载、植被破坏	抽排水、开挖扰动、采矿、机械振动、加载	采矿、抽排水、开挖扰动、振动、加载	抽排水	抽排水、油气开采

(四)划出各种致灾地质作用的危险区段

分析各地质环境因素各自的和相互作用的特点以及主导因素的作用,以各种致灾地质作用分布实际资料为依据,划出各种致灾地质作用的危险区段,为确定评估重点区段提供依据。

(五)划分评估区地质环境条件的复杂程度

综合地质环境条件各因素的复杂程度,对评估区地质环境条件的复杂程度进行总体和分区段划分。

二、地质灾害危险性现状评估

(1)依据表 8-9 分析各灾种发育的诱发因素。

(2)按照各类地质灾害的发育阶段特征、稳定性等对各灾种发育程度即稳定性(参照前述各灾种相关章节地质灾害发育程度分级)进行划分,为地质灾害危险性现状评价提供依据。

(3)依据地质灾害灾情和险情,按照表 1-13 对各灾种的危害程度进行分级。

(4)依据上述各灾种的发育程度和危害程度评估结果,按表 1-14 对各灾种危险性现状进行评估。

三、地质灾害危险性预测评估

应在现状评估的基础上,根据评估区地质环境条件、建设工程的类型和工程特点进行预测评估。

(一)工程建设中、建成后可能引发或加剧的地质灾害危险性预测评估

应对工程建设中、建成后可能引发或加剧滑坡、崩塌、泥石流、塌陷、地裂缝、地面沉降等发生的可能性、发育程度、危害程度和危险性按单个灾种分别做出预测评估。

(1)确定工程建设与地质灾害的位置关系,分析工程建设引发或加剧地质灾害发生的可能性。

(2)确定地质灾害稳定性(发育程度)。

(3)分析确认工程建设引发或加剧地质灾害发生的诱发因素。

(4)确定地质灾害发生后的危害程度。

(5)依据上述分析确定的地质灾害发生的可能性、稳定性、发生后的危害程度进行预测评估,危险性等级分为大、中等、小三个等级。以滑坡为例,见表 8-10。

表 8-10　滑坡危险性预测评估分级

<table>
<tr><th>建设工程引发或加剧滑坡发生的可能性</th><th>危害程度</th><th>发育程度</th><th>危险性等级</th></tr>
<tr><td rowspan="3">建设工程位于滑坡的影响范围内,对其稳定性影响大,引发或加剧滑坡的可能性大</td><td rowspan="3">大</td><td>强</td><td>大</td></tr>
<tr><td>中等</td><td>大</td></tr>
<tr><td>弱</td><td>中等</td></tr>
<tr><td rowspan="3">建设工程部分位于滑坡的影响范围内,对其稳定性影响中等,引发或加剧滑坡的可能性中等</td><td rowspan="3">中等</td><td>强</td><td>大</td></tr>
<tr><td>中等</td><td>中等</td></tr>
<tr><td>弱</td><td>中等</td></tr>
<tr><td rowspan="3">建设工程对滑坡稳定性影响小,引发或加剧滑坡的可能性小</td><td rowspan="3">小</td><td>强</td><td>中等</td></tr>
<tr><td>中等</td><td>中等</td></tr>
<tr><td>弱</td><td>小</td></tr>
</table>

(二)建设工程自身可能遭受已存在的地质灾害危险性预测评估

首先,对各类建设工程自身可能遭受已存在的崩塌、滑坡、泥石流、地面塌陷、地裂缝、地面沉降等危害隐患和潜在不稳定斜坡变形的可能性、稳定性和危害程度进行预测评估。

其次,对各类建设工程自身可能遭受已存在的地质灾害危险性进行预测评估。以房屋建(构)筑物、城市和村镇规划区为例,见表 8-11、表 8-12。

表 8-11　房屋建(构)筑物遭受地质灾害危险性预测评估分级

<table>
<tr><th>建设工程遭受地质灾害的可能性</th><th>危害程度</th><th>发育程度</th><th>危险性等级</th></tr>
<tr><td rowspan="3">建设工程位于地质灾害的影响范围内,遭受地质灾害的可能性大</td><td rowspan="3">大</td><td>强</td><td>大</td></tr>
<tr><td>中等</td><td>大</td></tr>
<tr><td>弱</td><td>中等</td></tr>
<tr><td rowspan="3">建设工程邻近地质灾害影响范围,遭受地质灾害的可能性中等</td><td rowspan="3">中等</td><td>强</td><td>大</td></tr>
<tr><td>中等</td><td>中等</td></tr>
<tr><td>弱</td><td>小</td></tr>
</table>

续表 8-11

建设工程遭受地质灾害的可能性	危害程度	发育程度	危险性等级
建设工程位于地质灾害影响范围外，遭受地质灾害的可能性小	小	强	中等
		中等	小
		弱	小

表 8-12 城市和村镇规划区遭受地质灾害危险性预测评估分级

建设工程遭受地质灾害的可能性	危害程度	发育程度	危险性等级
建设工程位于地质灾害的影响范围内，遭受地质灾害的可能性大	大	强	大
		中等	大
		弱	中等
建设工程邻近地质灾害影响范围，遭受地质灾害的可能性中等	中等	强	大
		中等	中等
		弱	中等
建设工程位于地质灾害影响范围外，遭受地质灾害的可能性小	小	强	中等
		中等	小
		弱	小

四、地质灾害危险性综合评估及建设用地适宜性评价

（一）地质灾害危险性综合评估

（1）依据地质灾害危险性现状评估和预测评估结果，充分考虑评估区地质环境条件的差异和潜在地质灾害隐患点的分布、危害程度，确定判别区段危险性的量化指标。

（2）根据“区内相似、区际相异”的原则，采用定性分析、定量分析法，进行评估区地质灾害危险性等级分区（段）。

（3）根据各区（段）存在的和可能引发的灾种多少、规模、发育程度和承灾对象社会经济属性等，按“就高不就低”的原则综合判定评估区地质灾害危险性的等级区（段）。

（4）地质灾害危险性综合评估将危险性等级划分为大、中等、小三级。

（5）分区（段）评估结果。应列表说明各区（段）的工程地质条件，存在和可能诱发的地质灾害种类、规模、发育程度、对建设工程危害情况，并提出防治要求。

（二）建设用地适宜性评价

综合上述评估，将建设用地适宜性分为适宜、基本适宜、适宜性差三个等级，具体见表 8-13。

表 8-13　建设用地适宜性分级

级别	分级说明
适宜	地质环境复杂程度简单,工程建设遭受地质灾害危害的可能性小,引发、加剧地质灾害的可能性小,危险性小,易于处理
基本适宜	不良地质现象较发育,地质构造、地层岩性变化较大,工程建设遭受地质灾害危害的可能性中等,引发、加剧地质灾害的可能性中等,危险性中等,但可采取措施予以处理
适宜性差	地质灾害发育强烈,地质构造复杂,软弱结构成发育区,工程建设遭受地质灾害的可能性大,引发、加剧地质灾害的可能性大,危险性大,防治难度大

五、地质灾害防治对策和措施

根据地质灾害危险性、防治难度和防治效益,建设场地的适应性,对建设场地或规划区提出地质灾害防治对策和措施建议。

地质灾害防治难度主要取决于地质灾害危险程度。地质灾害危险性小、基本不设计防治工程的,土地适宜性为好;地质灾害危险性中等,但防治工程简单的,土地适宜性为中等;地质灾害危险性大,防治工程复杂的,土地适宜性为较差,见表 8-14。

表 8-14　建设用地或规划区地质灾害防治难度划分

地质灾害防治难度	分级说明
小	可不设防治工程或防治工程简单,防治费用低,灾害易处理
中等	防治工程中等复杂、治理费用偏高,防治效益与投资比中等
大	地质灾害发育,防治工程复杂、治理费用高,防治效益与投资比低

任务六　地质灾害危险性评估报告编写

【任务分析】

报告既是评估成果的真实反映,又是评估工作的总结。是否能够科学、客观地反映地质灾害评估结果,是否能够体现评估工作质量水平,除严把评估工作各个环节质量关外,报告编写质量至关重要。因此,编写报告要做到简明扼要,重点突出,论据充分,结论明确,附图、附件齐全。

【知识链接】

参照《地质灾害危险性评估规范》(DZ/T 0286—2015)等相关规范标准,编写地质灾害危险性评估报告。

【任务实施】

一、报告基本要求

(1)地质灾害危险性一、二级评估,提交地质灾害危险性评估报告书;三级评估提交地质灾害危险性评估说明书。

(2)地质灾害危险性评估成果包括地质灾害危险性评估报告书或说明书,并附评估区地质灾害分布图、地质灾害危险性综合分区评估图和有关的照片、地质地貌剖面图等。

(3)报告书要力求简明扼要、相互连贯、重点突出、论据充分、措施有效可行、结论明确;附图规范、时空信息量大、实用易懂、图面布置合理、美观清晰、便于使用单位阅读。

二、报告格式

地质灾害危险性评估报告书参考提纲如下:

前　言

说明评估任务由来,评估工作的依据,主要任务和要求。

第一章　评估工作概述

　第一节　工程和规划概况与征地范围

　第二节　以往工作程度

　第三节　工作方法及完成的工作量

　第四节　评估范围与级别的确定

　第五节　评估的地质灾害类型

第二章　地质环境条件

　第一节　区域地质背景

　第二节　气象、水文

　第三节　地形地貌

　第四节　地层岩性

　第五节　地质构造

　第六节　岩土类型及工程地质条件

　第七节　水文地质条件

　　一、含水层分布及赋水性

　　二、地下水类型及动态特征

　　三、地下水开采与补给、径流、排泄条件

　第八节　人类工程活动对地质环境的影响

第三章　地质灾害危险性现状评估

　第一节　地质灾害类型特征

　第二节　地质灾害危险性现状评估

　第三节　现状评估结论

第四章　地质灾害危险性预测评估

　第一节　工程建设中、建设后可能引发或加剧地质灾害危险性预测评估

第二节　建设工程自身可能遭受已存在地质灾害危险性预测评估

第三节　预测评估结论

第五章　地质灾害危险性综合分区评估及防治措施

第一节　地质灾害危险性综合评估原则与量化指标的确定

第二节　地质灾害危险性综合分区评估

第三节　建设用地适宜性分区评估

第四节　防治措施

第六章　结论与建议

第一节　结论

第二节　建议

三、成果图件

成果图件主要包括地质灾害分布图、地质灾害危险性综合分区评估图以及其他需要的专项图件。成果图件比例尺按便于阅读,并考虑委托单位使用方便的原则确定。

成果图件的编制按以下要求完成。

(一)地质灾害分布图

应以评估区内地质灾害形成发育的地质环境条件为背景,主要反映地质灾害类型、特征和分布规律。

1. 平面图

(1)按规定的色谱表示简化的地理、行政区划要素。

(2)按《综合工程地质图图例及色标》(GB/T 12328—1990)规定的色标,以面状普染颜色表示岩土体工程地质类型。

(3)采用不同颜色的点状、线状符号表示地质构造、地震、水文地质和水文气象要素。

(4)采用不同颜色的点状或面状符号表示各类地质灾害点的位置、类型、成因、规模、稳定性及危险性等。

2. 镶图与剖面图

(1)对于有特殊意义的影响因素,可在平面图上附全区或局部地区的专门性镶图。如降水等值线图、全新活动断裂与地震震中分布图等。

(2)应附区域控制性地质地貌剖面图。

3. 大型、典型地质灾害说明表

用表的形式辅助说明平面图的有关内容。表的内容包括地质灾害点编号、地理位置、类型、规模、形成条件与成因、危险性与危害程度、发展趋势等。

(二)地质灾害危险性综合分区评估图

地质灾害危险性综合分区评估图应主要反映地质灾害危险性综合分区评估结果和防治措施。

1. 平面图

(1)按规定的色谱表示简化的地理、行政区划要素。

(2)采用不同颜色的点状、线状符号分门别类地表示建设项目工程部署和已建的重要工程。

(3)采用面状普染颜色表示地质灾害危险性三级综合分区。

(4)以代号表示地质灾害点(段)防治分级,一般可划分为重点防治点(段)、次重点防治点(段)、一般防治点(段)。

(5)采用点状符号表示地质灾害点(段)防治措施,一般可分为避让措施、生物措施、工程措施、监测预警措施。

2. 综合分区(段)说明表

表的内容主要包括危险性级别、区(段)编号、工程地质条件、地质灾害类型与特征、发育程度和危害程度、防治措施建议等。

3. 其他应附资料

应附大型、典型地质灾害点的照片和不稳定斜坡(边坡)的工程地质剖面图等。

四、附件

附件包括:遥感解译、物探、测试等专项工作报告;专项科研成果报告;地质灾害空间数据库建设工作报告;照片集、录像带;野外调查记录表、记录本、卡片、统计表、野外测绘手图、实际材料图、山地工程素描图、展示图等原始成果资料。

知识小结

地质灾害危险性评估包括现状评估、预测评估、综合评估等。根据地质环境条件复杂程度分级和建设项目重要性不同,地质灾害危险性评估划分为一级、二级、三级。危险性现状评估依据地质灾害的危害程度和发育程度分为危险性大、中等和小。危险性预测评估依据工程建设中、建成后可能引发或加剧的地质灾害发生的可能性、发育程度、危害程度和危险性按单个灾种分别做出预测评估。危险性综合评估根据"区内相似、区际相异"的原则,采用定性分析、定量分析法划分为大、中等、小三级。建设用地适宜性评价根据现状评估、预测评估和综合评估,分为适宜、基本适宜、适宜性差三个等级。

知识训练

1. 地质灾害危险性评估项目的委托方式有哪几种?
2. 通过招投标获得地质灾害危险性评估时,需通过哪些环节签订项目合同书?
3. 地质灾害危险性评估标书包括哪些内容?
4. 地质灾害危险性评估项目合同书主要包括哪些内容?
5. 什么叫地质灾害危险性评估项目委托承包?
6. 地质灾害危险性评估项目委托承包的方式有哪些?
7. 地质灾害危险性评估项目委托承包合同的主要内容有哪些?
8. 什么叫地质灾害易发区、危险区、易发单元?
9. 什么叫地质灾害危险性评估? 主要包括哪几种评估?
10. 如何确定地质灾害危险性评估范围?
11. 地质灾害危险性评估的技术要求有哪些?

12. 地质灾害危险性评估的主要灾种有哪些？主要内容是什么？

13. 崩塌、滑坡、泥石流、地面塌陷(含岩溶塌陷和矿山采空塌陷)、地裂缝和地面沉降等灾害如何进行现状评估?

14. 地质灾害危险性预测评估包括哪些内容?

15. 崩塌、滑坡、泥石流、地面塌陷(含岩溶塌陷和矿山采空塌陷)、地裂缝和地面沉降等灾害如何进行预测评估?

16. 什么叫地质灾害危险性综合评估?

17. 地质灾害易发程度可分为几个级别？如何确定?

18. 如何进行地质灾害易发区划分?

19. 地质灾害危险性评估应收集哪些资料?

20 如何划分地质灾害危险性评估级别?

21. 地质灾害危险性评估工作大纲主要包括哪些内容?

22. 崩塌、滑坡、泥石流、地面塌陷(含岩溶塌陷和矿山采空塌陷)、地裂缝和地面沉降等灾害野外调查的内容主要有哪些?

23. 综合评估时,如何进行危险性分级?

24. 综合评估时,如何进行适宜性评价?

25. 地质灾害危险性评估报告主要包括哪些内容？主要的成果图件有哪些?

题 库

单选题

多选题

判断题

简答题

参考文献

[1] 张梁,张业成,罗元华,等.地质灾害灾情评估理论与实践[M].北京:地质出版社,1998.
[2] 王景明.地裂缝及其灾害的理论与应用[M].西安:陕西科学技术出版社,2000.
[3] 王明伟,陈治,孙永年.地质灾害调查与评价[M].北京:地质出版社,2007.
[4] 李东林,宋彬.地质灾害调查与评价[M].武汉:中国地质大学出版社,2013.
[5]《工程地质手册》编委会.工程地质手册[M].4版.北京:中国建筑工业出版社,2007.
[6] 王启亮,盛海洋.工程地质[M].郑州:黄河水利出版社,2007.
[7] 刘传正.地质灾害勘查指南[M].北京:地质出版社,2000.
[8] 李智毅,王智济,杨裕云,等.工程地质学基础[M].武汉:中国地质大学出版社,1999.
[9] 中华人民共和国国土资源部.地质灾害危险性评估规范:DZ/T 0286—2015[S].北京:地质出版社,2015.
[10] 中华人民共和国国土资源部.矿山地质环境保护与治理恢复方案编制规范:DZ/T 0223—2011[S].北京:中国标准出版社,2011.
[11] 中华人民共和国国土资源部.滑坡崩塌泥石流灾害调查规范(1∶50 000):DZ/T 0261—2014[S].北京:中国标准出版社,2015.
[12] 中华人民共和国国土资源部.滑坡防治工程勘查规范:DZ/T 0218—2006[S].北京:中国标准出版社,2006.
[13] 中华人民共和国住房和城乡建设部,中华人民共和国国家质量监督检验检疫总局.建筑边坡工程技术规范:GB 50330—2013[S].北京:中国建筑工业出版社,2014.
[14] 中华人民共和国国土资源部.崩塌、滑坡、泥石流监测规范:DZ/T 0221—2006[S].北京:中国标准出版社,2006.
[15] 中华人民共和国国土资源部.地质灾害排查规范:DZ/T 0284—2015[S].北京:中国标准出版社,2015.
[16] 中华人民共和国国土资源部.泥石流灾害防治工程勘查规范 DZ/T 0220—2006[S].北京:中国标准出版社,2006.
[17] 中华人民共和国建设部.岩土工程勘察规范:GB 50021—2001[S].北京:中国建筑工业出版社,2004.
[18] 中华人民共和国国土资源部.地面沉降调查与监测规范:DZ/T 0283—2015[S].武汉:中国地质大学出版社,2015.